建筑施工企业"安管人员"培训系列教材

建设工程安全生产管理知识

（建筑施工企业机械类专职安全生产管理人员）

中国建设教育协会继续教育委员会　组织编写

中国建筑工业出版社

图书在版编目（CIP）数据

建设工程安全生产管理知识（建筑施工企业机械类专职安全生产管理人员）/中国建设教育协会继续教育委员会组织编写. —北京：中国建筑工业出版社，2018.10

建筑施工企业"安管人员"培训系列教材

ISBN 978-7-112-22646-7

Ⅰ.①建… Ⅱ.①中… Ⅲ.①建筑工程-安全生产-生产管理-岗位培训-教材 Ⅳ.①TU714

中国版本图书馆 CIP 数据核字（2018）第 205451 号

　　本教材是建筑施工企业"安管人员"培训系列教材之一。主要内容包括建设工程安全生产管理的基本理论知识、建筑施工机械的分类与常用机械简介、工程建设各方主体的安全生产法律责任、建筑施工机械相关企业安全生产责任制、建筑施工机械安全管理规定、建筑施工机械设备安全技术管理、建筑施工机械安全检查要点、建筑施工机械安全应急管理，可作为广大建筑企业安全管理人员、施工人员和建筑安全监管机构有关人员的学习用书。

责任编辑：朱首明　李　明　李　阳　赵云波
责任校对：焦　乐

建筑施工企业"安管人员"培训系列教材
建设工程安全生产管理知识
（建筑施工企业机械类专职安全生产管理人员）
中国建设教育协会继续教育委员会　组织编写

*

中国建筑工业出版社出版、发行（北京海淀三里河路9号）
各地新华书店、建筑书店经销
北京红光制版公司制版
北京建筑工业印刷厂印刷

*

开本：787×1092毫米　1/16　印张：16¾　字数：417千字
2018年11月第一版　　2018年11月第一次印刷
定价：**45.00**元
ISBN 978-7-112-22646-7
（32768）

建筑施工企业"安管人员"培训系列教材
编　委　会

主　任：高延伟　张鲁风

副主任：邵长利　李　明　陈　新

成　员：（按姓氏笔画为序）

王兰英　王学士　王建臣　王洪林　王海兵　王静宇

邓德安　乔　登　汤玉军　李运涛　易　军　赵子萱

袁　渊　韩　冬　熊　涛

建设工程安全生产管理知识
（建筑施工企业机械类专职安全生产管理人员）

主　编：邓德安

副主编：汤玉军

编　委：（按姓氏笔画排序）

刁鸿鹏　万川跃　马　力　王　恒　王祎鹏　龙世军

付中原　吕　波　刘　威　刘海彬　孙　航　李国阳

杨国剑　张　露　单德钦　彭　刚　董建伟　董胜根

前　　言

　　建筑机械是现代化工程建设和城乡建设中的重要技术设备，种类繁多，应用十分广泛。近年来，建筑机械发展异常迅猛，新理念、新技术、新工艺、新材料不断给予建筑机械新的活力，因而建筑机械相关的工程技术管理人员随之面临新的挑战和考验。

　　我国国民经济快速稳健发展，尤其建筑市场发展迅速，建筑机械作为实现施工过程中机械化和自动化的重要组成部门，是不可或缺的角色。专业技术和管理人才紧缺的问题日益突出，对建筑施工安全管理工作提出了新的要求。为做好对专职建筑机械管理人员的有效培训，规范培训的基本内容，增强培训的针对性和时效性，中国建筑工业出版社组织编写了这本培训教材。

　　本教材作为广大建筑企业安全管理人员、施工人员和建筑安全监管机构有关人员的学习用书，希望对建筑施工机械设备管理工作有所帮助。本教材涵盖了较多种类的建筑起重机械，在编写过程中难免有不正确、不妥之处，恳请广大读者多提宝贵意见和建议，不胜感谢。

　　本系列教材的编写工作，得到了中国建筑股份有限公司和中国建筑第二工程局有限公司、中国建筑一局集团有限公司、中国建筑第三工程局有限公司、中国建筑第八工程局有限公司、北京康建建安建筑工程技术研究有限责任公司以及有关方面专家们的大力支持，分别承担和完成了本系列教材的各书编写工作。特此一并致谢！

　　本系列教材主要用于建筑业企业各类"安管人员"、施工管理人员和建筑安全监管机构有关人员的业务培训和指导参加考核，也可作为专业院校和培训机构作施工安全教学用书。本书虽经反复推敲，仍难免有不妥之处，敬请广大读者提出宝贵意见。

建筑施工企业"安管人员"培训系列教材　编委会

目　　录

第一章　建设工程安全生产管理的基本理论知识

一、建筑施工安全生产管理的基本理论知识

（一）安全管理的基本概念

1. 安全及安全管理的定义

"无危则安，无损则全"。一般来说，安全就是使人保持身心健康，避免危险有害因素影响的状态。

《现代汉语词典》中对安全的解释是："没有危险；不受威胁；不出事故"。国际民航组织则认为安全是一种状态，即通过持续的危险识别和风险管理过程，将人员伤害或财产损失的风险降低并保持在可接受的水平或以下。总的来说，安全是一个相对的概念，是指客观事物的危险程度能够为人们普遍接受的状态。

安全管理是管理科学的一个重要分支。它是为实现安全目标而进行的有关决策、计划、组织和控制等方面的活动；主要运用现代安全管理原理、方法和手段，分析和研究各种不安全因素，从技术上、组织上和管理上采取有力的措施，解决和消除各种不安全因素，防止事故的发生。

2. 安全管理的基本原理

安全管理是一门综合性的系统科学，主要是遵循管理科学的基本原理，从生产管理的共性出发，通过对生产管理中安全工作的内容进行科学分析、综合、抽象及概括而得出的安全生产管理规律，对生产中一切人、物、环境实施动态的管理与控制。

（1）系统原理

系统原理是人们在从事管理工作时，运用系统的观点、理论和方法对管理活动进行充分的分析，以达到优化管理的目标，即从系统论的角度来认识和处理管理中出现的问题。运用系统原理进行安全管理时，主要依据以下四个原则：

1）整分合原则。在整体规划下明确分工，在分工基础上有效综合，从而实现高效的现代安全生产管理。

2）反馈原则。反馈是控制过程中对控制机构的反作用。成功、高效的管理，离不开灵活、准确、快速的反馈。

3）封闭原则。任何一个管理系统内部，其管理手段、管理过程都必须构成一个连续封闭的回路，方能形成有效的管理活动。

4）动态相关性原则。任何企业管理系统的正常运转，不仅要受到系统本身条件的限制和制约，还要受到其他有关系统的影响和制约，并随着时间、地点以及人们的不同努力程度而发生变化。

（2）人本原理

在管理中必须把人的因素放在首位，体现以人为本的指导思想，这就是人本原理。运用人本原理进行安全管理时，主要依据以下四个原则：

1）动力原则。人是进行管理活动的基础，管理必须有能够激发人的工作能力的动力。动力主要包括物质动力、精神动力和信息动力。

2）能级原则。现代管理学认为，单位和个人都具有一定能量，并可按照能量的大小顺序排列，形成管理的能级。在管理系统中建立一套合理能级，根据单位和个人能量的大小安排其工作，发挥不同能级的能量，能够保证结构的稳定性和管理的有效性。

3）激励原则。利用某种外部诱因的刺激调动人的积极性和创造性，以科学手段激发人的内在潜力，使其充分发挥出积极性、主动性和创造性，就是激励原则。人的工作动力主要来源于内在动力、外部压力和工作吸引力。

4）行为原则。行为是指人们所表现出来的各种动作，是人们思想、感情、动机、思维能力等因素的综合反映。运用行为科学原理，根据人的行为规律来进行有效管理，就是行为原则。

（3）预防原理

安全管理工作应当做到预防为主，通过有效的管理和技术手段，减少和防止人的不安全行为和物的不安全状态，从而使事故发生概率降到最低。运用预防原理进行安全管理时，主要依据以下三个原则：

1）偶然损失原则。事故后果及后果的严重程度都是随机的，难以预测的。反复发生的同类事故并不一定产生完全相同的后果。

2）因果关系原则。事故的发生是许多因素互为因果连续发生的最终结果，只要诱发事故的因素存在，发生事故是必然的。

3）3E原则。造成人的不安全行为和物的不安全状态的原因，主要是技术原因、教育原因、身体原因、态度原因以及管理原因。针对这些原因，可采取3种预防对策：工程技术（Engineering）对策、教育（Education）对策和法制（Enforcement）对策，即3E原则。

（4）强制原理

采取强制管理的手段控制人的意愿和行为，使个人的活动、行为等受到安全生产管理要求的约束，从而实现有效的安全生产管理。这主要依据以下两个原则：

1）安全第一原则。安全第一就是要求在进行生产和其他工作时应把安全工作放在首要位置。当其他工作与安全发生矛盾时，要以安全为主，其他工作要服从于安全。

2）监督原则。在安全工作中，必须明确安全生产监督职责，对企业生产中的守法和执法情况进行监督，使安全生产法律法规得到落实。

（二）事故及事故致因理论

1. 事故的基本概念

（1）事故的定义

事故，一般是指造成死亡、疾病、伤害、损坏或者其他损失的意外情况。在事故的种种定义中，伯克霍夫（Berckhoff）的说法较著名。他认为事故是人（个人或集体）在为实现某种意图而进行的活动过程中，突然发生的、违反人的意志的、迫使活动暂时或永久停止，或迫使之前存续的状态发生暂时或永久性改变的事件。

（2）未遂事故

未遂事故是指有可能造成严重后果，但由于偶然因素，事实上没有造成严重后果的事件。

1941 年海因里希（W. H. Heinrich）对 55 万起机械事故进行了调查统计，发现其中死亡及重伤事故 1666 件，轻伤事故 48334 件，其余为未遂事故。可以看出，在机械事故中，伤亡、轻伤和未遂事故的比例为 1∶29∶300，即每发生 330 起事故，有 300 起没有产生伤害，29 起造成轻伤，1 起引发重伤或死亡，这就是海因里希法则，又叫作事故法则。如图 1-1 所示。

2. 事故致因理论

事故的发生都是有其因果性和规律特点的，要想对事故进行有效的预防和控制，必须以此为基础，制定相应措施。这种阐述事故发生的原因和经过，以及预防事故发生的理论，就是事故致因理论。具有代表性的事故致因理论如下：

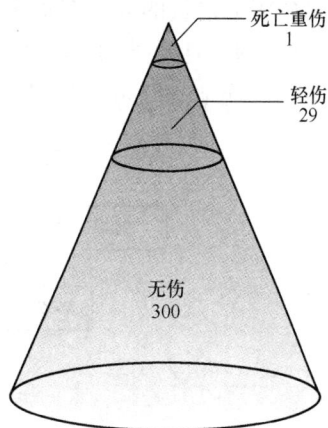

图 1-1　海因里希法则

（1）海因里希事故因果连锁理论

1931 年海因里希第一次提出了事故因果连锁理论。他认为事故的发生不是个单一的事件，而是一连串事件按照一定顺序相继发生的结果。他将事故发生过程概括为：1）遗传及社会环境。遗传因素及社会环境是造成人性格上缺点的原因。遗传因素可能造成鲁莽、固执等不良性格；社会环境可能妨碍教育、助长性格上的缺点发展。2）人的缺点。人的缺点是使人产生不安全行为或造成机械、物质不安全状态的原因。3）人的不安全行为或物的不安全状态。这是指那些曾经引起过事故，或可能引起事故的人的行为或机械、物质的状态。它们是造成事故的直接原因。4）事故。事故是由于物体、物质、人或放射线的作用或反作用，使人员受到伤害或可能受到伤害的、出乎意料的、失去控制的事件。5）伤害。直接由事故产生的人身伤害。

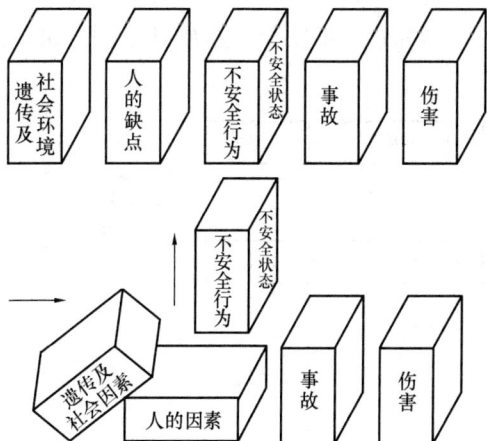

图 1-2　海因里希事故因果连锁理论事故模型

海因里希用多米诺骨牌来形象地描述这种事件的因果连锁关系。如图 1-2 所示。在多米诺骨牌系列中，一块骨牌被碰到了，将发生连锁反应，使其余的几块骨牌相继被推倒。因此，海因里希的事故因果连锁理论也称为多米诺骨牌理论（The dominoes theory）。

该理论认为如果移去因果连锁中的任意一个骨牌，都能够破坏连锁，进而预防事故的发生。他特别强调防止人的不安全行为和物的不安全状态，是企业安全工作的重点。

（2）能量意外释放理论

1961 年吉布森（Gibson）提出事故是一

种不正常的或不希望的能量释放，各种形式的能量释放是构成伤害的直接原因。1966 年哈登（Haddon）对能量意外释放理论作了进一步研究，提出"人受伤害的原因只能是某种能量的转移"，并将伤害分为两类：第一类是由于施加了局部或全身性损伤阈值的能量引起的；第二类是由影响了局部或全身性能量交换引起的，主要指中毒窒息和冻伤。

能量意外释放理论认为，在一定条件下，某种形式的能量能否产生造成人员伤亡事故的伤害取决于能量大小、接触能量时间长短和频率以及力的集中程度。因此，可以利用屏蔽措施阻断能量的释放而防止事故发生。

美国矿山局的札别塔基斯（Micllael Zabetakis）依据能量意外释放理论，建立了新的事故因果连锁模型如图 1-3 所示。

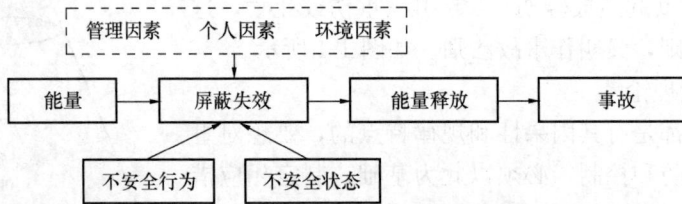

图 1-3　能量意外释放理论事故模型

1）事故。事故是能量或危险物质的意外释放，是伤害的直接原因。

2）不安全行为和不安全状态。人的不安全行为和物的不安全状态是导致能量意外释放的直接原因。

3）基本原因。基本原因包括三个方面的问题：①企业领导者的安全政策及决策。它涉及生产及安全目标，职员的配置，信息利用，责任及职权范围，职工的选择、教育训练、安排、指导和监督，信息传递，设备、装置及器材的采购，正常时和异常时的操作规程，设备的维修保养等。②个人因素。包括：能力、知识、训练、动机、行为、身体及精神状态、反应时间、个人兴趣等。③环境因素。

（3）轨迹交叉理论

轨迹交叉理论是基于事故的直接原因和间接原因提出的，认为在事故的发展进程中，人的不安全行为与物的不安全状态一旦在时间、空间上发生运动轨迹交叉，就会发生事故。如图 1-4 所示。轨迹交叉理论将人的不安全行为和物的不安全状态放到了同等重要的

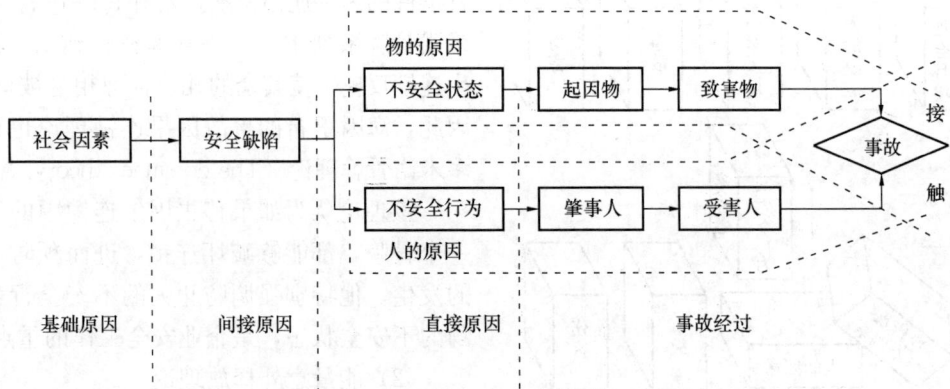

图 1-4　轨迹交叉理论事故模型

位置，即通过控制人的不安全行为、消除物的不安全状态，或避免二者的运动轨迹发生交叉，都可以有效地避免事故发生。

轨迹交叉理论将事故的发生发展过程描述为：基本原因→间接原因→直接原因 →事故→伤害。这样的过程被形容为事故致因因素导致事故的运动轨迹，包括了人的不安全行为运动轨迹和物的不安全状态运动轨迹。

人的不安全行为基于如下几个方面而产生：1）生理、先天身心缺陷；2）社会环境、企业管理的缺陷；3）后天的心理缺陷；4）视、听、嗅、味、触等感官能量分配上的差异；5）行为失误。

在物的运动轨迹中，生产过程各阶段都可能产生不安全状态：1）设计上的缺陷，如用材不当、强度计算错误、结构完整性差；2）制造、工艺流程的缺陷；3）维修保养的缺陷，降低可靠性；4）使用的缺陷；5）作业场所环境的缺陷。

但是，很多时候人和物互为因果，即人的不安全行为可能导致物的不安全状态的发展，也可能引起新的不安全状态，而物的不安全状态也可能导致人的不安全行为。因此，事故发生的轨迹是一个复杂、多元的过程，并不是单一的人或物的轨迹，需要根据实际情况作具体分析。

（三）系统安全理论

1. 系统安全的定义

系统安全是指在系统生命周期内应用系统安全工程和系统安全管理方法，识别危险源并最大限度地降低其危险性，使系统在规定的功能、时间和成本范围内达到最佳的安全程度。系统安全是人们为解决复杂系统的安全性问题而开发、研究出来的安全理论、方法体系，是系统工程与安全工程的有机结合。

按照系统安全的观点，世界上不存在绝对安全的事物。任何人类活动都潜伏着危险因素。系统安全的基本原则是在一个新系统的构思阶段就必须考虑其安全性的问题，制定并执行安全工作规划（系统安全活动），属于事前分析和预先的防护，与传统的事后分析并积累事故经验的思路截然不同。系统安全活动贯穿于整个系统生命周期，直到系统终结为止。

系统安全理论与传统安全理论的区别，主要包括以下几点：（1）系统安全理论不仅强调人的不安全行为，同时重视物的不安全状态在事故中的作用，并始研究物的全生命周期的安全，在研发、设计、制造过程中就引入安全管理，提高物的可靠性和本质安全性。（2）没有绝对的安全，安全是存在可接受风险的相对稳定的状态。（3）不可能根除所有风险和危险源，只能控制和减少其危险性和发生概率。（4）由于人的认识能力有限，有时不能完全认识危险源和危险，即使认识了现有的危险源，随着生产技术的发展和新技术、新工艺、新材料、新能源的出现，又会产生新的危险源；受技术、资金、劳动力等因素的限制，对于认识了的危险源也不可能完全根除，只能把危险降低到可接受的程度。

2. 系统安全分析的基本内容及方法

系统安全分析是从安全角度对系统中的危险因素进行分析，通常包括以下内容：（1）对可能出现的初始的、诱发的及直接引起事故的各种危险因素及其相互关系进行调查和分析。（2）对与系统有关的环境条件、设备、人员及其他有关因素进行调查和分析。

（3）对能够利用适当的设备、规程、工艺、材料控制或根除某种特殊危险因素的措施进行分析。（4）对可能出现的危险因素的控制措施及实施这些措施的最优方法进行调查和分析。（5）对不可能根除的危险因素失去或减少控制可能出现的后果进行调查和分析。（6）对危险因素一旦失去控制，为防止伤害和损害的安全防护措施进行调查和分析。

常用的系统安全分析方法，可分为归纳法和演绎法。归纳法是从原因推导结果的方法，演绎法则是从结果推导原因的方法。在实际工作中，多把两种方法结合起来使用。常用系统安全分析方法主要有：（1）安全检查表法；（2）预先危险性分析法；（3）故障类型和影响分析；（4）危险性和可操作性研究；（5）事件树分析；（6）事故树分析；（7）因果分析。

二、工程项目施工安全生产管理的基本理论知识

（一）风险控制理论及方法

1. 风险、隐患及危险源的定义

（1）风险的定义

风险是指在某一特定环境下，在某一特定时间段内，事故发生的可能性和后果的组合。风险主要受两个因素的影响：一是事故发生的可能性，即发生事故的概率；二是事故发生后产生的后果，即事故的严重程度。

工程项目一般投资大、周期长、环境复杂、技术难度高，且在施工过程中不确定性因素较多，在工程施工的整个生命周期中将不可避免地面临多种风险，需要综合考虑风险的不确定性和危险性。

工程风险就是在工程建设过程中可能发生，并影响工程项目目标——费用（资金）、进度（工期）、质量和安全——实现的事件。要控制工程风险的发生，应对产生工程风险的原因及其导致的后果有清晰认识。工程风险来自于具体的隐患或危险源。

（2）隐患的定义

隐患是指在生产经营活动中存在可能导致事故发生的人的不安全行为、物的不安全状态或者管理上的缺陷。

安全生产事故隐患，是指生产经营单位违反安全生产法律、法规、规章、标准、规程和安全生产管理制度的规定，或者因其他因素在生产经营活动中存在可能导致事故发生的物的危险状态、人的不安全行为和管理上的缺陷。

事故隐患分为一般事故隐患和重大事故隐患。一般事故隐患，是指危害和整改难度较小，发现后能够立即整改排除的隐患。重大事故隐患，是指危害和整改难度较大，应当全部或者局部停产停业，并经过一定时间整改治理方能排除的隐患，或者因外部因素影响致使生产经营单位自身难以排除的隐患。

（3）危险源的定义

危险源是指可能导致人身伤害和（或）健康损害的根源、状态、行为或其组合。广义的危险源，包括危险载体和事故隐患。狭义的危险源，是指可能造成人员死亡、伤害、职业病、财产损失、环境破坏或其他损失的根源和状态。

　　危险源是事故发生的根本原因。它是一个系统中具有潜在能量和物质释放危险的，可造成人员伤害、财产损失或环境破坏的，在一定的触发因素作用下可转化为事故的部位、区域、场所、空间、岗位、设备及其位置。危险源存在于确定的系统中。不同的系统范围，其危险源的区域也不同。在工程项目中，某个生产环节或某台机械设备都可能是危险源。一般来说，危险源可能存在事故隐患，也可能不存在事故隐患；对于存在事故隐患的危险源一定要及时排查整改，否则随时都可能导致事故。

　　2. 危险源的分类

　　安全科学理论把危险源划分为两大类，即第一类危险源和第二类危险源。

　　(1) 第一类危险源

　　在生产过程或系统中存在的，可能发生意外释放的能量或危险物质称作第一类危险源。在实际工作中，往往把产生能量的能量源或拥有能量的能量载体看作是第一类危险源，如高温物体、使用中的压力容器等。

　　(2) 第二类危险源

　　导致能量或危险物质约束、限制措施失效或破坏的各种不安全因素，称作第二类危险源。它包括人、物、环境三个方面的问题。在生产活动中，为了利用能量并让能量按照人们的意图在生产过程中流动、转换和做功，必须采取屏蔽措施约束或限制能量，即必须控制危险源。

　　第一类危险源的存在是第二类危险源出现的前提。第二类危险源的出现是第一类危险源导致事故的必要条件。第二类危险源出现得越频繁，发生事故的可能性越大。

　　我国的《生产过程危险和有害因素分类与代码》(GB/T 13861—2009) 中，将生产过程中的危险、有害因素分为 6 类：(1) 物理性危险、有害因素；(2) 化学性危险、有害因素；(3) 生物性危险、有害因素；(4) 心理、生理性危险、有害因素；(5) 行为性危险、有害因素；(6) 其他危险、有害因素。

　　在《企业职工伤亡事故分类》(GB 6441—1986) 中，则将事故分为 20 类：(1) 物体打击；(2) 车辆伤害；(3) 机械伤害；(4) 起重伤害；(5) 高处坠落；(6) 触电；(7) 淹溺；(8) 灼烫；(9) 火灾；(10) 坍塌；(11) 冒顶片帮；(12) 透水；(13) 放炮；(14) 火药爆炸；(15) 瓦斯爆炸；(16) 锅炉爆炸；(17) 容器爆炸；(18) 其他爆炸；(19) 中毒和窒息；(20) 其他伤害。

　　3. 风险管理的主要方法

　　风险管理是指如何在项目或者企业一个肯定有风险的系统中把风险减至最低的管理过程。它是通过对风险的认识、衡量和分析，选择最有效的方式，主动地、有目的地、有计划地处理风险，以最小成本争取获得最大安全保证的管理方法。在实际工作中，对隐患的排查治理总是同一定的风险管理联系在一起。简言之，风险管理就是识别、分析、消除生产过程中存在的隐患或防止隐患的出现。

　　风险管理主要包括以下四个基本程序：

　　(1) 风险识别

　　风险识别是单位和个人对所面临的以及潜在的风险加以识别，并确定其特性的过程。

　　风险辨识的方法主要有以下几种：1) 安全检查表法。将系统分成若干单元或层次，列出各单元或层次的危险源，确定检查项目，按照相应顺序编制检查表，以现场询问或观察的方式确定检查项目的状况，并填写表格。2）现场观察。对作业活动、设备运转或系统活动进行观察，分析存在的风险。3）座谈。召集安全管理人员、专业技术人员、操作人员等，对生产经营活动中存在的风险进行分析。4）作业条件风险性评价。对具有潜在风险的作业环境或条件，采用半定量的方式评价其风险性。5）预先危险性分析。新系统、新设备、新工艺在投入使用前，预先对可能存在的危险源及其产生条件、事故后果等情况进行类比分析。

（2）风险分析

风险分析是指在风险识别的基础上，通过对所收集的资料加以分析，运用概率论和数理统计，估计和预测事故发生的概率和事故的后果。

根据控制措施的状态（M）和人体暴露的时间（E）可以确定事故发生的概率（L），即 $L=ME$。根据事故发生的概率和事故的后果（S），可以确定风险程度（R）：1）发生人身伤害事故时，$R=MES$；2）发生财产损失事故时，$R=MS$。

（3）风险控制

风险控制是根据风险分析的结果，制定相应的风险控制措施，并在需要时选择和实施适当的措施，以降低事故发生概率或减轻事故后果的过程。

风险控制主要包括以下几种方法：1）风险回避，是指生产经营主体有意识地消除危险源，以避免特定的损失风险。2）损失控制，是指通过制定计划和采取措施的方式，降低事故发生的可能性或者减轻事故后果。3）风险转移，是指通过契约，将让渡人的风险转移给受让人承担的行为，主要形式是合同和保险。4）风险隔离，是指通过分离或复制风险单位，使风险事故的发生不至于导致所有财产损毁或灭失。

（4）风险管理效果评价

风险管理效果评价，是通过分析、比较已实施的风险控制措施的结果与预期目标的契合程度，以评判管理方案的科学性、适应性和收益性。

在风险评估人员、风险管理人员、生产经营单位和其他有关的团体之间，就与风险有关的信息和意见进行相互交流和反馈，从而对已实施的措施进行优化。

（二）重大危险源辨识理论

1. 重大危险源的定义

重大危险源，是指长期或者临时生产、搬运、使用或者储存危险物品，且危险物品的数量等于或者超过临界量的单元（包括场所和设施）。所谓临界量，是指对某种或某类危险物品规定的数量，若单元中的危险物品数量等于或者超过该数量，则该单元应定为重大危险源。临界量是确定重点危险源的核心要素。

建设工程重大危险源是指在建设工程施工过程中，风险属性（风险度）等于或超过临界量，可能造成人员伤亡、财产损失、环境破坏的施工单元，如危险性较大的分部分项工程。

2. 重大危险源控制的主要方法

重大危险源控制的目的，不仅是预防重大事故的发生，而且要做到一旦发生事故能将事故危害降到最低程度。由于建设工程施工的复杂性，有效地控制重大危险源需要采用系统工程的思想和方法，建立起一个完整的控制系统如图 1-5 所示。

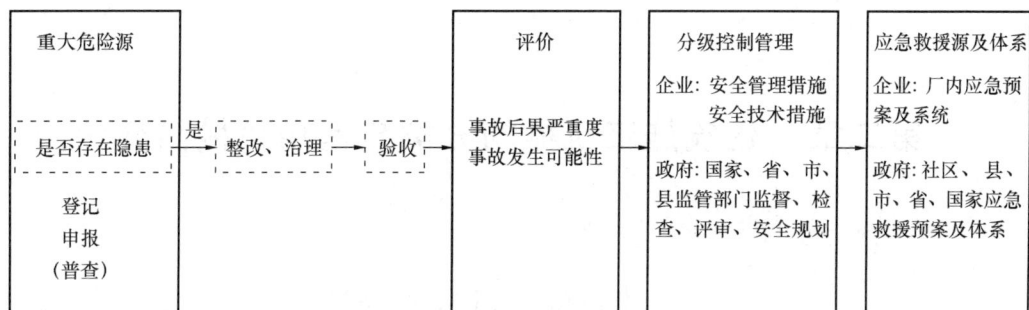

图 1-5　重大危险源控制系统

（1）重大危险源辨识

要防止事故发生，必须先辨识和确认重大危险源。重大危险源辨识，是通过对系统的分析，界定出系统的哪些区域、部分是危险源，其危险的性质、程度、存在状况、危险源能量、事故触发因素等。重大危险源辨识的理论方法主要有系统危险分析、危险评价等方法和技术。

（2）重大危险源评价

重大危险源辨识确定后，应进行重大危险源安全评价。安全评价的基本内容是，以实现系统安全为目的，按照科学的程序和方法，对系统中存在的危险因素、发生事故的可能性及其损失和伤害程度进行调查研究与分析论证，从而确定是否需要改进技术路线和防范措施，整改后危险性将得到怎样的控制和消除，技术上是否可行，经济上是否合理，以及系统是否最终达到社会所公认的安全指标。

一般来说，安全评价包括下面几个方面：1）分析各类危险因素及其存在的原因；2）评价已辨识的危险事件发生的概率；3）评价危险事件的后果，估计发生火灾、爆炸或毒物泄漏的物质数量，事故影响范围；4）进行风险评价与分级，即评价危险事件发生概率与发生后果的联合作用，将评价结果与安全目标值进行比较，检查风险值是否达到可接受水平，是否需进一步采取措施，以降低风险水平。

常用的评价方法有安全检查及安全检查表、预先危险性分析、故障类型和影响分析、危险性和可操作性研究、事故树分析等。

（3）重大危险源分级管控

在对重大危险源进行辨识和评价的基础上，应对每一个重大危险源制定出一套严格的安全管理制度，通过安全技术措施（包括设施设计、建造、安全监控系统、维修以及有关计划的检查）和组织措施（包括对人员培训与指导，提供保证安全的设施，工作人员技术水平、工作时间、职责的确定以及对外部合同工和现场临时工的管理），对重大危险源进行严格控制和管理。

（4）重大危险源应急救援预案及体系

应急救援预案及体系是重大危险源控制系统的重要组成部分之一。企业应负责制定现场应急救援预案，并且定期检查和评估现场应急救援预案和体系的有效程度，在必要时进行修订。

第二章　建筑施工机械的分类与常用机械简介

一、建筑施工机械的分类

施工生产中所用的机械设备由于性质、用途及性能等方面不同，种类繁多，根据《施工现场机械设备检查技术规范》JGJ 160—2016 的规定，按不同的使用功能对设备进行分类，主要分为以下几类：

（一）动力设备

一般包括：柴油发电机组、空气压缩机及附属设备。

（二）土方及筑路机械

一般包括：推土机、履带式单斗液压挖掘机、光轮压路机、轮胎驱动振动压路机、轮胎压路机、平地机、挖掘装载机、轮胎式装载机、稳定土搅拌机、履带式沥青混凝土摊铺机、沥青混凝土搅拌设备、液压破碎机、沥青洒布车、打夯机、洒水车、铣刨机、水泥混凝土滑模摊铺机。

（三）桩工机械

一般包括：履带式打桩机（三支点式）、步履式打桩机、筒式柴油打桩锤、振动桩锤、静力压桩机、转盘钻孔机、螺旋钻孔机、全套管钻机、旋挖钻机、深层搅拌机。

（四）起重机械

一般包括：履带起重机、汽车起重机、轮胎起重机、塔式起重机、桅杆式起重机、桥（门）式起重机、施工升降机、电动卷扬机、物料提升机。

（五）高空作业设备

一般包括：高处作业吊篮、附着整体升降脚手架升降动力设备、自行式高空作业平台。

（六）混凝土机械

一般包括：混凝土搅拌机、混凝土喷射机组、混凝土输送泵、混凝土输送泵车、混凝土振捣器、混凝土布料机、混凝土真空吸水机、水磨石机。

(七) 焊接机械

一般包括：交流点焊机、直流电焊机、钢筋电焊机、钢筋对焊机、竖向钢筋电渣压力焊机、埋弧焊机、氩弧焊机、气体保护焊机、气焊（割）机。

(八) 钢筋加工机械

一般包括：钢筋调直机、钢筋切断机、钢筋弯曲机、数控钢筋弯箍机、钢筋笼自动焊接机、钢筋冷拉机、钢筋冷拔机、钢筋套筒冷挤压连接机、钢筋直螺纹成型机。

(九) 木工机械

一般包括：木工平刨机、木工压刨机、立式榫槽机、圆盘锯。

(十) 砂浆机械

一般包括：砂浆混合机、砂浆搅拌机、砂浆输送泵、砂浆喷射机组、砂浆抹光机。

(十一) 非开挖机械

一般包括：顶管机、盾构机、凿岩台车。

二、建设施工常用机械简介

(一) 塔式起重机的组成

塔式起重机由金属结构、工作机构和电气系统三部分组成。金属结构包括塔身、动臂和底座等。工作机构有起升、变幅、回转和行走四部分。电气系统包括电动机、控制器、配电柜、连接线路、信号及照明装置等。构件组成如图 2-1 所示。

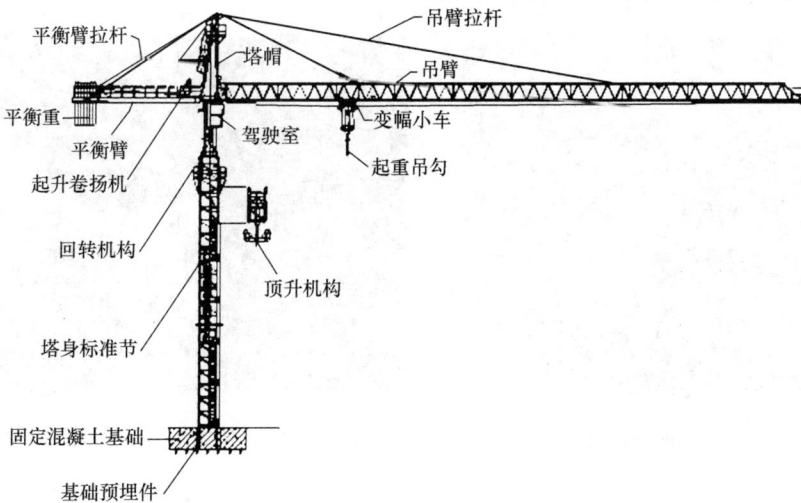

图 2-1 塔式起重机构件组成

1. 部分细部构件

如图 2-2～图 2-5 所示。

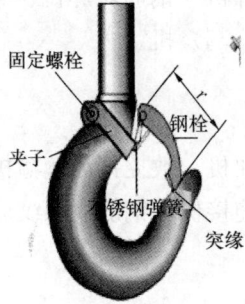

图 2-2 起重吊钩

图 2-3 起升卷扬机

图 2-4 基础形式

（a）行走式；（b）压重式；（c）独立式；（d）组合式；（e）拼装式

2. 主要安全保护装置

如图 2-6～图 2-17 所示。

图 2-5 顶升机构

图 2-6 塔帽式安全装置及部位

图 2-7　动臂式安全装置及部位

变幅角度指示器

图 2-8　起重量限制器、力矩限制器

图 2-9　起升高度限位器

图 2-10　回转限位器

断轴保护装置

图 2-11　幅度指示器

钢丝绳防跳槽装置

图 2-12　小车断绳保险装置

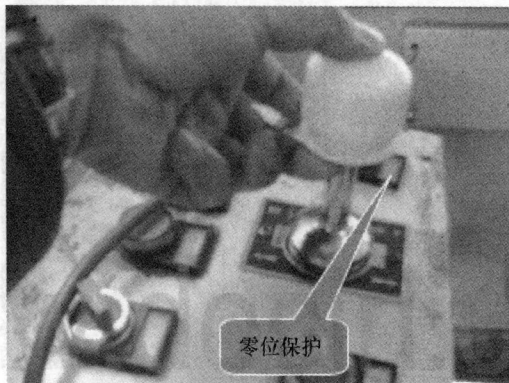

图 2-13 小车断轴保护装置

图 2-14 钢丝绳防脱装置

图 2-15 零位保护

图 2-16 风速仪安装位置示意

图 2-17 障碍灯安装位置示意图

（二）施工升降机的组成

1. 施工升降机机构示意

如图 2-18 所示。

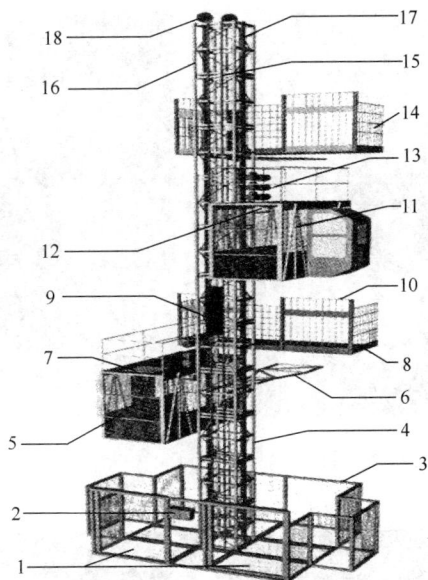

图 2-18 施工升降机机构示意

1—地面防护围栏门；2—开关箱；3—地面防护围栏；4—导轨架标准节；
5—吊笼门；6—附墙架；7—紧急逃离门；8—层站；9—对重；10—层门；
11—吊笼；12—防坠安全器；13—传动系统；14—层站栏杆；15—对重导
轨；16—导轨；17—齿条；18—天轮

2. 主要安全保护装置

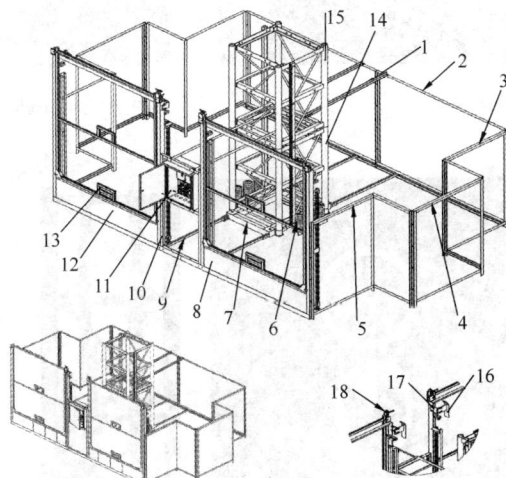

图 2-19 地面防护围栏

1—围护撑杆；2—后围栏；3—左围栏；4—左右围栏；5—右围栏；6—缓冲弹簧；
7—底座；8—右门框架；9—围护底撑杆；10—小门；11—总电箱；12—左门框架；
13—外围护门；14—底节；15—第二节标节；16—限位碰块；17—限位调节块；
18—外围护限位器

图 2-20　围栏门机电联锁装置

图 2-21　出入口防护棚

图 2-22　起量限制器

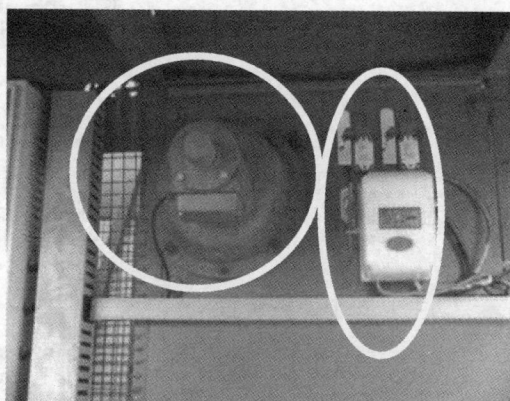

图 2-23　防坠安全器、极限开关

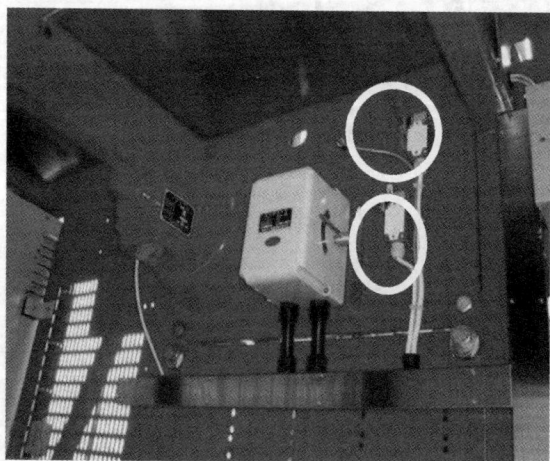

图 2-24　上、下限位

图 2-25　触发元件

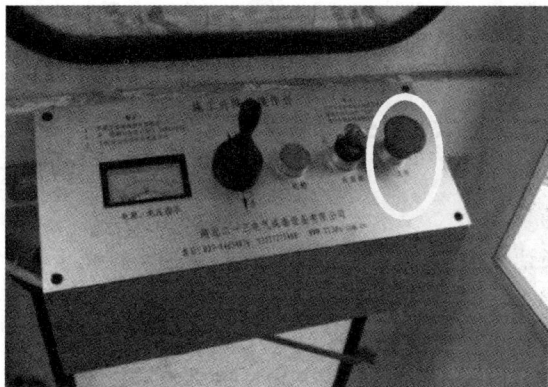

图 2-26 急停开关

图 2-27 吊笼和对重缓冲器

图 2-28 吊笼门机电联锁装置

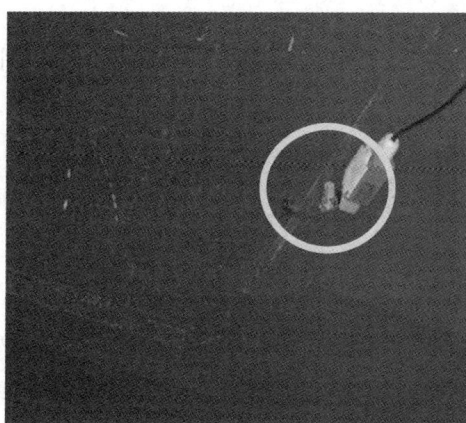

图 2-29 吊笼顶窗电气安全开关

图 2-30 安全钩

第三章　工程建设各方主体的安全生产法律责任

在社会经济的高速增长与城市建设的飞速发展中，传统的建筑行业也越来越趋于工业化、智能化，随着施工机械化水平的不断提高，建筑施工机械设备的需求量逐年增大，无论是使用租赁设备还是自有设备，这对提高建筑机械设备的现场管理水平都有了更高的要求。如何明确工程建设各方主体权责，充分发挥其效能，对减少和杜绝各类事故具有重要的现实意义。通过本章的学习，机械管理员应熟悉现场各方应承担的主体责任，以及可以行使的主体权利，有助于在今后的现场工作中有更清晰的思路去管理现场各类机械。

一、建设单位安全生产的法律责任及违法责任追究

（一）建设单位安全生产的法律责任

1. 办理施工许可

《中华人民共和国建筑法》（以下简称《建筑法》）规定，建筑工程开工前，建设单位应当按照国家有关规定向工程所在地县级以上人民政府建设行政主管部门申请领取施工许可证；国务院建设行政主管部门确定的限额以下的小型工程除外。按照国务院规定的权限和程序批准开工报告的建筑工程，不再领取施工许可证。

2. 提供相关资料

《建筑法》规定，建设单位应当向建筑施工企业提供与施工现场相关的地下管线资料，建筑施工企业应当采取措施加以保护。

《建设工程安全生产管理条例》中进一步规定，建设单位应当向施工单位提供施工现场及毗邻区域内供水、排水、供电、供气、供热、通信、广播电视等地下管线资料，气象和水文观测资料，相邻建筑物和构筑物、地下工程的有关资料，并保证资料的真实、准确、完整。

3. 不得提出违法要求

《建设工程安全生产管理条例》规定，建设单位不得对勘察、设计、施工、工程监理等单位提出不符合建设工程安全生产法律、法规和强制性标准规定的要求，不得压缩合同约定的工期。

4. 确定安全生产作业环境及安全施工措施所需费用

《建设工程安全生产管理条例》规定，建设单位在编制工程概算时，应当确定建设工程安全作业环境及安全施工措施所需费用。

5. 不得要求购买、租赁和使用不符合安全施工要求的用具设备

建设单位不得明示或者暗示施工单位购买、租赁、使用不符合安全施工要求的安全防护用具、机械设备、施工机具及配件、消防设施和器材。

6. 申领施工许可证应当提供安全施工措施的资料

《建筑法》规定，申领施工许可证应当具备的条件之一，就是"有保证工程质量和安全的具体措施"。

《建设工程安全生产管理条例》进一步规定，建设单位在领取施工许可证时，应当提供建设工程有关安全措施的资料。依法批准开工报告的建设工程，建设单位应当自开工报告批准之日起15日内，将保证安全施工的措施报送建设工程所在地的县级以上地方人民政府建设行政主管部门或者其他有关部门备案。

（二）建设单位的违法责任追究

1. 未提供安全生产作业环境和安全生产措施费用的违法责任追究

《建设工程安全生产管理条例》规定，建设单位未提供建设工程安全生产作业环境及安全施工措施所需费用的，责令限期改正；逾期未改正的，责令该建设工程停止施工。

2. 未及时报送安全施工措施备案的违法责任追究

建设单位未将保证安全施工的措施或者拆除工程的有关资料报送有关部门备案的，责令限期改正，给予警告。

3. 建设单位违法行为的法律责任追究

《建设工程安全生产管理条例》规定，建设单位有下列行为之一的，责令限期改正，处20万元以上50万元以下的罚款；造成重大安全事故，构成犯罪的，对直接责任人员，依照刑法有关规定追究刑事责任；造成损失的，依法承担赔偿责任：（1）勘察、设计、施工、工程监理等单位提出不符合安全生产法律、法规和强制性标准规定的要求的；（2）要求施工单位压缩合同约定的工期的；（3）拆除工程发包给不具有相应资质等级的施工单位的。

二、勘察、设计单位安全生产的法律责任及违法责任追究

（一）勘察单位安全生产的法律责任

《建设工程安全生产管理条例》规定，勘察单位应当按照法律、法规和工程建设强制性标准进行勘察，提供的勘察文件应当真实、准确，满足建设工程安全生产的需要。勘察单位在勘察作业时，应当严格按照操作规程，采取措施保证各类管线、设施和周边建筑物、构筑物的安全。

（二）设计单位安全生产的法律责任

《建设工程安全生产管理条例》规定，设计单位的安全生产责任包括：

1. 按照法律、法规和工程建设强制性标准进行设计

设计单位应当按照法律、法规和工程建设强制性标准进行设计，防止因设计不合理导致安全生产事故的发生。

2. 提出防范安全生产事故指导意见和措施建议

设计单位应当考虑施工安全操作和防护的需要，对涉及施工安全的重点部位和环节在

设计文件中注明，并对防范安全生产事故提出指导意见。采用新结构、新材料、新工艺的建设工程和特殊结构的建设工程，设计单位应当在设计中提出保障施工作业人员安全和预防生产安全事故的措施建议。

3. 对设计成果负责

设计单位和注册建筑师等注册执业人员应当对其设计负责。

（三）勘察设计单位的违法责任追究

1. 勘察、设计单位的违法责任追究

《建设工程安全生产管理条例》规定，勘察单位、设计单位有下列行为之一的，责令限期改正，处10万元以上30万元以下的罚款；情节严重的，责令停业整顿，降低资质等级，直至吊销资质证书；造成重大安全事故，构成犯罪的，对直接责任人员，依照刑法有关规定追究刑事责任；造成损失的，依法承担赔偿责任：（1）未按照法律、法规和工程建设强制性标准进行勘察、设计的；（2）采用新结构、新材料、新工艺的建设工程和特殊结构的建设工程，设计单位未在设计中提出保障施工作业人员安全和预防生产安全事故的措施建议的。

《建筑法》规定，建筑设计单位不按照建筑工程质量、安全标准进行设计的，责令改正，处以罚款；造成工程质量事故的，责令停业整顿，降低资质等级或者吊销资质证书，没收违法所得，并处罚款；造成损失的，承担赔偿责任；构成犯罪的，依法追究刑事责任。

2. 注册执业人员的违法责任追究

注册执业人员未执行法律、法规和工程建设强制性标准的，责令停止执业3个月以上1年以下；情节严重的，吊销执业资格证书，5年内不予注册；造成重大安全事故的，终身不予注册；构成犯罪的，依照刑法有关规定追究刑事责任。

三、监理单位安全生产的法律责任及违法责任追究

（一）监理单位安全生产的法律责任

《建设工程安全生产管理条例》规定，监理单位的安全生产责任包括：

1. 审查施工组织设计

监理单位应当审查施工组织设计中的安全技术措施或者专项施工方案是否符合工程建设强制性标准。

2. 处理安全事故隐患

工程监理单位在实施监理过程中，发现存在安全事故隐患的，应当要求施工单位整改；情况严重的，应当要求施工单位暂时停止施工，并及时报告建设单位。施工单位拒不整改或者不停止施工的，工程监理单位应当及时向有关主管部门报告。

（二）监理单位的违法责任追究

《建设工程安全生产管理条例》规定，工程监理单位和监理工程师应当按照法律、法

规和工程建设强制性标准实施监理，并对建设工程安全生产承担监理责任。工程监理单位有下列行为之一的，责令限期改正；逾期未改正的，责令停业整顿，并处 10 万元以上 30 万元以下的罚款；情节严重的，降低资质等级，直至吊销资质证书；造成重大安全事故，构成犯罪的，对直接责任人员，依照刑法有关规定追究刑事责任；造成损失的，依法承担赔偿责任：（1）未对施工组织设计中的安全技术措施或者专项施工方案进行审查的；（2）发现安全事故隐患未及时要求施工单位整改或者暂时停止施工的；（3）施工单位拒不整改或者不停止施工，未及时向有关主管部门报告的；（4）未依照法律、法规和工程建设强制性标准实施监理的。

四、租赁单位安全生产的法律责任及违法责任追究

（一）租赁单位安全生产的法律责任

1. 出租合格的机械设备和施工机具及配件

《建设工程安全生产管理条例》规定，为建设工程提供机械设备和配件的单位，应当按照安全施工的要求配备齐全有效的保险、限位等安全设施和装置。

出租的机械设备和施工机具及配件，应当具有生产（制造）许可证、产品合格证。出租单位应当对出租的机械设备和施工机具及配件的安全性能进行检测，在签订租赁协议时，应当出具检测合格证明。禁止出租检测不合格的机械设备和施工机具及配件。

《中华人民共和国特种设备安全法》（下称《特种设备安全法》）进一步规定，特种设备出租单位不得出租未取得许可生产的特种设备或者国家明令淘汰和已经报废的特种设备，以及未按照安全技术规范的要求进行维护保养和未经检验或者检验不合格的特种设备。

2. 承担特种设备在出租期间的使用管理和维护保养

《特种设备安全法》规定，特种设备在出租期间的使用管理和维护保养义务由特种设备出租单位承担，法律另有规定或者当事人另有约定的除外。

（二）租赁单位的违法责任追究

1. 设备未配备齐全有效安全设施和装置的违法责任追究

《建设工程安全生产管理条例》规定，为建设工程提供机械设备和配件的单位，未按照安全施工的要求配备齐全有效的保险、限位等安全设施和装置的，责令限期改正，处合同价款 1 倍以上 3 倍以下的罚款；造成损失的，依法承担赔偿责任。

2. 出租未经检测合格设备及配件的违法责任追究

《建设工程安全生产管理条例》规定，出租单位出租未经安全性能检测或者经检测不合格的机械设备和施工机具及配件的，责令停业整顿，并处 5 万元以上 10 万元以下的罚款；造成损失的，依法承担赔偿责任。

《特种设备安全法》进一步规定，销售、出租未取得许可生产，未经检验或者检验不合格的特种设备，责令停止经营，没收违法经营的特种设备，处 3 万元以上 30 万元以下罚款；有违法所得的，没收违法所得。

3. 出租国家明令淘汰、已经报废的特种设备的违法责任追究

《特种设备安全法》规定，销售、出租国家明令淘汰、已经报废的特种设备，或者未按照安全技术规范的要求进行维护保养的特种设备的，责令停止经营，没收违法经营的特种设备，处 3 万元以上 30 万元以下罚款；有违法所得的，没收违法所得。

五、安装、拆卸单位安全生产的法律责任及违法责任追究

（一）安装、拆卸单位安全生产的法律责任

1. 资质要求

《建设工程安全生产管理条例》规定，在施工现场安装、拆卸施工起重机械和整体提升脚手架、模板等自升式架设设施，必须由具有相应资质的单位承担。

《建筑起重机械监督管理规定》进一步规定，从事建筑起重机械安装、拆卸活动的单位（以下简称安装单位）应当依法取得建设主管部门颁发的相应资质和建筑施工企业安全生产许可证，并在其资质许可范围内承揽建筑起重机械安装、拆卸工程。

2. 编制安装、拆卸方案和现场管理

《建设工程安全生产管理条例》规定，安装、拆卸施工起重机械和整体提升脚手架、模板等自升式架设设施，应当编制拆装方案、制定安全施工措施，并由专业技术人员现场监督。

《建筑起重机械监督管理规定》进一步规定，安装单位应当履行下列安全职责：（1）按照安全技术标准及建筑起重机械性能要求，编制建筑起重机械安装、拆卸工程专项施工方案，并由本单位技术负责人签字；（2）按照安全技术标准及安装使用说明书等检查建筑起重机械及现场施工条件；（3）组织安全施工技术交底并签字确认；（4）制定建筑起重机械安装、拆卸工程生产安全事故应急救援预案；（5）将建筑起重机械安装、拆卸工程专项施工方案，安装、拆卸人员名单，安装、拆卸时间等材料报施工总承包单位和监理单位审核后，告知工程所在地县级以上地方人民政府建设主管部门。

安装单位应当按照建筑起重机械安装、拆卸工程专项施工方案及安全操作规程组织安装、拆卸作业。

安装单位的专业技术人员、专职安全生产管理人员应当进行现场监督，技术负责人应当定期巡查。

3. 出具自检合格证明、安全使用说明、办理验收手续

《建设工程安全生产管理条例》规定，施工起重机械和整体提升脚手架、模板等自升式架设设施安装完毕后，安装单位应当自检，出具自检合格证明，并向施工单位进行安全使用说明，办理验收手续并签字。

《建筑起重机械监督管理规定》进一步规定，建筑起重机械安装完毕后，安装单位应当按照安全技术标准及安装使用说明书的有关要求对建筑起重机械进行自检、调试和试运转。自检合格的，应当出具自检合格证明，并向使用单位进行安全使用说明。

建筑起重机械安装完毕后，使用单位应当组织出租、安装、监理等有关单位进行验收，或者委托具有相应资质的检验检测机构进行验收。建筑起重机械经验收合格后方可投

入使用，未经验收或者验收不合格的不得使用。

4. 依法对设备设施进行检测

《建设工程安全生产管理条例》规定，施工起重机械和整体提升脚手架、模板等自升式架设设施的使用达到国家规定的检验检测期限的，必须经具有专业资质的检验检测机构检测。经检测不合格的，不得继续使用。

（二）安装、拆卸单位的违法责任追究

《建设工程安全生产管理条例》规定，施工起重机械和整体提升脚手架、模板等自升式架设设施安装、拆卸单位有下列行为之一的，责令限期改正，处 5 万元以上 10 万元以下的罚款；情节严重的，责令停业整顿，降低资质等级，直至吊销资质证书；造成损失的，依法承担赔偿责任：（1）未编制拆装方案、制定安全施工措施的；（2）未由专业技术人员现场监督的；（3）未出具自检合格证明或者出具虚假证明的；（4）未向施工单位进行安全使用说明，办理移交手续的。

施工起重机械和整体提升脚手架、模板等自升式架设设施安装、拆卸单位有前款规定的第（1）项、第（3）项行为，经有关部门或者单位职工提出后，对事故隐患仍不采取措施，因而发生重大伤亡事故或者造成其他严重后果，构成犯罪的，对直接责任人员，依照刑法有关规定追究刑事责任。

六、使用单位安全生产的法律责任及违法责任追究

（一）生产经营单位的安全生产法律责任及违法责任追究

《中华人民共和国安全生产法》规定，生产经营单位指的是在中华人民共和国领域内从事生产经营活动的单位。

1. 生产经营单位安全生产的法律责任

生产经营单位必须加强安全生产管理，建立、健全安全生产责任制和安全生产规章制度，改善安全生产条件，推进安全生产标准化建设，提高安全生产水平，确保安全生产。《中华人民共和国安全牛产法》规定，生产经营单位的安全生产责任包括：

（1）完善安全生产条件

生产经营单位应当具备本法和有关法律、行政法规和国家标准或者行业标准规定的安全生产条件；不具备安全生产条件的，不得从事生产经营活动。

（2）落实安全生产责任制

生产经营单位的安全生产责任制应当明确各岗位的责任人员、责任范围和考核标准等内容。生产经营单位应当建立相应的机制，加强对安全生产责任制落实情况的监督考核，保证安全生产责任制的落实。

（3）生产经营单位主要负责人安全生产职责

生产经营单位的主要负责人对本单位安全生产工作负有下列职责：1）建立健全本单位安全生产责任制；2）组织制定本单位安全生产规章制度和操作规程；3）组织制定并实施本单位安全生产教育培训计划；4）保证本单位安全生产投入的有效实施；5）督促、检

查本单位的安全生产工作，及时消除生产安全事故隐患；6）组织制定并实施本单位的生产安全事故应急救援预案；7）及时、如实报告生产安全事故。

（4）资金投入及安全生产费用

生产经营单位应当具备的安全生产条件所必需的资金投入，由生产经营单位的决策机构、主要负责人或者个人经营的投资人予以保证，并对由于安全生产所必需的资金投入不足导致的后果承担责任。有关生产经营单位应当按照规定提取和使用安全生产费用，专门用于改善安全生产条件。安全生产费用在成本中据实列支。安全生产费用提取、使用和监督管理的具体办法由国务院财政部门会同国务院安全生产监督管理部门征求国务院有关部门意见后制定。

（5）安全设施"三同时"原则

生产经营单位新建、改建、扩建工程项目（以下统称建设项目）的安全设施，必须与主体工程同时设计、同时施工、同时投入生产和使用。

（6）安全设备管理

安全设备的设计、制造、安装、使用、检测、维修、改造和报废，应当符合国家标准或者行业标准。生产经营必须对安全设备进行经常性维护、保养，并定期检测，保证正常运转。维护、保养、检测应当做好记录，并由有关人员签字。

（7）淘汰制度

生产经营单位不得使用应当淘汰的危及生产安全的工艺、设备。

（8）重大危险源的管理

生产经营单位对重大危险源应当登记建档，进行定期检测、评估、监控，并制定应急预案，告知从业人员和相关人员在紧急情况下应当采取的应急措施。应当按照国家有关规定将本单位重大危险源及有关安全措施、应急措施报有关地方人民政府安全生产监督管理部门和有关部门备案。

（9）事故隐患治理

生产经营单位应当建立健全生产安全事故隐患排查治理制度，采取技术、管理措施，及时发现并消除事故隐患。事故隐患排查治理情况应当如实记录，并向从业人员通报。

（10）危险作业现场的安全管理

生产经营单位进行爆破、吊装以及国务院安全生产监督管理部门会同国务院有关部门规定的其他危险作业，应当安排专门人员进行现场安全管理，确保操作规程的遵守和安全措施的落实。

（11）劳动防护用品

生产经营单位必须为从业人员提供符合国家标准或者行业标准的劳动防护用品，并监督、教育从业人员按照使用规则佩戴、使用。

（12）安全检查和报告义务

生产经营单位的安全生产管理人员应当根据本单位的生产经营特点，对安全生产状况进行经常性检查；对检查中发现的安全问题，应当立即处理；不能处理的，应当及时报告本单位有关负责人，有关负责人应当及时处理。检查及处理情况应当如实记录在案。

生产经营单位的安全生产管理人员在检查中发现重大事故隐患，依照前款规定向本单位有关负责人报告，有关负责人不及时处理的，安全生产管理人员可以向主管的负有安全生产监督管理职责的部门报告，接到报告的部门应当依法及时处理。

（13）工伤保险

生产经营单位必须依法参加工伤保险，为从业人员缴纳保险费。国家鼓励生产经营单位投保安全生产责任保险。

（14）安全生产管理协议

两个以上生产经营单位在同一作业区域内进行生产经营活动，可能危及对方生产安全的，应当签订安全生产管理协议，明确各自的安全生产管理职责和应当采取的安全措施，并指定专职安全生产管理人员进行安全检查与协调。

（15）生产经营项目、设备发包或出租的安全生产责任

生产经营单位不得将生产经营项目、场所、设备发包或者出租给不具备安全生产条件或者相应资质的单位或者个人。生产经营项目、场所发包或者出租给其他单位的，生产经营单位应当与承包单位、承租单位签订专门的安全生产管理协议，或者在承包合同、租赁合同中约定各自的安全生产管理职责；生产经营单位对承包单位、承租单位的安全生产工作统一协调、管理，定期进行安全检查，发现安全问题的，应当及时督促整改。

（16）生产事故的处理

生产经营单位发生生产安全事故时，单位的主要负责人应当立即组织抢救，并不得在事故调查处理期间擅离职守。

（17）生产安全事故应急预案及演练

生产经营单位应当制定本单位生产安全事故应急救援预案，与所在地县级以上地方人民政府组织制定的生产安全事故应急救援预案相衔接，并定期组织演练。

（18）事故报告

生产经营单位发生生产安全事故后，事故现场有关人员应当立即报告本单位负责人。本单位负责人接到事故报告后，应当迅速采取有效措施，组织抢救，防止事故扩大，减少人员伤亡和财产损失，并按照国家有关规定立即如实报告当地负有安全生产监督管理职责的部门，不得隐瞒不报、谎报或者迟报，不得故意破坏事故现场、毁灭有关证据。

2. 生产经营单位的违法责任追究

根据《中华人民共和国安全生产法》要求，生产经营单位的违法责任追究主要包括：

（1）单位负责人的违法责任追究

生产经营单位的主要负责人未履行本法规定的安全生产管理职责的，责令限期改正；逾期未改正的，处2万元以上5万元以下的罚款，责令生产经营单位停产停业整顿。

生产经营单位的主要负责人有前款违法行为，导致发生生产安全事故的，给予撤职处分；构成犯罪的，依照刑法有关规定追究刑事责任。

生产经营单位的主要负责人依照前款规定受刑事处罚或者撤职处分的，自刑罚执行完毕或者受处分之日起，五年内不得担任任何生产经营单位的主要负责人；对重大、特别重大生产安全事故负有责任的，终身不得担任本行业生产经营单位的主要负责人。

生产经营单位的主要负责人在本单位发生生产安全事故时，不立即组织抢救或者在事故调查处理期间擅离职守或者逃匿的，给予降级、撤职的处分，并由安全生产监督管理部门处上一年年收入60%～100%的罚款；对逃匿的处15日以下拘留；构成犯罪的，依照刑法有关规定追究刑事责任。

生产经营单位的主要负责人对生产安全事故隐瞒不报、谎报或者迟报的，依照前款规定处罚。

（2）主要负责人未履行安全生产管理职责的违法责任追究

生产经营单位的主要负责人未履行本法规定的安全生产管理职责，导致发生生产安全事故的，由安全生产监督管理部门依照下列规定处以罚款：1）发生一般事故的，处上一年年收入 30% 的罚款；2）发生较大事故的，处上一年年收入 40% 的罚款；3）发生重大事故的，处上一年年收入 60% 的罚款；4）发生特别重大事故的，处上一年年收入 80% 的罚款。

（3）安全生产管理人员未履行安全生产管理职责的违法责任追究

生产经营单位的安全生产管理人员未履行本法规定的安全生产管理职责的，责令限期改正；导致发生生产安全事故的，暂停或者撤销其与安全生产有关的资格；构成犯罪的，依照刑法有关规定追究刑事责任。

（4）建设项目的违法责任追究

生产经营单位有下列行为之一的，责令限期改正，可以处 5 万元以下的罚款；逾期未改正的，处 5 万元以上 20 万元以下的罚款，对其直接负责的主管人员和其他直接责任人员处 1 万元以上 2 万元以下的罚款；情节严重的，责令停产停业整顿；构成犯罪的，依照刑法有关规定追究刑事责任：1）未在有较大危险因素的生产经营场所和有关设施、设备上设置明显的安全警示标志的；2）安全设备的安装、使用、检测、改造和报废不符合国家标准或者行业标准的；3）未对安全设备进行经常性维护、保养和定期检测的；4）未为从业人员提供符合国家标准或者行业标准的劳动防护用品的；5）危险物品的容器、运输工具，以及涉及人身安全、危险性较大的海洋石油开采特种设备和矿山井下特种设备未经具有专业资质的机构检测、检验合格，取得安全使用证或者安全标志，投入使用的；6）使用应当淘汰的危及生产安全的工艺、设备的。

（5）未消除事故隐患的违法责任追究

生产经营单位未采取措施消除事故隐患的，责令立即消除或者限期消除；生产经营单位拒不执行的，责令停产停业整顿，并处 10 万元以上 50 万元以下的罚款，对其直接负责的主管人员和其他直接责任人员处 2 万元以上 5 万元以下的罚款。

（6）发包、出租违法的法律责任追究

生产经营单位将生产经营项目、场所、设备发包或者出租给不具备安全生产条件或者相应资质的单位或者个人的，责令限期改正，没收违法所得；违法所得 10 万元以上的，并处违法所得 2 倍以上 5 倍以下的罚款；没有违法所得或者违法所得不足 10 万元的，单处或者并处 10 万元以上 20 万元以下的罚款；对其直接负责的主管人员和其他直接责任人员处 1 万元以上 2 万元以下的罚款；导致发生生产安全事故给他人造成损害的，与承包方、承租方承担连带赔偿责任。

生产经营单位未与承包单位、承租单位签订专门的安全生产管理协议或者未在承包合同、租赁合同中明确各自的安全生产管理职责，或者未对承包单位、承租单位的安全生产统一协调、管理的，责令限期改正，可以处 5 万元以下的罚款，对其直接负责的主管人员和其他直接责任人员可以处 1 万元以下的罚款；逾期未改正的，责令停产停业整顿。

（7）同一作业区域内违法行为的法律责任追究

两个以上生产经营单位在同一作业区域内进行可能危及对方安全生产的生产经营活动，未签订安全生产管理协议或者未指定专职安全生产管理人员进行安全检查与协调的，责令限期改正，可以处5万元以下的罚款，对其直接负责的主管人员和其他直接责任人员可以处1万元以下的罚款；逾期未改正的，责令停产停业。

（8）拒绝、阻碍监督检查的违法责任追究

违反本法规定，生产经营单位拒绝、阻碍负有安全生产监督管理职责的部门依法实施监督检查的，责令改正；拒不改正的，处2万元以上20万元以下的罚款；对其直接负责的主管人员和其他直接责任人员处1万元以上2万元以下的罚款；构成犯罪的，依照刑法有关规定追究刑事责任。

（9）不具备安全生产条件的违法责任追究

生产经营单位不具备本法和其他有关法律、行政法规和国家标准或者行业标准规定的安全生产条件，经停产停业整顿仍不具备安全生产条件的，予以关闭；有关部门应当依法吊销其有关证照。

（10）承担赔偿责任

生产经营单位发生生产安全事故造成人员伤亡、他人财产损失的，应当依法承担赔偿责任；拒不承担或者其负责人逃匿的，由人民法院依法强制执行。

生产安全事故的责任人未依法承担赔偿责任，经人民法院依法采取执行措施后，仍不能对受害人给予足额赔偿的，应当继续履行赔偿义务；受害人发现责任人有其他财产的，可以随时请求人民法院执行。

（二）施工单位安全生产的法律责任及违法责任追究

1. 施工单位安全生产的法律责任

（1）落实施工安全的主体责任

《建筑法》规定，建筑施工企业必须依法加强对建筑安全生产的管理，执行安全生产责任制度，采取有效措施，以防止伤亡和其他安全生产事故的发生。

（2）主要负责人对安全生产工作全面负责

《建筑法》规定，建筑施工企业的法定代表人对本企业的安全生产负责。《建筑安全生产管理条例》也规定，施工单位主要负责人依法对本单位的安全生产工作全面负责。施工单位应当建立健全安全生产责任制度和安全生产教育培训制度，制定安全生产规章制度和操作规程，保证本单位安全生产条件所需资金的投入，对所承担的建设工程进行定期和专项安全检查，并做好安全检查记录。施工单位的项目负责人应当由取得相应执业资格的人员担任，对建设工程项目的安全施工负责，落实安全生产责任制度、安全生产规章制度和操作规程，确保安全生产费用的有效使用，并根据工程的特点组织制定安全施工措施，消除安全事故隐患，及时、如实报告生产安全事故。

（3）设置安全生产管理机构、配备专职安全生产管理人员

《建筑安全生产管理条例》规定，施工单位应当设立安全生产管理机构，配备专职安全生产管理人员。专职安全生产管理人员负责对安全生产进行现场监督检查。发现安全事故隐患，应当及时向项目负责人和安全生产管理机构报告；对违章指挥、违章操作的，应

当立即制止。专职安全生产管理人员的配备办法由国务院建设行政主管部门会同国务院其他有关部门制定。

（4）主要人员的任职和培训要求

《建筑安全生产管理条例》规定，施工单位的主要负责人、项目负责人、专职安全生产管理人员应当经建设行政主管部门或者其他有关部门考核合格后方可任职。施工单位应当对管理人员和作业人员每年至少进行一次安全生产教育培训，其教育培训情况记入个人工作档案。安全生产教育培训考核不合格的人员，不得上岗。作业人员进入新的岗位或者新的施工现场前，应当接受安全生产教育培训。未经教育培训或者教育培训考核不合格的人员，不得上岗作业。施工单位在采用新技术、新工艺、新设备、新材料时，应当对作业人员进行相应的安全生产教育培训。

（5）专项方案编制

施工单位应当在施工组织设计中编制安全技术措施和施工现场临时用电方案，对下列达到一定规模的危险性较大的分部分项工程编制专项施工方案，并附具安全验算结果，经施工单位技术负责人、总监理工程师签字后实施，由专职安全生产管理人员进行现场监督：1）基坑支护与降水工程；2）土方开挖工程；3）模板工程；4）起重吊装工程；5）脚手架工程；6）拆除、爆破工程；7）国务院建设行政主管部门或者其他有关部门规定的其他危险性较大的工程。

对前款所列工程中涉及深基坑、地下暗挖工程、高大模板工程的专项施工方案，施工单位还应当组织专家进行论证、审查。

（6）技术交底

《建筑安全生产管理条例》规定，建设工程施工前，施工单位负责项目管理的技术人员应当对有关安全施工的技术要求向施工作业班组、作业人员作出详细说明，并由双方签字确认。

（7）设置安全警示标志

《建筑安全生产管理条例》规定，施工单位应当在施工现场入口处、施工起重机械、临时用电设施、脚手架、出入通道口、楼梯口、电梯井口、孔洞口、桥梁口、隧道口、基坑边沿、爆破物及有害危险气体和液体存放处等危险部位，设置明显的安全警示标志。安全警示标志必须符合国家标准。

（8）安全防护用具、机械设备、施工机具和配件的采购

《建筑安全生产管理条例》规定，施工单位采购、租赁的安全防护用具、机械设备、施工机具及配件，应当具有生产（制造）许可证、产品合格证，并在进入施工现场前进行查验；施工现场的安全防护用具、机械设备、施工机具及配件必须由专人管理，定期进行检查、维修和保养，建立相应的资料档案，并按照国家有关规定及时报废。

（9）施工起重机械和整体提升脚手架、模板等自升式架使用前验收

《建筑安全生产管理条例》规定，施工单位在使用施工起重机械和整体提升脚手架、模板等自升式架设设施前，应当组织有关单位进行验收，也可以委托具有相应资质的检验检测机构进行验收；使用承租的机械设备和施工机具及配件的，由施工总承包单位、分包单位、出租单位和安装单位共同进行验收。验收合格的方可使用。《特种设备安全监察条例》规定的施工起重机械，在验收前应当经有相应资质的检验检测机构监督检验合格。施工单位应当自施工起重机械和整体提升脚手架、模板等自升式架设设施验收合格之日起

30 日内，向建设行政主管部门或者其他有关部门登记。登记标志应当置于或者附着于该设备的显著位置。

（10）不得挪用安全生产措施费

《建筑安全生产管理条例》规定，施工单位对列入建设工程概算的安全作业环境及安全施工措施所需费用，应当用于施工安全防护用具及设施的采购和更新、安全施工措施的落实、安全生产条件的改善，不得挪作他用。

（11）办理意外伤害保险

《建筑安全生产管理条例》规定，施工单位应当为施工现场从事危险作业的人员办理意外伤害保险。意外伤害保险费由施工单位支付。意外伤害保险期限自建设工程开工之日起至竣工验收合格止。

（12）施工总承包及分包单位安全生产的法律责任

《建筑法》规定，施工现场安全由建筑施工企业负责。实行施工总承包的，由总承包单位负责。《建设工程安全生产管理条例》也规定，建设工程实行施工总承包的，由总承包单位对施工现场的安全生产负总责。

《建设工程安全生产管理条例》规定，施工总承包单位的安全生产责任还包括：1）总承包单位依法将建设工程分包给其他单位的，分包合同中应当明确各自的安全生产方面的权利、义务；2）实行施工总承包的，由总承包单位统一组织编制建设工程生产安全事故应急救援预案；3）实行施工总承包的，由施工总承包单位组织验收；4）实行施工总承包的建设工程，由总承包单位负责上报事故；5）总承包单位应当自行完成建设工程主体结构的施工；6）总承包单位和分包单位对分包工程的安全生产承担连带责任；7）实行施工总承包的，由总承包单位支付意外伤害保险费。

《建筑法》规定，分包单位向总承包单位负责，服从总承包单位对施工现场的安全生产管理。《建设工程安全生产管理条例》进一步规定，分包单位应当服从总承包单位的安全生产管理，分包单位不服从管理导致生产安全事故的，由分包单位承担主要责任。

（13）特种设备使用单位安全生产的法律责任

1）建立相关制度配备相关人员

根据《中华人民共和国特种设备安全法》规定，特种设备使用单位应当建立岗位责任、隐患治理、应急救援等安全管理制度，制定操作规程，保证特种设备安全运行。应当按照国家有关规定配备特种设备安全管理人员、检测人员和作业人员，并对其进行必要的安全教育和技能培训。特种设备安全管理人员、检测人员和作业人员应当按照国家有关规定取得相应资格，方可从事相关工作。特种设备安全管理人员、检测人员和作业人员应当严格执行安全技术规范和管理制度，保证特种设备安全。主要负责人对其生产、经营、使用的特种设备安全负责。

2）定期检验检测

根据《中华人民共和国特种设备安全法》规定，特种设备使用单位应当按照安全技术规范的要求，在检验合格有效期届满前一个月向特种设备检验机构提出定期检验要求。

特种设备检验机构接到定期检验要求后，应当按照安全技术规范的要求及时进行安全性能检验。特种设备使用单位应当将定期检验标志置于该特种设备的显著位置。未经定期检验或者检验不合格的特种设备，不得继续使用。根据《建设工程安全生产管理条例》规定，施工起重机械和整体提升脚手架、模板等自升式架设设施的使用达到国家规定的检验检测期限的，必须经具有专业资质的检验检测机构检测。经检测不合格的，不得继续使用。

使用单位应当按照安全技术规范的要求向特种设备检验、检测机构及其检验、检测人员提供特种设备相关资料和必要的检验、检测条件，并对资料的真实性负责。

3）使用合格的特种设备

根据《中华人民共和国特种设备安全法》规定，特种设备使用单位应当使用取得许可生产并经检验合格的特种设备。禁止使用国家明令淘汰和已经报废的特种设备。

特种设备存在严重事故隐患，无改造、修理价值，或者达到安全技术规范规定的其他报废条件的，特种设备使用单位应当依法履行报废义务，采取必要措施消除该特种设备的使用功能，并向原登记的负责特种设备安全监督管理的部门办理使用登记证书注销手续。

前款规定报废条件以外的特种设备，达到设计使用年限可以继续使用的，应当按照安全技术规范的要求通过检验或者安全评估，并办理使用登记证书变更，方可继续使用。允许继续使用的，应当采取加强检验、检测和维护保养等措施，确保使用安全。

特种设备进行改造、修理，按照规定需要变更使用登记的，应当办理变更登记，方可继续使用。

4）办理使用登记建立安全技术档案

特种设备使用单位应当在特种设备投入使用前或者投入使用后30日内，向负责特种设备安全监督管理的部门办理使用登记，取得使用登记证书。登记标志应当置于该特种设备的显著位置。

特种设备使用单位应当建立特种设备安全技术档案。安全技术档案应当包括以下内容：（1）特种设备的设计文件、产品质量合格证明、安装及使用维护保养说明、监督检验证明等相关技术资料和文件；（2）特种设备的定期检验和定期自行检查记录；（3）特种设备的日常使用状况记录；（4）特种设备及其附属仪器仪表的维护保养记录；（5）特种设备的运行故障和事故记录。

5）特种设备的维护保养和检查、检修

根据《中华人民共和国特种设备安全法》规定，特种设备使用单位应当对其使用的特种设备进行经常性维护保养和定期自行检查，并作出记录。

特种设备使用单位应当对其使用的特种设备的安全附件、安全保护装置进行定期校验、检修，并作出记录。

特种设备安全管理人员应当对特种设备使用状况进行经常性检查，发现问题应当立即处理；情况紧急时，可以决定停止使用特种设备并及时报告本单位有关负责人。

特种设备作业人员在作业过程中发现事故隐患或者其他不安全因素，应当立即向特种设备安全管理人员和单位有关负责人报告；特种设备运行不正常时，特种设备作业人员应当按照操作规程采取有效措施保证安全。

特种设备出现故障或者发生异常情况，特种设备使用单位应当对其进行全面检查，消除事故隐患，方可继续使用。

2. 施工单位的违法责任追究

（1）安全事故隐患不采取措施予以消除的违法责任追究

《建筑法》规定，建筑企业违反本法规定，对建筑安全事故隐患不采取措施予以消除的，责令改正，可以处以罚款；情节严重的责令停业整顿，降低资质等级或者吊销资质证书；构成犯罪的，依法追究刑事责任。

（2）管理行为违法的责任追究

《建筑安全生产管理条例》规定，施工单位有下列行为之一的，责令限期改正；逾期未改正的，责令停业整顿，依照《中华人民共和国安全生产法》的有关规定处以罚款；造成重大安全事故，构成犯罪的，对直接责任人员，依照刑法有关规定追究刑事责任：1）未设立安全生产管理机构、配备专职安全生产管理人员或者分部分项工程施工时无专职安全生产管理人员现场监督的；2）施工单位的主要负责人、项目负责人、专职安全生产管理人员、作业人员或者特种作业人员，未经安全教育培训或者经考核不合格即从事相关工作的；3）未在施工现场的危险部位设置明显的安全警示标志，或者未按照国家有关规定在施工现场设置消防通道、消防水源、配备消防设施和灭火器材的；4）未向作业人员提供安全防护用具和安全防护服装的；5）未按照规定在施工起重机械和整体提升脚手架、模板等自升式架设设施验收合格后登记的；6）使用国家明令淘汰、禁止使用的危及施工安全的工艺、设备、材料的。

（3）施工现场安全防护不到位的违法责任追究

《建筑安全生产管理条例》规定，施工单位有下列行为之一的，责令限期改正；逾期未改正的，责令停业整顿，并处 5 万元以上 10 万元以下的罚款；造成重大安全事故，构成犯罪的，对直接责任人员，依照刑法有关规定追究刑事责任：1）施工前未对有关安全施工的技术要求做出详细说明的；2）未根据不同施工阶段和周围环境及季节、气候的变化，在施工现场采取相应的安全施工措施，或者在城市市区内的建设工程的施工现场未实行封闭围挡的；3）在尚未竣工的建筑物内设置员工集体宿舍的；4）施工现场临时搭建的建筑物不符合安全使用要求的；5）未对因建设工程施工可能造成损害的毗邻建筑物、构筑物和地下管线等采取专项防护措施的。

施工单位有前款规定第 4）项、第 5）项行为，造成损失的，依法承担赔偿责任。

《建筑安全生产管理条例》还规定了，施工单位有下列行为之一的，责令限期改正；逾期未改正的，责令停业整顿，并处 10 万元以上 30 万元以下的罚款；情节严重的，降低资质等级，直至吊销资质证书；造成重大安全事故，构成犯罪的，对直接责任人员，依照刑法有关规定追究刑事责任；造成损失的，依法承担赔偿责任：1）安全防护用具、机械设备、施工机具及配件在进入施工现场前未经查验或者查验不合格即投入使用的；2）使用未经验收或者验收不合格的施工起重机械和整体提升脚手架、模板等自升式架设设施的；3）委托不具有相应资质的单位承担施工现场安装、拆卸施工起重机械和整体提升脚手架、模板等自升式架设设施的；4）在施工组织设计中未编制安全技术措施、施工现场临时用电方案或者专项施工方案的。

（4）单位主要负责人未履行安全生产管理职责的违法责任追究

违反本条例的规定，施工单位的主要负责人、项目负责人未履行安全生产管理职责的，责令限期改正；逾期未改正的，责令施工单位停业整顿；造成重大安全事故、重大伤亡事故或者其他严重后果，构成犯罪的，依照刑法有关规定追究刑事责任。施工单位的主要负责人、项目负责人有前款违法行为，尚不够刑事处罚的，处 2 万元以上 20 万元以下的罚款或者按照管理权限给予撤职处分；自刑罚执行完毕或者受处分之日起，5 年内不得担任任何施工单位的主要负责人、项目负责人。

（5）降低安全生产条件的违法责任追究

施工单位取得资质证书后，降低安全生产条件的，责令限期改正；经整改仍未达到与其资质等级相适应的安全生产条件的，责令停业整顿，降低其资质等级直至吊销资质证书。

（6）挪用安全措施费的违法责任追究

违反本条例的规定，施工单位挪用列入建设工程概算的安全生产作业环境及安全施工措施所需费用的，责令限期改正，处挪用费用 20% 以上 50% 以下的罚款；造成损失的，依法承担赔偿责任。

（7）特种设备使用单位的违法责任追究

根据《中华人民共和国特种设备安全法》规定，特种设备使用单位有下列行为之一的，责令限期改正；逾期未改正的，责令停止使用有关特种设备，处一万元以上十万元以下罚款：1）使用特种设备未按照规定办理使用登记的；2）未建立特种设备安全技术档案或者安全技术档案不符合规定要求，或者未依法设置使用登记标志、定期检验标志的；3）未对其使用的特种设备进行经常性维护保养和定期自行检查，或者未对其使用的特种设备的安全附件、安全保护装置进行定期校验、检修，并做出记录的；4）未按照安全技术规范的要求及时申报并接受检验的；5）未按照安全技术规范的要求进行锅炉水（介）质处理；6）未制定特种设备事故应急专项预案的。

根据《特种设备安全法》规定，特种设备使用单位有下列行为之一的，责令停止使用有关特种设备，处 3 万元以上 30 万元以下罚款：（1）使用未取得许可生产，未经检验或者检验不合格的特种设备，或者国家明令淘汰、已经报废的特种设备的；（2）特种设备出现故障或者发生异常情况，未对其进行全面检查、消除事故隐患，继续使用的；（3）特种设备存在严重事故隐患，无改造、修理价值，或者达到安全技术规范规定的其他报废条件，未依法履行报废义务，并办理使用登记证书注销手续的。

《特种设备安全法》规定，特种设备生产、经营、使用单位有下列情形之一的，责令限期改正；逾期未改正的，责令停止使用有关特种设备或者停产停业整顿，处 1 万元以上 5 万元以下罚款：（1）未配备具有相应资格的特种设备安全管理人员、检测人员和作业人员的；（2）使用未取得相应资格的人员从事特种设备安全管理、检测和作业的；（3）未对特种设备安全管理人员、检测人员和作业人员进行安全教育和技能培训的。

七、设备检验检测单位安全生产的法律责任及责任追究

（一）设备检测单位的职责

1. 依法执业

《安全生产法》规定，依法设立的为安全生产提供技术、管理服务的机构，依照法律、行政法规和执业准则，接受生产经营单位的委托为其安全生产工作提供技术、管理服务。

2. 检验机构应当具备的条件

《特种设备安全法》规定，监督检验、定期检验的特种设备检验机构，以及为特种设备生产、经营、使用提供检测服务的特种设备检测机构，应当具备下列条件，并经负责特种设备安全监督管理的部门核准，方可从事检验、检测工作：（1）有与检验、检测工作相适应的检验、检测人员；（2）有与检验、检测工作相适应的检验、检测仪器和设备；（3）有健全的检验、检测管理制度和责任制度。

3. 检验检测人员的资格管理

《特种设备安全法》规定，特种设备检验、检测机构的检验、检测人员应当经考核，取得检验、检测人员资格，方可从事检验、检测工作。

4. 检验检测活动规定

（1）职业准则

特种设备检验、检测机构的检验、检测人员不得同时在两个以上检验、检测机构中执业；变更执业机构的，应当依法办理变更手续。特种设备检验、检测机构及其检验、检测人员对检验、检测过程中知悉的商业秘密，负有保密义务。

（2）特种设备检验检测的要求

特种设备检验、检测机构及其检验、检测人员不得从事有关特种设备的生产、经营活动，不得推荐或者监制、监销特种设备。特种设备检验、检测工作应当遵守法律、行政法规的规定，并按照安全技术规范的要求进行。特种设备检验、检测机构及其检验、检测人员应当依法为特种设备生产、经营、使用单位提供安全、可靠、便捷、诚信的检验、检测服务。

（3）事故隐患报告

特种设备检验、检测机构及其检验、检测人员在检验、检测中发现特种设备存在严重事故隐患时，应当及时告知相关单位，并立即向负责特种设备安全监督管理的部门报告。

负责特种设备安全监督管理的部门应当组织对特种设备检验、检测机构的检验、检测结果和鉴定结论进行监督抽查，但应当防止重复抽查。监督抽查结果应当向社会公布。

5. 对检测结果负责

特种设备检验、检测机构及其检验、检测人员应当客观、公正、及时地出具检验、检测报告，并对检验、检测结果和鉴定结论负责。《安全生产法》规定，承担安全评价、认证、检测、检验的机构应当具备国家规定的资质条件，并对其做出的安全评价、认证、检测、检验的结果负责。《建设工程安全生产管理条例》规定，检验检测机构对检测合格的施工起重机械和整体提升脚手架、模板等自升式架设设施，应当出具安全合格证明文件，并对检测结果负责。

（二）特种设备检测单位的违法责任追究

1. 检评机构和人员的违法责任追究

《安全生产法》规定，承担安全评价、认证、检测、检验工作的机构，出具虚假证明的，没收违法所得；违法所得在10万元以上的，并处违法所得2倍以上5倍以下的罚款；没有违法所得或者违法所得不足10万元的，单处或者并处10万元以上20万元以下的罚款；对其直接负责的主管人员和其他直接责任人员处2万元以上5万元以下的罚款；给他人造成损害的，与生产经营单位承担连带赔偿责任；构成犯罪的，依照刑法有关规定追究刑事责任。对有前款违法行为的机构，吊销其相应资质。

2. 主要责任人员的违法责任追究

根据《特种设备安全法》规定，特种设备安全管理人员、检测人员和作业人员不履行岗位职责，违反操作规程和有关安全规章制度，造成事故的，吊销相关人员的资格。

特种设备检验、检测机构及其检验、检测人员有下列行为之一的，责令改正，对机构处 5 万元以上 20 万元以下罚款，对直接负责的主管人员和其他直接责任人员处 5 千元以上 5 万元以下罚款；情节严重的，吊销机构资质和有关人员的资格：（1）未经核准或者超出核准范围、使用未取得相应资格的人员从事检验、检测的；（2）未按照安全技术规范的要求进行检验、检测的；（3）出具虚假的检验、检测结果和鉴定结论或者检验、检测结果和鉴定结论严重失实的；（4）发现特种设备存在严重事故隐患，未及时告知相关单位，并立即向负责特种设备安全监督管理的部门报告的；（5）泄露检验、检测过程中知悉的商业秘密的；（6）从事有关特种设备的生产、经营活动的；（7）推荐或者监制、监销特种设备的；（8）利用检验工作故意刁难相关单位的。违反本法规定，特种设备检验、检测机构的检验、检测人员同时在两个以上检验、检测机构中执业的，处 5 千元以上 5 万元以下罚款；情节严重的，吊销其资格。

3. 不接受监督检查的违法责任追究

特种设备生产、经营、使用单位或者检验、检测机构拒不接受负责特种设备安全监督管理的部门依法实施的监督检查的，责令限期改正；逾期未改正的，责令停产停业整顿，处 2 万元以上 20 万元以下罚款。

八、政府主管部门监督管理

建筑机械设备的安全使用，事关人民群众的生命和财产安全，是社会和谐稳定的重要部分。尤其是特种设备是指涉及生命安全、危险性较大。我国对特种设备的安全监察、行政许可、监督检查、事故处理和责任追究等内容进行相关的规定，它具有强制性、体系及责任追究的特点。

（一）安全生产监督管理体制

《安全生产法》规定，国务院安全生产监督管理部门依照本法，对全国安全生产工作实施综合监督管理；县级以上地方各级人民政府安全生产监督管理部门依照本法，对本行政区域内安全生产工作实施综合监督管理。

国务院有关部门依照本法和其他有关法律、行政法规的规定，在各自的职责范围内对有关行业、领域的安全生产工作实施监督管理；县级以上地方各级人民政府有关部门依照本法和其他有关法律、法规的规定，在各自的职责范围内对有关行业、领域的安全生产工作实施监督管理。

安全生产监督管理部门和对有关行业、领域的安全生产工作实施监督管理的部门，统称负有安全生产监督管理职责的部门。

县级以上地方各级人民政府应当根据本行政区域内的安全生产状况，组织有关部门按照职责分工，对本行政区域内容易发生重大生产安全事故的生产经营单位进行严格检查。

县级以上地方各级人民政府负有安全生产监督管理职责的部门应当建立健全重大事故隐患治理督办制度，督促生产经营单位消除重大事故隐患。

安全生产监督管理部门应当按照分类分级监督管理的要求，制定安全生产年度监督检查计划，并按照年度监督检查计划进行监督检查，发现事故隐患，应当及时处理。

监察机关依照行政监察法的规定，对负有安全生产监督管理职责的部门及其工作人员履行安全生产监督管理职责实施监察。

《特种设备安全法》规定，负责特种设备安全监督管理的部门依照本法规定，对特种设备生产、经营、使用单位和检验、检测机构实施监督检查。

负责特种设备安全监督管理的部门应当对学校、幼儿园以及医院、车站、客运码头、商场、体育场馆、展览馆、公园等公众聚集场所的特种设备，实施重点安全监督检查。

（二）政府监督管理部门对安全施工措施的审查

《安全生产法》规定，负有安全生产监督管理职责的部门依照有关法律、法规的规定，对涉及安全生产的事项需要审查批准（包括批准、核准、许可、注册、认证、颁发证照等，下同）或者验收的，必须严格依照有关法律、法规和国家标准或者行业标准规定的安全生产条件和程序进行审查；不符合有关法律、法规和国家标准或者行业标准规定的安全生产条件的，不得批准或者验收通过。对未依法取得批准或者验收合格的单位擅自从事有关活动的，负责行政审批的部门发现或者接到举报后应当立即予以取缔，并依法予以处理。对已经依法取得批准的单位，负责行政审批的部门发现其不再具备安全生产条件的，应当撤销原批准。

《建设工程安全生产管理条例》规定，建设行政主管部门在审核发放施工许可证时，应当对建设工程是否有安全施工措施进行审查，对没有安全施工措施的，不得颁发施工许可证。

建设行政主管部门或者其他有关部门对建设工程是否有安全施工措施进行审查时，不得收取费用。

（三）政府监督管理部门的监督检查

《安全生产法》规定，安全生产监督管理部门和其他负有安全生产监督管理职责的部门依法开展安全生产行政执法工作，对生产经营单位执行有关安全生产的法律、法规和国家标准或者行业标准的情况进行监督检查，行使以下职权：（1）进入生产经营单位进行检查，调阅有关资料，向有关单位和人员了解情况；（2）对检查中发现的安全生产违法行为，当场予以纠正或者要求限期改正；对依法应当给予行政处罚的行为，依照本法和其他有关法律、行政法规的规定作出行政处罚决定；（3）对检查中发现的事故隐患，应当责令立即排除；重大事故隐患排除前或者排除过程中无法保证安全的，应当责令从危险区域内撤出作业人员，责令暂时停产停业或者停止使用相关设施、设备；重大事故隐患排除后，经审查同意，方可恢复生产经营和使用；（4）对有根据认为不符合保障安全生产的国家标准或者行业标准的设施、设备、器材以及违法生产、储存、使用、经营、运输的危险物品予以查封或者扣押，对违法生产、储存、使用、经营危险物品的作业场所予以查封，并依法做出处理决定。

监督检查不得影响被检查单位的正常生产经营活动。

负有安全生产监督管理职责的部门依法对存在重大事故隐患的生产经营单位做出停产停业、停止施工、停止使用相关设施或者设备的决定，生产经营单位应当依法执行，及时消除事故隐患。生产经营单位拒不执行，有发生生产安全事故的现实危险的，在保证安全的前提下，经本部门主要负责人批准，负有安全生产监督管理职责的部门可以采取通知有关单位停止供电、停止供应民用爆炸物品等措施，强制生产经营单位履行决定。通知应当采用书面形式，有关单位应当予以配合。

负有安全生产监督管理职责的部门依照前款规定采取停止供电措施，除有危及生产安全的紧急情形外，应当提前 24 小时通知生产经营单位。生产经营单位依法履行行政决定、采取相应措施消除事故隐患的，负有安全生产监督管理职责的部门应当及时解除前款规定的措施。

(四) 安全生产监督检查人员职责

《安全生产法》规定，安全生产监督检查人员应当忠于职守，坚持原则，秉公执法。

安全生产监督检查人员执行监督检查任务时，必须出示有效的监督执法证件；对涉及被检查单位的技术秘密和业务秘密，应当为其保密。

安全生产监督检查人员应当将检查的时间、地点、内容、发现的问题及其处理情况，做出书面记录，并由检查人员和被检查单位的负责人签字；被检查单位的负责人拒绝签字的，检查人员应当将情况记录在案，并向负有安全生产监督管理职责的部门报告。

(五) 组织制定特大事故应急救援预案和重大生产安全事故抢救

《安全生产法》规定，县级以上地方各级人民政府应当组织有关部门制定本行政区域内特大生产安全事故应急救援预案，建立应急救援体系。

有关地方人民政府和负有安全生产监督管理职责的部门的负责人接到生产安全事故报告后，应当按照生产安全事故应急救援预案的要求立即赶到事故现场，组织事故抢救。

(六) 淘汰严重危及施工安全的工艺、设备及受理检举、控告和投诉

《安全生产法》规定，国家对严重危及生产安全的工艺、设备实行淘汰制度，具体目录由国务院安全生产监督管理部门会同国务院有关部门制定并公布。法律、行政法规对目录的制定另有规定的，适用其规定。

省、自治区、直辖市人民政府可以根据本地区实际情况制定并公布具体目录，对前款规定以外的危及生产安全的工艺、设备予以淘汰。

负有安全生产监督管理职责的部门应当建立举报制度，公开举报电话、信箱或者电子邮件地址，受理有关安全生产的举报；受理的举报事项经调查核实后，应当形成书面材料；需要落实整改措施的，报经有关负责人签字并督促落实。

《建设工程安全生产管理条例》规定，国家对严重危及施工安全的工艺、设备、材料实行淘汰制度。具体目录由国务院建设行政主管部门会同国务院其他有关部门制定并公布。

县级以上人民政府建设行政主管部门和其他有关部门应当及时受理对建设工程生产安

全事故及安全事故隐患的检举、控告和投诉。

（七）加强安全生产的宣传教育

各级人民政府及其有关部门应当采取多种形式，加强对有关安全生产的法律、法规和安全生产知识的宣传，增强全社会的安全生产意识。

（八）安全生产违法行为应负的法律责任

《安全生产法》规定，负有安全生产监督管理职责的部门，要求被审查、验收的单位购买其指定的安全设备、器材或者其他产品的，在对安全生产事项的审查、验收中收取费用的，由其上级机关或者监察机关责令改正，责令退还收取的费用；情节严重的，对直接负责的主管人员和其他直接责任人员依法给予处分。

负有安全生产监督管理职责的部门的工作人员，有下列行为之一的，给予降级或者撤职的处分；构成犯罪的，依照刑法有关规定追究刑事责任：（1）对不符合法定安全生产条件的涉及安全生产的事项予以批准或者验收通过的；（2）发现未依法取得批准、验收的单位擅自从事有关活动或者接到举报后不予取缔或者不依法予以处理的；（3）对已经依法取得批准的单位不履行监督管理职责，发现其不再具备安全生产条件而不撤销原批准或者发现安全生产违法行为不予查处的；（4）在监督检查中发现重大事故隐患，不依法及时处理的。负有安全生产监督管理职责的部门的工作人员有前款规定以外的滥用职权、玩忽职守、徇私舞弊行为的，依法给予处分；构成犯罪的，依照刑法有关规定追究刑事责任。

《特种设备安全法》规定，负责特种设备安全监督管理的部门及其工作人员有下列行为之一的，由上级机关责令改正；对直接负责的主管人员和其他直接责任人员，依法给予处分：（1）未依照法律、行政法规规定的条件、程序实施许可的；（2）发现未经许可擅自从事特种设备的生产、使用或者检验、检测活动不予取缔或者不依法予以处理的；（3）发现特种设备生产单位不再具备本法规定的条件而不吊销其许可证，或者发现特种设备生产、经营、使用违法行为不予查处的；（4）发现特种设备检验、检测机构不再具备本法规定的条件而不撤销其核准，或者对其出具虚假的检验、检测结果和鉴定结论或者检验、检测结果和鉴定结论严重失实的行为不予查处的；（5）发现违反本法规定和安全技术规范要求的行为或者特种设备存在事故隐患，不立即处理的；（6）发现重大违法行为或者特种设备存在严重事故隐患，未及时向上级负责特种设备安全监督管理的部门报告，或者接到报告的负责特种设备安全监督管理的部门不立即处理的；（7）要求已经依照本法规定在其他地方取得许可的特种设备生产单位重复取得许可，或者要求对已经依照本法规定在其他地方检验合格的特种设备重复进行检验的；（8）推荐或者监制、监销特种设备的；（9）泄露履行职责过程中知悉的商业秘密的；（10）接到特种设备事故报告未立即向本级人民政府报告，并按照规定上报的；（11）迟报、漏报、谎报或者瞒报事故的；（12）妨碍事故救援或者事故调查处理的；（13）其他滥用职权、玩忽职守、徇私舞弊的行为。

第四章　建筑施工机械相关企业安全生产责任制

安全生产责任制是企业的一项基本管理制度，主要指企业的各岗位人员对安全生产所负责的工作和应承担的责任的一种制度。依据《中华人民共和国安全生产法》（以下简称"安全生产法"）第十九条规定：生产经营单位的安全生产责任制应当明确各岗位的责任人员、责任范围和考核标准等内容。生产经营单位应当建立相应的机制，加强对安全生产责任制落实情况的监督考核，保证安全生产责任制的落实。考核标准可依据《施工企业安全生产评价标准》JGJ/T 77—2010 制定考核标准。

建筑施工企业应按照《国务院关于进一步加强企业安全生产工作的通知》国发〔2010〕23 号及《建筑施工企业负责人及项目负责人施工现场带班暂行办法》建质〔2011〕111 号文件要求，建筑施工企业相关人员须执行负责人带班检查制度，并做好记录。

设备相关单位人员均须严格按照本单位制定安全管理制度及相关设备管理制度执行，并积极配合事故调查及处理工作。

一、租赁单位的安全生产责任制

（一）租赁单位安全生产责任制

1. 生产管理部门

（1）对本单位设备安全生产负主要责任。

（2）建立健全设备生产管理制度。

（3）设备运输前应对运输人员进行教育，在遵守交通法规的前提下将设备安全完整运送到目的地。

（4）对在场设备应定期进行维修保养。

（5）配合承租单位对设备进行日常管理。

（6）负责设备的年检年审，保证设备符合施工要求和安全要求。

（7）负责所进场设备的维护保养，保证设备的正常、完好的安全运行。

（8）保证操作人员持证上岗。

（9）定期召开安全生产会，总结并改进本单位安全生产状态。

2. 技术管理部门

（1）建立健全本单位设备技术制度。

（2）建立设备技术档案。

（3）配合承租单位对本单位设备的技术管理。

（4）改造、制造设备相关主要受力构件及其他构件时，应向制造单位提供相关技术资料，并通过有关部门审批后方可实施。

（5）编制设备技术方案并上报上级管理部门审批。

（6）审批合格后的方案须向作业人员进行全面交底。

3. 安全管理部门

（1）确保设备的安全运行。

（2）对于新入职的其他员工进行安全教育。

（3）监督其他部门的安全管理行为，并有责任对其不安全行为进行制止。

（4）作业期间保证作业人员的设备安全操作及设备的安全运行工作。

4. 物资管理部门

（1）采购设备应符合国家现行规范标准，不得购置、租赁国家禁止、报废的设备。

（2）采购设备的供应商需向采购单位提供相应资质、设备说明书及相关合格材料。

（3）保证本单位安全生产所需的合格物资器材等。

（二）租赁单位岗位责任制

1. 企业法人

（1）企业法人（负责人）对本单位机械设备安全使用负有第一责任。

（2）取得租赁资质，并按照资质经营范围内租赁设备，不得超范围租赁。

（3）组织参与并完善本单位相关管理制度及责任。

（4）保证本单位设备管理安全运行。

（5）保证本单位设备运行所需安全保证物资及资金投入。

（6）提供相应设备存放场地并组织相关人员定期对在场设备进行维修保养。

（7）签订租赁合同并实施，并且做到有效合同内约定的权利及义务。

2. 维修保养人员

（1）定期对本单位机械设备进行维修保养工作、记录内容并提供承租单位留存。

（2）维修保养期间发现可能导致安全事故的隐患应及时向有关单位或责任人上报并配合解决。

（3）维修保养操作须严格按照操作规程及规范要求进行不得违章作业或违章操作。

（4）定期接受承租单位相关人员安全技术交底及安全入场教育。

3. 工程项目负责人（机长）

（1）定期组织相关人员对设备进行维修保养。

（2）定期组织操作人员进行安全交底及教育。

（3）按照本单位规章制度定期或不定期对负责设备进行日常巡查并记录，对发现的隐患及时整改。

（4）保证负责设备的安全装置齐全并且有效。

（5）配合承租单位完成合法义务范围内其他事项。

（6）参与配合调查处理设备事故。

（7）提供负责设备操作人员的安全作业环境及个人防护用品。

4. 操作人员

（1）严格按照操作规程操作，严禁违章作业、违章指挥并有权拒绝违章作业，必要时可向上级管理部门汇报。

（2）接受安全交底及教育。

（3）发现事故隐患应及时上报并配合整改。

（4）要求并接受个人安全防护用品。

5. 物资管理人员

（1）提供合格的租赁设备。

（2）提供合格的安全防护用品、安全装置及安全设备设施。

二、安装单位的安全生产责任制

（一）安装单位安全生产责任制

1. 生产管理部门

（1）对本单位安装机械设备负主要责任。

（2）建立健全设备安装管理制度。

（3）根据审批合格后的方案进行设备安装；特殊安装情况的须向技术部门报告，按照有效合格的方案进行安装。

（4）安装过程中设置安全警戒区域并旁站监督，非作业人员不得进入该区域。

（5）定期组织安装人员进行安全交底及培训。

（6）本单位作业人员必须经过专业培训考试合格，取得有关部门颁发的操作证或特殊工种证件后，方可上岗作业。

（7）向作业人员提供安全作业环境并发放个人安全防护用品。

（8）不得损坏设备，安装中如有设备损坏或安全装置不全应向上级单位报告并及时整改。

（9）安装完毕后出具有效的验收资料，并协助检测单位定期检测。

（10）部分设备需进行破坏性试验或者载重试验的，完毕后须将安全装置进行复位或更换安全装置。

2. 技术管理部门

（1）建立健全本单位技术管理制度。

（2）向产权单位提供相应专业方案。

（3）向作业人员进行方案交底。

（4）对作业人员进行安全技术交底。

（5）告知作业环境中危险源及防范措施。

3. 安全管理部门

（1）向作业人员提供安全作业环境。

（2）监督旁站作业位置并记录作业过程，作业过程中及时制止不安全行为。

（二）安装单位岗位责任制

1. 企业法人

（1）组织参与完善本单位的管理制度。

（2）提供有效的安装资质等级证书及有关资质文件。

（3）保证本单位相关作业人员及监管人员持证上岗。

（4）组织安装技术人员、作业人员及相关人员定期培训及教育。

（5）负责组织验收安装完毕的设备并签字确认后安全投入使用。

（6）协助检测单位对安装完毕设备进行检测。

2. 技术负责人

（1）负责向总包单位提供设备技术方案及相应技术图纸。

（2）对作业人员进行方案交底。

（3）对作业人员进行安全技术交底。

（4）告知作业环境中危险源及防范措施。

（5）参与总包单位组织的专家论证。

（6）协助参与事故调查及处理。

（7）建立本单位设备技术档案。

3. 现场安装负责人

（1）保证安拆设备区域内非作业人员进入。

（2）协调现场安拆作业中各工种协作。

（3）向作业人员提供安全防护用品及安全作业环境，对在场安拆设备负主要责任。

（4）安装完毕合格后交与使用单位。

4. 安全员

（1）安拆作业中监督旁站并制止不安全行为。

（2）监督作业区域非作业人员不得进入，如须进入作业区域必须经过有关部门进行相应安全交底及安全教育并不得参加主要作业内容。

（3）监督作业人员安全防护用品合格佩戴。

（4）对作业人员进行安全教育并监督现场负责人对作业人员进行安全交底。

5. 安拆人员

（1）作业中不违章作业，不违章指挥。

（2）安拆作业中不损坏设备，如有损坏应及时与产权单位或本单位上级部门汇报，并负责更换损坏部件。

（3）未安装完毕的设备需在完成本道工序后，将设备处在安全状态，拉闸断电后方可离场。

（4）严格按照安全操作规程进行作业。

（5）接受安全技术交底及安全教育

三、使用单位的安全生产责任制

(一) 使用单位相关部门安全生产责任制

1. 工程管理部门

(1) 向有关部门提出设备需用计划，选定设备型号。

(2) 根据施工需要参与制定设备方案并组织实施。

(3) 不得违章指挥作业人员进行违章作业。

(4) 协调施工现场设备使用，并提供安全作业环境。

(5) 负责进场设备的防护工作并提供相应场地存放。

(6) 事故相关人员参与调查处理。

2. 技术管理部门

(1) 制定、审核、审批设备方案。

(2) 合格审批后的方案对相关人员进行方案交底。

(3) 参加验收安装完毕后的设备是否按照方案要求安装合格，并由负责人签字确认。

(4) 组织专家对相应设备进行技术论证。

(5) 事故相关人员参与调查处理。

3. 设备管理部门

(1) 保证进入施工现场设备符合安全使用要求。

(2) 收集设备合格证明文件及产权单位相关资质证书。

(3) 组织相关人员定期对在场设备进行安全检查并记录在案，发现的安全隐患及时通知相关部门或单位进行整改，整改完毕后验收整改效果。

(4) 收集相关操作人员上岗证件，并协助有关部门进行取证及证件查验等工作，证件过期人员不得进行相关作业，待审核通过后方可上岗。

(5) 定期通知相关单位对设备进行维修保养。

(6) 负责参与大、中、小型机械设备安装后的验收工作。

(7) 接受方案交底，并审核方案可行性，提出相关意见。

(8) 相关责任人定期组织向操作人员进行安全交底并配合有关部门对相关人员进行培训及教育工作。

(9) 协助有关部门提供设备安全使用环境及安全设施。

(10) 建立设备台账及技术档案，掌握本单位机械设备使用情况。

(11) 负责机械设备的报废、租赁、调剂工作。

(12) 监管设备招标过程。

(13) 协助处理设备事故调查。

4. 物资管理部门

(1) 贯彻执行国家、行业主管部门有关机械设备管理的方针、政策、法规、条例；制定与完善有关机械设备管理的规章制度，监督检查并审核项目部制定的设备管理制度和岗位责任制，建立健全各项机械设备管理岗位责任制。

（2）根据工程部门提供需用计划购置（租赁）相应合格设备。

（3）负责机械设备购置、转让等工作，建立机械设备资产台账，做好清查盘点与评估工作，组织并参与对项目所需使用的机械设备及供应（租赁）商的考察、选择以及对供应（租赁）商的业绩考核。

（4）参与机械设备验收工作，定期对下属单位机械设备进行专项检查和评估工作，并对本单位、租赁或分包机械设备的运行状况、使用情况进行运行管理。

（5）提供有关防护用品及防护设置。

（6）会同有关部门完成对机械事故的调查、处理和上报。

5. 商务管理部门

（1）按照《合同法》及相关《税法》对设备定期进行折旧报废，核算并对设备资产进行评估。

（2）参照租赁（购置）合同约定进行付款及评估合同履约情况。

（3）按照《安全生产法》要求保证设备安全运行费用的投入，并留存相应票据。

6. 安全管理部门

（1）监督现场设备安全使用情况。

（2）定期组织安全交底、经验交流及安全技术培训。

（3）检查其他部门安全履职情况，并定期考核。

（4）组织定期及不定期的安全机械检查。

（5）参与设备安装旁站及设备验收。

（6）会同有关部门完成对机械事故的调查、处理和上报。

（二）使用单位岗位责任制

1. 使用单位负责人

（1）现场施工机械设备管理的第一责任人，对本单位施工机械设备管理负全责。

（2）贯彻落实国家、地方主管部门及分公司有关机械设备管理法规。

（3）组织建立健全本单位机械设备管理制度及相关责任制。

（4）负责组织机械管理人员的技术、管理、安全、取证培训等工作。

（5）组织本单位机械设备的定期检查和验收工作。

（6）提供安全生产作业环境及个人防护用品。

（7）负责监督本单位机械安全生产资金投入。

（8）参与对机械设备事故的调查、处理、上报工作。

2. 技术负责人

（1）负责贯彻落实国家、地方主管部门及分公司有关机械设备管理技术法规的落实及方案的审核审批工作；及时掌握国家、地方和企业的法规、制度、标准，并予以实施。

（2）负责本单位设备技术方案的编制、审核、审批工作。

（3）负责本单位设备更新、改造等技术工作方案编制。

（4）负责对操作人员进行方案交底工作。

（5）参与本单位使用机械设备验收工作。

（6）负责大型、垂直运输机械日常观测工作。

3. 生产负责人

（1）现场施工机械设备管理的主要责任人，对项目部施工机械设备管理负主要责任。

（2）贯彻落实国家、地方主管部门及企业有关机械设备管理法规。

（3）负责调配并有效、高效地使用所有在场设备。

（4）定期组织有关部门或单位对在场大型垂直运输设备进行电气检查并记录，对不符合规范要求的设备及时进行整改。

（5）组织本单位机械设备的验收和定期配合安全检查工作。

4. 商务负责人

（1）负责监督贯彻落实国家、地方主管部门及企业有关机械设备管理法规的经济落实情况。

（2）负责签订购置（租赁）合同，按相关法律法规明确双方相关义务及责任，并对合同履约情况进行评估。

（3）负责机械安全生产所需安全生产保障费用支付工作。

5. 安全负责人

（1）负责贯彻落实国家、地方主管部门及分公司有关机械设备管理安全法规的落实。

（2）参与机械设备验收工作。

（3）负责定期监督检查在场设备的安全运行工作及设备管理部门人员安全履职情况。

（4）参与机械设备合同的签订，并督查相关安全条款。

6. 安全员

（1）负责现场设备安全运行监管工作。

（2）定期对在场设备进行安全检查。

（3）对发现的安全隐患应及时监督相关部门整改到位。

（4）监督机械管理员及有关部门人员日常安全履职情况。

（5）对现场设备安全防护设施的完整、有效及个人防护用品有效佩戴负责。

7. 施工员

（1）负责项目责任区内机械设备安全运行工作。

（2）参与责任区内机械设备验收工作。

（3）配合责任区内机械设备的定期检查工作。

（4）负责责任区内设备的调配合理使用的工作。

（5）负责责任区内设备应急响应工作。

8. 机械设备管理员

（1）根据施工需求，提出设备需用计划，详细叙述所需设备性能及相关资料信息，并提交有关部门审核；便于合理招标工作，监督并参与有关部门的设备招投标及合同签订工作。

（2）对所有进入施工现场的机械设备，办理验收手续，实施现场监控。

（3）负责机械设备的安全运行、维修、日常保养及设备的资质、资料审核、归档工作和运转期间资料的收集、整理及归档工作。对设备维修不及时的情况及时报请设备租赁公司（站）协助解决或向主管部门汇报。

（4）负责机械设备安全措施的落实。每天巡查设备的运行状态与人的规范行为，并及时制止不安全状态的违章指挥和不规范行为的违章作业。对每台建筑起重机械每周检查次数不少于一次，并做好记录及设备台账更新的工作，监督检查租赁专业公司每月不少于一次的设备保养维护工作，并做好台账记录；自购的设备参照此项执行。

（5）督促机械操作工填写机械运转记录并审核。

（6）对危险性较大的设备安拆过程实行旁站监督，积极创造好的作业环境保证过程安全。针对不同情况，有权向企业直接报告，提请启动应急预案。

（7）负责进场机械设备的资质、资料审核、归档工作和运转期间资料的收集、整理及归档工作。

（8）参与机械设备事故的调查、处理与上报。

9. 信号指挥人员

（1）定期接受有关部门的安全交底及教育。

（2）严格按照操作规程指挥作业，不得违章指挥。

（3）指挥前需了解作业涉及区域内安全状态，提醒有关部门设置安全警戒区域。

第五章　建筑施工机械安全管理规定

建筑施工机械安全管理主要包括采购（租赁）、安装拆卸、日常使用、维修保养等内容，抓住这些关键环节，可有效防范施工机械生产安全事故，保障施工现场安全生产。

一、采购与租赁安全管理规定

施工单位对拟进入施工现场的机械设备供应方进行考察，分为两种形式：施工单位自行购置与施工单位采取租赁方式。不管采取哪种方式，施工单位都要对设备供应方资质、组织机构、售（租）后服务、设备管理、设备实体等进行检验和考察。

（一）设备采购

1. 制造单位资质

设备制造企业资质，是指符合设备制造企业资质条件，取得资质认证机构颁发的《中国设备制造企业资质证书》，内容包括资质类别、等级、业务范围和证书编号。设备制造企业资质认证，实行"一照一证"制，即申请资质认证的制造单位，营业范围与《企业法人营业执照》的内容相一致。

设备生产厂家应具有国家或省级质量技术监督部门颁发的《特种设备制造许可证》及《安装维修改造保养许可证》，要特别注意《特种设备制造许可证明细表》所列的制造产品范围。有些厂家可能存在超范围生产，违反《特种设备安全法》的产品为违法产品。

2. 采购合同

机械设备采购必须签订合同，合同要标明双方当事人纳税身份，包括双方当事人（必须是法人）名称、纳税识别号、地址、联系人、开户银行、银行账户等，将营业执照、一般纳税人资格复印件作为合同附件。

合同应对采购的机械设备名称、规格型号、数量、价款，提货方式、质量验收、安装调试、违约责任等进行约定，合同价款要标明不含税价、税率、税款，如合同标的有特殊要求应在采购合同中详细说明（如高度、备品备件等），并对价外费用（如运输、安装、培训等）是否含税作说明。

（二）设备租赁

租赁单位资质

（1）设备租赁单位资质

设备租赁企业应具有《企业法人营业执照》经营范围符合要求且年审合格。

（2）组织机构

设备租赁单位的组织机构设置人员及人员组成，包括其单位的安全生产管理机构、安全人员配置、安全生产管理制度等。

（3）售（租）后服务

设备租赁单位有明确的售（租）后保障制度，配备具有与生产（租赁）匹配的服务人员。

（三）进场验收

机械设备进场验收必须保证：

（1）机容机貌：外观整洁，外壳、护罩无明显变形，开关、手柄完好，电源线、控制线外皮无龟裂、老化，线路连接牢固，绝缘良好无裸露。

（2）机体结构：各部位完好齐全，机体部分无明显变形，焊接部分无开焊、裂纹，各部位连接牢固。

（3）工作装置：传动机构运转灵活，无卡阻、无异响，整机运行平稳，噪声低，工作性能与机型相符，能满足施工需要。

（4）安全防护装置：各种安全防护罩、壳齐全有效，限位器灵敏可靠，制动器操作灵活，制动安全可靠。

（5）备件齐全。

二、安装安全管理规定

（一）建筑起重机械安装安全管理

1. 安装单位资质及安装人员资格

从事建筑起重机械安装、拆卸活动的单位（以下简称安装单位）应当依法取得建设主管部门颁发的相应资质和建筑施工企业安全生产许可证，并在其资质许可范围内承揽建筑起重机械安装、拆卸工程。

起重设备安装工程专业承包企业资质分为一级、二级、三级。

承包工程范围：

一级资质：可承担塔式起重机、各类施工升降机和门式起重机的安装与拆卸。

二级资质：可承担 3150kN·m 以下塔式起重机、各类施工升降机和门式起重机的安装与拆卸。

三级资质：可承担 800kN·m 以下塔式起重机、各类施工升降机和门式起重机的安装与拆卸。

（1）一级资质标准

1）企业资产：净资产 800 万元以上。

2）企业主要人员：

① 技术负责人具有 10 年以上从事工程施工技术管理工作经历，且具有工程序列高级职称；电气、机械等专业中级以上职称人员不少于 8 人，且专业齐全。

② 持有岗位证书的施工现场管理人员不少于 15 人，且安全员、机械员等人员齐全。

③ 经考核或培训合格的工人不少于 30 人，其中起重信号司索工不少于 6 人、建筑起

重机械安装拆卸工不少于 18 人、电工不少于 3 人。

3）企业工程业绩

近 5 年承担过下列 2 类中的 1 类工程，工程质量合格。

① 累计安装拆卸 1600kN·m 以上塔式起重机 8 台次。

② 累计安装拆卸 100t 以上门式起重机 8 台次。

（2）二级资质标准

1）企业资产：净资产 400 万元以上。

2）企业主要人员：

① 技术负责人具有 8 年以上从事工程施工技术管理工作经历，且具有工程序列中级以上职称；电气、机械等专业中级以上职称人员不少于 4 人，且专业齐全。

② 持有岗位证书的施工现场管理人员不少于 6 人，且安全员、机械员等人员齐全。

③ 经考核或培训合格的工人不少于 20 人，其中起重信号司索工不少于 4 人、建筑起重机械安装拆卸工不少于 12 人、电工不少于 2 人。

3）企业工程业绩：

近 5 年承担过下列 2 类中的 1 类工程，工程质量合格。

① 累计安装拆卸 600kN·m 以上塔式起重机 8 台次；

② 累计安装拆卸 50t 以上门式起重机 8 台次。

（3）三级资质标准

1）企业资产：净资产 150 万元以上。

2）企业主要人员：

① 技术负责人具有 5 年以上从事工程施工技术管理工作经历，且具有工程序列中级以上职称；电气、机械等专业中级以上职称人员不少于 2 人，且专业齐全。

② 持有岗位证书的施工现场管理人员不少于 3 人，且安全员、机械员等人员齐全。

③ 经考核或培训合格的工人不少于 10 人，其中起重信号司索工不少于 2 人、建筑起重机械安装拆卸工不少于 6 人、电工不少于 1 人。

④ 技术负责人主持完成过本类别资质二级以上标准要求的工程业绩不少于 2 项。

3）安装人员资格

根据《建设工程安全生产管理条例》规定，垂直运输机械作业人员、安装拆卸工、爆破作业人员、起重信号工、登高架设作业人员等特种作业人员，必须按照国家有关规定经过专门的安全作业培训并考核合格，取得特种作业操作资格证书后，方可上岗作业。

2. 合同与安全协议

机械设备进场安装、使用前为了明确合同各方的权利义务和责任，各方需签订合同及安全协议。

（1）合同的主要内容

工程概况、机械概况、机械的使用地点、主要用途、机械使用起始日期、机械设备维保材料、维保费用、维保责任及技术服务约定、机械操作人员及信号指挥人员配备、证件资料合规性、工资保险发放、职业健康承担约定、使用期间所发生安全责任事故的责任划分及处置等。

（2）安全协议的主要内容

依据有关法律法规规定签订协议书，执行国家行业企业技术标准，落实安全生产责任制和安全生产管理制度，明确作业场所存在的危害及机械设备自身缺陷、违章指挥、违章作业、维保不及时等可能产生的后果，明确各方安全管理的责任划分和需要履行的义务。

3. 安装方案

建筑起重机械安装前，应由安装单位编制专项施工方案，其编制依据为国家行业标准和法规、现场情况和环境、平面布置图、使用说明书及其他；专项方案包括下列内容：（1）工程概况；（2）安装位置平面和立面图；（3）所选用的机械型号及性能技术参数；（4）基础和附着装置的设置；（5）工况及附着节点详图；（6）安装顺序和安全质量要求；（7）主要安装部件的重量和吊点位置；（8）安装辅助设备的型号、性能及布置位置；（9）电源的设置；（10）施工人员配置及岗位职责；（11）吊索具和专用工具的配备；（12）安装工艺程序；（13）安全装置的调试；（14）重大危险源和安全技术措施；（15）应急预案等。指导作业人员实施安装作业。

4. 安装告知

安装单位将建筑起重机械安装工程专项施工方案、安装人员名单、安装时间等资料报施工总承包单位和监理单位审核后，告知工程所在地县级以上地方人民政府建设主管部门，经确认批准后方能进行安装作业。

安装资料应包括：设备供应方营业执照、建筑起重机械注册编号、生产厂家辅助资料（特种设备制造许可证、产品合格证）、操作人员特种作业证书、相关管理制度、安装告知和确认单、安装单位营业执照、资质证书、安全生产许可证、安装合同及安装安全协议、安装方案及交底、特种作业人员证书、安全事故应急预案、安装自检表格、检测机构检测报告等。

5. 安全技术交底

（1）安全技术交底应由项目部总工程师组织安全、工程、技术、安装单位相关人员参加。安全技术交底应做到书面与现场相结合，即按照安装方案内容进行书面交底，交底过程应保存签到、交底书、现场交底照片等资料。

（2）安装作业前，项目部针对现场具体情况，根据现场作业环境、项目安全生产规定、安全注意事项、防护措施要对作业班组进行逐级安全技术交底，交底顺序为：责任工程师——班组长——作业人员。

（3）安装作业前，安装单位根据机械设备安装方法和步骤、主要危险点、控制措施及操作注意事项、防护措施对安装人员进行有针对性的安全技术交底。

（4）安全技术交底必须全体安装作业人员参加，交底人和接受交底人书面签字并留存记录。

（5）安全管理部门参与交底，审核交底内容。下列情况须补充、重新交底：

1）施工季节改变；

2）更新设备或采用新技术、新工艺；

3）发现新的重要不安全因素或作业环境发生了变化。

6. 过程安全管理

（1）根据不同施工阶段、周围环境以及季节、气候的变化，对建筑起重机械采取相应的安全防护措施。

（2）制定建筑起重机械生产安全事故应急救援预案。

（3）在建筑起重机械活动范围内设置明显的安全警示标志，对集中作业区做安全防护。

（4）设置相应的设备管理机构或者配备专职的设备管理人员。

（5）指定专职设备管理人员、专职安全生产管理人员进行现场旁站监督检查。

（6）建筑起重机械出现故障或者发生异常情况的，立即停止使用，消除故障和事故隐患后，方可重新投入使用。

7. 安装单位验收

建筑起重机械安装完毕后，安装单位应当按照安全技术标准及安装使用说明书的有关要求对建筑起重机械进行自检、调试和试运转。验收合格后，应当出具验收合格证明。

8. 第三方检测

安装单位自检验收合格后邀请有相应资质的第三方检验检测机构进行检测，检测合格后由使用单位组织出租、安装、监理等有关单位进行验收。验收合格后方可投入使用，未经验收或者验收不合格的不得使用。实行施工总承包的，由施工总承包单位组织验收。

（二）其他施工机具

1. 对供应方（租赁方）的产品考察

其他机械设备进场时，项目经理应组织有关人员进行查验。其他机械设备现场采购、租赁的其他机械设备及配件，必须具有生产（制造）许可证、产品合格证，并在进入施工现场前进行查验。

其他机械设备及配件必须专人管理。按照制造厂家的对应该设备编号的使用说明书及有关技术文件的要求，定期进行检查、维修及保养。建立相应的资料档案，并按照国家有关规定及时报废。

2. 进场查验的组织

设备进场时，项目经理应组织技术、安全、机械管理员等有关人员进行查验，查验内容至少必须包括：检查产品制造许可证、产品合格证、使用说明书等。

3. 进场查验的原则及主要内容

（1）检查产品实物是否与装箱单一致。

（2）检查传动机构：电机是否完好，电机制动器的磨损情况是否符合要求，钢丝绳是否完好。

（3）检查电气、电缆是否完好。

（4）检查结构是否存在变形、开焊、裂缝、严重锈蚀等现象。

（5）检查安拆工具是否完善、良好。

三、使用安全管理规定

（一）使用登记

使用单位应当自建筑起重机械安装验收合格之日起 30 日内，将建筑起重机械安装验收资料、建筑起重机械安全管理制度、特种作业人员名单等，向工程所在地县级以上地方人民政府建设主管部门办理建筑起重机械使用登记。登记标志置于或者附着于该设备的显著位置。

（二）安全教育与培训

安全教育培训

（1）项目部依照国家相关规定、公司安全管理制度、项目部安全保证计划开展安全教育培训工作。

（2）项目部安全教育培训制方案由项目部安全员编制，项目经理审批。

（3）项目部安全员负责建立《专兼职安全员名册》、《特种人员名册》、《管理人员安全教育计划》。制定全年人员培训计划，经项目经理审批后由项目部实施。

（4）项目部安全领导小组负责实施项目部的安全教育培训工作。项目部安全员负责组织现场管理人员安全教育培训、职工日常安全教育、季节性施工安全教育。

（5）职工必须接受安全培训教育，坚持先培训、后上岗的制度。

（6）专职安全管理人员除取得岗位合格证书持证上岗，每年还必须根据政府安排接受安全专业技术培训。

（7）特种作业人员必须取得建设行政主管部门颁发的上岗证后，时间不得少于 20 学时，方可上岗，每年仍须接受有针对性的安全培训，并按规定进行复审、年审。

（8）新进场的工人必须接受公司级、项目部级、班组级的三级安全培训教育，经考核合格后，方能上岗。

（9）采用新技术、新工艺和使用新设备的工人，必须进行新岗位、新操作方法的安全教育培训后，方准上岗作业。

（10）待岗、转岗、换岗的职工，在重新上岗前，必须重新进行安全教育培训，时间不得少于 20 学时。

（11）公司安全培训教育的主要内容是：国家和地方有关安全生产的方针、政策、法规、标准规范、规程和企业的安全规章制度等。

（12）项目部安全培训教育的主要内容是：工地安全制度、施工现场环境、工程施工特点及可能存在的不安全因素等。

（13）班组安全培训教育的主要内容是：本工种的安全操作规程、事故案例剖析、劳动纪律和岗位讲评等。三级安全教育的资料要收集归档，并进行书面考试，试卷编号存档。

（14）随着季节的变换，要根据施工季节的特点，进行有针对性的防冻防滑、防暑防雷、防风防汛等专项教育培训。

（15）随着施工的进程，要根据不同施工阶段的特点，进行阶段性的安全教育。

（16）节假日前后，要针对思想麻痹和不稳定，纪律松懈而易发事故的特点，进行思想和纪律教育。

（17）要做到集中时间教育与日常教育相结合，特别是要坚持日常教育，搞好现场教育。

（18）安全生产教育培训要根据企业的发展和形势拓展内容，要包括文明、卫生、社会治安综合治理等内容。

(19) 要通过多种形式，对职工进行事故急救知识教育，以防发生事故后，由于抢救不当，造成扩大事故的后果。

(三) 安全技术交底

(1) 安全技术交底应由项目部总工程师组织安全、工程、技术、使用单位相关人员参加。安全技术交底应做到书面与现场相结合，即：按照方案内容进行书面交底，交底过程应保存签到、交底书、现场交底照片等资料。

(2) 安全技术交底应逐级进行，交底顺序为：责任工程师——班组长——作业人员。

(3) 对特种作业人员的安全技术交底应在使用前组织，针对现场具体情况，交代主要危险点、控制措施及操作注意事项。

(4) 安全技术交底必须全体特种作业人员参加，交底人和接受交底人书面签字并留存记录。

(5) 安全管理部门参与交底，审核交底内容。下列情况须补充、重新交底。

1) 施工季节改变；

2) 更新设备或采用新技术、新工艺；

3) 发现新的重要不安全因素或作业环境发生了变化。

(四) 检查、维修与保养

1. 机械设备的安全检查

项目部机械管理人员和安全管理人员负责日常安全巡视检查，租赁（产权）单位相关人员负责每周安全情况检查，总承包单位、租赁单位、安装单位、使用单位相关人员每月进行一次联合检查，检查重点对机械设备的保险限位、安全保护装置、结构件的变形、开裂磨损等进行定期检查，并做出记录。

2. 机械设备的保养

机械设备的保养一般分为例行保养、定期保养和季节性保养。

(1) 例行保养是由机械操作人员在设备启动前、运行中（或交接班时间）、下班后进行，重点是清洁、润滑、检查，检查操作机构、运行机件、安全保护装置的可靠性，发现和消除故障隐患，并做好记录。

(2) 定期保养分三级保养，以清洁、润滑、紧固、调整、防腐为主要内容，均由专业维修人员完成。

1) 一级保养主要以清洁、润滑、紧固为主，通过检查，紧固松动部件，并按润滑图表加注润滑脂、加添润滑油或更换滤芯等。

2) 二级保养主要以紧固、调整为中心内容，除执行一级保养作业单位外，检查电气设备、操作系统、传动、制动、变速和行走机构的工作装置，以及紧固所有的紧固件。

3) 三级保养主要以解体清洗、检查、调整为中心内容。拆检齿轮变速和电磁变速器，清除污垢、结焦；视需要对各部件进行解体、清洗、检查，清除隐患，排除缺陷，对设备进行全面检查；视需要进行除锈、补漆，对电气设备进行检查、试验（主要适用于自有大型设备或现场抢修）。

（3）季节性保养，结合地域温差在换季时进行。冬、夏交替，气温相差悬殊，设备的工作条件也发生明显的变化，为此，在进入冬、夏两季前，应结合二级保养单位进行季节性保养作业，以避免因气温变化造成设备性能不良和机件损坏。

（4）所有保养均应保证其系统性和完整性，必须按照相关规定或说明书要求如期执行，不应有所偏废。

3. 项目部机械管理人员应按月督促相应人员进行相应保养，并保存相应记录，整理汇总后存档

（五）机械作业人员劳动防护用品的配备

（1）起重吊装工、信号指挥工的劳动防护用品配备应符合下列规定：

1）塔式起重机操作人员、起重吊装工应配备灵便紧口的工作服，系带防滑鞋和工作手套。

2）信号指挥工应配备专用标志服装。在自然强光环境条件作业时，应配备有色防护眼镜。

（2）电工的劳动防护用品配备应符合下列规定：

1）维修电工应配备绝缘鞋，绝缘手套和灵便紧口工作服。

2）安装电工应配备手套和防护眼镜。

3）高压电气作业时，应配备相应等级的绝缘鞋、绝缘手套和有色防护眼镜。

（3）木工从事机械作业时，应配备紧口工作服，防噪声耳罩和防尘口罩，宜配备防护眼镜。

（4）电梯安装工，起重机械安装拆卸工从事安装，拆卸和维修作业时，应配备紧口工作服、保护足趾安全鞋和手套。

四、拆卸安全管理规定

（一）建筑起重机械拆卸安全管理

1. 拆卸单位资质及拆卸人员资格
见本章第三节"安装单位资质及拆卸人员资格"。

2. 合同与安全协议

机械设备拆除前为了明确合同各方的权利义务和责任，各方需签订拆除合同及安全协议。

（1）合同的主要内容：

工程概况、机械概况、机械的拆除地点、拆除费用、职业健康承担约定、拆除期间所发生安全责任事故的责任划分及处置等。

（2）安全协议的主要内容：

依据有关法律法规规定签订协议书，执行国家行业企业技术标准，落实安全生产责任制和安全生产管理制度，明确作业场所存在的危害，违章指挥、违章作业等可能产生的后果，明确各方安全管理的责任划分和需要履行的义务。

3. 拆卸方案

建筑起重机械拆卸前，应由拆卸单位编制专项施工方案，其编制依据为国家行业标准和法规、现场情况和环境、平面布置图、使用说明书及其他；专项方案包括下列内容：工程概况；拆卸位置平面和立面图；所选用的机械型号及性能技术参数；工况及附着节点详图；拆卸顺序和安全质量要求；主要拆卸部件的重量和吊点位置；拆卸辅助设备的型号、性能及布置位置；电源的设置；施工人员配置及岗位职责；吊索具和专用工具的配备；拆卸工艺程序；安全装置的调试；重大危险源和安全技术措施；应急预案等，指导作业人员实施拆卸作业。

4. 拆卸告知

拆卸单位将建筑起重机械拆卸工程专项施工方案、拆卸人员名单、拆卸时间等资料报施工总承包单位和监理单位审核后，告知工程所在地县级以上地方人民政府建设主管部门，经确认批准后方能进行拆卸作业。

拆卸资料应包括：设备供应方营业执照、建筑起重机械注册编号、生产厂家辅助资料（特种设备制造许可证、产品合格证）、操作人员特种作业证书、相关管理制度、拆卸告知和确认单、拆卸单位营业执照、资质证书、安全生产许可证、拆卸合同及拆卸安全协议、拆卸方案及交底、特种作业人员证书、安全事故应急预案等。

5. 安全技术交底

（1）安全技术交底应由项目部总工程师组织安全、工程、技术、拆除单位相关人员参加。安全技术交底应做到书面与现场相结合，即按照拆除方案内容进行书面交底，交底过程应保存签到、交底书、现场交底照片等资料。

（2）拆卸作业前，项目部针对现场具体情况，根据现场作业环境、项目安全生产规定、安全注意事项、防护措施对作业班组进行逐级安全技术交底，交底顺序为：责任工程师——班组长——作业人员。

（3）拆卸作业前，拆卸单位根据机械设备拆卸方法和步骤、主要危险点、控制措施及操作注意事项、防护措施对拆卸人员进行有针对性的安全技术交底。

（4）安全技术交底必须全体拆除作业人员参加，交底人和接受交底人书面签字并留存记录。

（5）安全管理部门参与交底，审核交底内容。下列情况须补充、重新交底。

1）施工季节改变；

2）更新设备或采用新技术、新工艺；

3）发生安全事故后；

4）发现新的重要不安全因素或作业环境发生了变化。

6. 过程安全管理

（1）建筑起重机械拆装之前，公司、租赁单位根据公司起重机械拆装方案指导书，结合现场和起重机械情况制订施工方案和技术措施，并经公司总工程师审批，拆装过程中要严格执行拆装施工方案和工艺，要对拆装质量、安全负责。

（2）拆装起重机械前，拆装负责人必须组织有关技术人员对起重机械的完好状态进行全面检查，凡发现严重锈蚀、破损、裂缝、性能降低等严重情况事故隐患，待事故隐患彻底排除后，才允许进入下道工序。

（3）拆装作业人员实行上岗制，接受起重机械拆装队负责人安全技术交底。必须要认真执行各自的岗位职责，遵守安全操作规程，严禁违章指挥、违章操作。

（4）起重机械拆装现场，参加拆装的人员都要对起重机械拆装安全负责，拆装人员分工要明确，做到责任到人，各司其职，各负其责，施工中全体人员要服从领导，统一指挥，发现异常情况立即汇报，以便及时处理。

（5）起重机械拆装过程中，起重机械拆装负责人要认真做好现场记录，各项交接验收资料签证手续齐全，并及时归档。

（6）指定专职设备管理人员、专职安全生产管理人员进行现场旁站监督检查。

7. 设备退场

拆卸完毕后，为施工起重机械而设置的所有设施应拆除，清理场地上作业时所用的吊索具、工具等各种零件和杂物。

（二）其他施工机具

工程竣工或合同终止后，组织各类施工机具有计划地退场。

五、建筑施工机械设备管理记录

（1）安装单位应当建立建筑起重机械安装、拆卸工程档案

建筑起重机械安装、拆卸工程档案应当包括以下资料：

1）安装、拆卸合同及安全协议书；

2）安装、拆卸工程专项施工方案；

3）安全施工技术交底的有关资料；

4）安装工程验收资料；

5）安装、拆卸工程生产安全事故应急救援预案。

（2）出租单位、自购建筑起重机械的使用单位，应当建立建筑起重机械安全技术档案。

建筑起重机械安全技术档案应当包括以下资料：

1）购销合同、制造许可证、产品合格证、制造监督检验证明、安装使用说明书、备案证明等原始资料；

2）定期检验报告、定期自行检查记录、定期维护保养记录、维修和技术改造记录、运行故障和生产安全事故记录、累计运转记录等运行资料；

3）历次安装验收资料。

第六章　建筑施工机械设备安全技术管理

建设工程施工现场各类机械的广泛使用，具有可以提高施工效率、降低工程成本等诸多优点，但各类机械对安装、使用、拆卸普遍都具有较高的要求，发生事故频率高，并且以塔式起重机为代表的大型起重机械设备一旦发生事故，其后果往往很严重。

安全技术管理是保证建筑施工机械设备安全运行的基础。在施工中，要通过对危险源进行科学辨识和有效管理，对危险性较大的分部分项工程制定安全专项方案，编制有针对性的安全技术交底，规范安全操作流程，加强对施工人员的安全技术教育，提高施工人员的安全意识和安全技术水平，从而有效减少乃至杜绝建筑施工机械设备安全事故的发生。

塔式起重机、施工升降机、物料提升机是建设工程项目中最为常用的大型机械设备，且塔式起重机的安装、顶升锚固、使用、拆卸；施工升降机和物料提升机的安装拆卸，同为危险性较大的分部分项工程。

一、建筑施工机械设备危险因素的辨识

危险源是可能导致人员伤害或疾病、财产损失、作业环境破坏的情况或其他损失的根源或状态的因素。危险源是安全管理的主要对象。

危险源辨识是安全管理的基础工作，其根本目的是从组织的活动中识别出可能造成人员伤害或疾病、财产损失、环境破坏的危险或危害因素，并判定其可能引发的事故类别和导致事故发生的直接原因。

(一) 建筑施工机械设备可能导致的事故类别和危险源辨识主要方面

1. 可能引发的主要事故类别

物体打击、车辆伤害、机械伤害、起重伤害、触电、灼烫、火灾、高处坠落、其他伤害。

2. 危险源辨识主要从以下几个方面

临电接线、机械状态、操作人员资格、人员操作、安全装置、作业环境。

(二) 建筑施工常用机械主要危险因素

1. 塔式起重机安装、顶升（锚固）、拆除主要危险因素

(1) 安装、顶升（锚固）、拆除主要共性危险因素

1) 安装、拆除场地不平整、不坚实、有积水；

2) 安装、拆除辅助起重设备与周围建筑物的安全距离小于规范要求；

3) 安装、拆除辅助起重设备与高压线路的安全距离小于规范要求；

4) 安装、拆除辅助起重设备主卷扬钢丝绳不合格；

5）安装、拆除辅助起重设备使用的钢丝绳、卡环、吊钩等索具不合格，与方案不符；

6）安装、拆除辅助起重设备超荷报警装置缺失或损坏；

7）安装、顶升（锚固）、拆除过程信号工、塔式起重机司机、辅助起重设备司机未明确指挥信号方式；

8）塔式起重机基础接地电阻大于 4Ω；

9）安装、拆除过程电箱配电不到位，距离塔式起重机超过 3m；

10）安装、拆除过程中高空抛物；

11）安装、拆除过程吊装大构件未系溜绳；

12）安装、拆除过程吊装违反"十不吊"；

13）安装、拆除过程中吊物下方站人；

14）高处作业所用的工具，销轴、螺栓随意零散放置，未放置在平台工具箱或工具袋内；

15）行走式塔式起重机安装完成后，顶升外套架未放下置于底部过渡节处；

16）安装顶升、拆除过程中，每班作业后未采取塔吊起重臂固定措施；

17）安装、顶升（锚固）、拆除完成后工具、索具、螺栓等辅助用具及杂物遗漏在塔吊平台上；

18）雨雪、浓雾及风速 12m/s（10.8～13.8m/s 为 6 级风）以上大风等恶劣天气下进行安装、拆除作业；

19）安装、顶升（锚固）、拆除场地未设置警戒线、警示牌；

20）夜间进行安装、拆除作业，未提供足够的照明；

21）作业人员未佩戴安全帽、高处作业人员未系安全带，未穿防滑鞋。

（2）安装过程主要危险因素

1）行走式基础不符合方案和说明书要求；

2）固定式基础位置、标高、尺寸、混凝土强度不符合方案要求，预埋地脚水平度大于 2‰；

3）安装前，起重臂卸车时未先挂好吊装绳，吊钩未受力即解开捆绑绳；

4）起重臂安装过程中，拉杆未与塔帽连接好的情况下中途停止作业。

（3）顶升（锚固）过程主要危险因素

1）顶升前未预先放松电缆，电缆长度小于顶升总高度；

2）起重量限制器、力矩限制器、变幅限制器等安全装置失效；

3）顶升套架与下支座连接不牢靠，顶升横梁搁置错误；

4）液压顶升装置无可防止爬升装置在塔身支承中或油缸端头从其连接结构中自行脱出的功能；

5）液压顶升装置的液压系统无防止过载和液压冲击的安全装置，并确保可靠有效；

6）顶升液压系统的液压缸和油管、顶升套架结构、导向轮、顶升支撑（爬爪）等装置工况差；

7）顶升横梁有变形，挂靴有磨损，安全销（楔）不齐全；

8）附着装置不符合方案、规范要求；

9）顶升过程中，进行吊钩升降、回转、变幅等操作；

10）顶升就位后，未及时插上安全销，继续附着顶升作业；

11）顶升结束后，未将标准节与回转下支座可靠连接；

12）顶升（锚固）作业完成后，未按规定扭力紧固各连接螺栓，未将液压操纵杆扳到中间位置，未切断液压升降机构电源；

13）雨雪、浓雾及 4 级（5.5～7.9m/s 为 4 级风）以上大风等恶劣天气下进行顶升（锚固）作业。

（4）拆除过程主要危险因素

拆卸时先拆除附着装置、后降节。

2. 施工升降机安装、拆卸主要危险因素

（1）安装、拆卸过程主要共性危险因素

1）安装场地地基承载力、预埋件、基础排水措施等不符合施工升降机安装、拆卸工程专项方案的要求；

2）辅助起重设备和其他安装辅助用具机械性能和安全性能不合格；

3）金属结构和电气设备金属外壳接地电阻大于 4Ω；

4）辅助起重设备吊装过程违反"十不吊"；

5）未明确指挥信号方式；

6）非作业人员进入警戒范围，人员在悬吊物下方行走或逗留；

7）安装、拆除时投掷物料或工具；

8）吊笼顶部安装、拆除零件和工具未放置平稳或超出安全栏；

9）安装、拆除作业过程中作业人员和工具等总荷载超过施工升降机额定安装载重量；

10）大雨、大雪、大雾或风速 13m/s（10.8～13.8m/s 为 6 级风）以上大风等恶劣天气下进行作业；

11）作业范围未设置警戒线及明显的警示标志；

12）夜间进行安装、拆除作业，未提供足够的照明；

13）作业人员未佩戴安全帽、高处作业人员未系安全带，未穿防滑鞋，酒后作业。

（2）安装过程主要危险因素

1）施工升降机基础不满足使用说明书或专项方案要求；

2）构件有可见裂纹，严重磨损、整体或局部变形；

3）附墙架形式，附着高度、垂直间距、附着点水平距离、附墙架与水平面之间的夹角、导轨架自由端高度和导轨架与主体结构间水平距离等不符合使用说明书规定；

4）附墙架附着点处的建筑结构强度不满足施工升降机使用说明书要求；

5）未安装防坠安全器，防坠安全器超出一年有效标定期；

6）安装时将加节按钮盒未移至吊笼顶部操作，在吊笼内部操作施工升降机，导轨架或附墙架上有人员作业时开动施工升降机；

7）安装吊杆使用时超载，安装吊杆上有悬挂物时开动施工升降机吊笼；

8）施工升降机最外侧边缘与外面架空输电线路之间未保持安全操作距离；

9）当需安装导轨架加厚标准节时，用普通标准节替代加厚标准节；

10）安装标准节连接螺杆时，螺杆在上，螺母在下；

11）安装完毕后未拆除为施工升降机安装作业而设置的所有临时设施，未清理施工场地上作业时所用的索具、工具、辅助用具、各种零配件和杂物等。

（3）拆卸过程主要危险因素

1）拆卸附墙架时施工升降机导轨架的自由端高度不满足使用说明书要求；

2）拆卸未连续作业；

3）吊笼未拆除前，非拆卸人员在地面防护围栏内、运行通道内、导轨架内及附墙架等区域内活动。

3. 物料提升机安装、拆除主要危险因素

（1）安装、拆除过程主要共性危险因素

1）安装、拆除场地不平整、不坚实、有积水；

2）安装、拆除辅助起重设备与周围建筑物的安全距离小于规范要求；

3）安装、拆除辅助起重设备与高压线路的安全距离小于规范要求；

4）安装、拆除辅助起重设备主卷扬钢丝绳不合格；

5）安装、拆除辅助起重设备使用的钢丝绳、卡环、吊钩等索具不合格，与方案不符；

6）安装、拆除辅助起重设备超荷报警装置缺失或损坏；

7）接地电阻大于 4Ω；

8）辅助起重设备吊装过程违反"十不吊"；

9）未明确指挥信号方式；

10）安装、拆除过程中吊物下方站人；

11）大雨、大雪、大雾及风速 13m/s（10.8～13.8m/s 为 6 级风）以上大风等恶劣天气下进行作业；

12）未明确作业警戒区，无专人监护；

13）夜间进行作业，未提供足够的照明；

14）作业人员未佩戴安全帽、高空作业人员未系安全带，未穿防滑鞋；

15）作业人员以投掷的方法传递工具和器材。

（2）安装过程主要危险因素

1）物料提升机基础不符合方案和说明书要求；

2）卷扬机安装位置距危险作业区过近，且视线不好；

3）卷扬机卷筒轴线与导轨架底部导向轮的中线不垂直，垂直度偏差大于 2°，垂直距离小于 20 倍卷筒宽度；

4）卷扬机未采用地脚螺栓与基础固定，地锚固定时，卷扬机前段未设置固定止挡；

5）导轨架轴心线对水平基准面的垂直度偏差大于导轨架高度的 0.15%；

6）标准节安装时导轨结合面对接不平直，吊笼导轨错位行程的阶差大于 1.5mm，对重导轨、防坠器导轨错位形成的阶差大于 0.5mm；

7）标准节截面内，两对角线长度偏差大于最大边的 0.3%；

8）钢丝绳未设防护槽，槽内未设滚动托架，钢丝绳拖地或浸泡在水中；

9）自由端高度不符合使用说明书要求。

（3）拆除过程危险源

拆除作业未先挂吊具、后拆除附墙架或缆风绳及地脚螺栓。

二、建筑施工机械设备安全专项施工方案管理

根据住房和城乡建设部《危险性较大的分部分项工程安全管理规定》（住建部令第 37 号）。安全专项施工方案的意义与作用即认真贯彻执行该文件的规定及其精神，使从管理、措施、技术、物资、应急救援等各个方面充分保障危险性较大的分部分项工程安全、圆满完成，避免发生作业人员群死群伤或造成重大不良社会影响。同时，通过完善、充实的安全专项施工方案，让管理层、监督层、操作层及广大员工充分认识危险源，防范各种危险，在安全思想意识上进一步提高到新的水准。

（一）需编制安全专项方案的分项工程

（1）采用非常规起重设备、方法，且单件起吊重量在 10kN 及以上的起重吊装工程。

（2）采用起重机械进行安装的工程。

（3）起重机械设备自身的安装拆卸。包括：塔式起重机安装拆卸工程；施工升降机安装拆卸工程；桥（门）式起重机安装拆卸工程；物料提升机安装拆卸工程；履带式起重机安装拆卸工程；桅杆式起重机安装拆卸工程等。

（二）需组织召开专家论证会的安全专项方案

超过一定规模的危险性较大的分部分项工程专项方案应当由施工单位组织召开专家论证会。实行施工总承包的，由施工总承包单位组织召开专家论证会。

（1）采用非常规起重设备、方法，且单件起吊重量在 100kN 及以上的起重吊装工程。

（2）起重量 300kN 及以上的起重设备安装工程；高度 200m 及以上内爬起重设备的拆除工程。

（三）编制及实施的责任主体

（1）建筑工程实行施工总承包的，专项方案应当由施工总承包单位组织编制。其中，起重机械安装拆卸工程、深基坑工程、附着式升降脚手架等专业工程实行分包的，其专项方案可由专业承包单位组织编制。

（2）专项方案应当由施工单位技术部门组织本单位施工技术、安全、质量等部门的专业技术人员进行审核。经审核合格的，由施工单位技术负责人签字。实行施工总承包的，专项方案应当由总承包单位技术负责人及相关专业承包单位技术负责人签字。

（3）不需要专家论证的专项方案经施工单位审核合格后报监理单位，由项目总监理工程师审核签字。

（4）施工单位应当严格按照专项方案组织施工，不得擅自修改、调整专项方案。如因设计、结构、外部环境等因素发生变化确需修改的，修改后的专项方案应当按本办法第八条重新审核。对于超过一定规模的危险性较大工程的专项方案，施工单位应当重新组织专家进行论证。

（5）专项方案实施前，编制人员或项目技术负责人应当向现场管理人员和作业人员进行安全技术交底。

（6）施工单位应当指定专人对专项方案实施情况进行现场监督和按规定进行监测。发现不按照专项方案施工的，应当要求其立即整改；发现有危及人身安全紧急情况的，应当立即组织作业人员撤离危险区域。

（7）施工单位技术负责人应当定期巡查专项方案实施情况。

（四）安全专项方案编制的主要内容

专项方案编制应当包括工程概况、编制依据、施工计划、施工工艺技术、施工安全保证措施、劳动力计划、计算书及相关图纸。工程概况包括危险性较大的分部分项工程概况、施工平面布置、施工要求和技术保证条件；编制依据包括相关法律、法规、规范性文件、标准、规范及图纸（国标图集）、施工组织设计等；施工计划包括施工进度计划、材料与设备计划；施工工艺技术包括技术参数、工艺流程、施工方法、检查验收等；施工安全保证措施包括组织保障、技术措施、应急预案、监测监控等；劳动力计划包括专职安全生产管理人员、特种作业人员等。

（五）建设工程常用机械专项方案编制内容

1. 塔式起重机安装专项方案应包括的主要内容

（1）工程概况；

（2）安装位置平面和立面图；

（3）所选用的塔式起重机型号及性能技术参数；

（4）基础和附着装置的设置；

（5）爬升工况及附着节点详图；

（6）安装顺序和安全质量要求；

（7）主要安装部件的重量和吊点位置；

（8）安装辅助设备的型号、性能及布置位置；

（9）电源的设置；

（10）施工人员配置；

（11）吊索具和专用工具的配备；

（12）安装工艺程序；

（13）安全装置的调试；

（14）重大危险源和安全技术措施；

（15）应急预案等。

2. 塔式起重机拆卸专项方案应包括的主要内容

（1）工程概况；

（2）塔式起重机位置的平面和立面图；

（3）拆卸顺序；

（4）部件的重量和吊点位置；

（5）拆卸辅助设备的型号、性能及布置位置；

（6）电源的设置；

（7）施工人员配置；

（8）吊索具和专用工具的配备；

（9）重大危险源和安全技术措施；

（10）应急预案等。

3. 施工升降机安装、拆卸专项方案应包括的主要内容

（1）工程概况；

（2）编制依据；

（3）作业人员组织和职责；

（4）施工升降机安装位置平面、立面图和安装作业范围平面图；

（5）施工升降机技术参数、主要零部件外形尺寸和重量；

（6）辅助起重设备的种类、型号、性能及位置安排；

（7）吊索具的配置、安装与拆卸工具及仪器；

（8）安装、拆卸步骤与方法；

（9）安全技术措施；

（10）安全应急预案等。

4. 物料提升机安装拆卸专项方案包括的主要内容

（1）工程概况；

（2）编制依据；

（3）安装位置及示意图；

（4）专业安装、拆除技术人员的分工及职责；

（5）辅助安装、拆除起重设备的型号、性能、参数及位置；

（6）安装、拆除的工艺程序和安全技术措施；

（7）主要安全装置的调试及实验程序等。

三、建筑施工机械设备安全技术交底管理

安全技术交底是施工过程中安全管控的基本措施。完善的安全技术交底可以让管理和作业人员清楚地认知危险源，提高自身安全生产意识，同时也可以保障安全专项施工方案的正确落实。

根据《建设工程安全生产管理条例》（中华人民共和国国务院令第 393 号）第二十七条规定建设工程施工前，施工单位负责项目管理的技术人员应当对有关安全施工的技术要求向施工作业班组、作业人员作出详细说明，并由双方签字确认。

同时本章以三种危险性较大机械为代表，介绍其分部分项工程相关的安全技术交底要点。（三种机械的安装和拆除安全技术交底要点基本相同，本节以安装过程的安全技术要点为代表，拆除过程的安全技术要点不做过多描述）

（一）安全技术交底的组织实施

（1）安全技术交底应由项目部总工程师组织安全、工程、技术、专业分包单位相关人员参加。安全技术交底应做到书面与现场相结合，即按照专项方案内容进行书面交底，同时相关人员需深入现场，勘察现场实际施工环境，做到现场交底，交底过程应保存签到、

交底书、现场交底照片等资料。

（2）安全技术交底应逐级进行，交底顺序为：施工员——班组长——作业人员。

（3）对工人的安全技术交底应在施工前组织，针对现场具体情况，交代主要危险点、控制措施及操作注意事项。

（4）安全技术交底必须全体作业人员参加，交底人和接受交底人书面签字并留存记录。

（5）安全管理部门参与交底，审核交底内容。下列情况需补充、重新交底。

1）施工季节改变；

2）更新设备或采用新技术、新工艺；

3）发生安全事故后；

4）发现新的重大不安全因素或作业环境发生了变化。

（二）安全技术交底编写应包括的主要内容

分项工程施工作业特点和危险点；针对危险点的具体预防措施；应注意的安全事项；机械设备的性能参数；安全操作规程和标准；发生事故后应采取的避难和急救措施。

（三）建设工程常用设备安全技术交底要点

1. 塔式起重机安装的安全技术交底要点

（1）安装作业人员应取得特种作业人员资格证书，严禁无证上岗。

（2）安装作业人员应按施工安全技术交底内容进行作业。

（3）作业人员身体不适或酒后严禁作业。

（4）塔式起重机金属结构、轨道及电气设备金属外壳、金属管线、安全照明的变压器低压侧均要可靠接地，接地电阻不大于 4Ω。

（5）电气设备要按使用说明书的要求进行安装，安装所用的电源线路要符合现行行业标准《施工现场临时用电安全技术规范》JGJ 46—2005 的要求。

（6）塔式起重机的任何部位与输电线的安全距离应符合国家现行标准《塔式起重机安全规程》GB5144－2006 规定。

（7）塔式起重机的起重量限制器、力矩限制器、变幅限制器等安全装置必须齐全有效，并按程序调试合格。

（8）安装所用的卷扬机构和钢丝绳、卡环、吊钩、吊具等起重机具应符合规定，并经检查合格后方可使用。

（9）塔式起重机附着装置的设置及自由端高度应符合使用说明书规定。

（10）塔式起重机的独立高度、悬臂高度应符合使用说明书的要求。

（11）塔式起重机各连接件及其防松防脱件严禁用其他用品代替。

（12）塔式起重机基础周围应有排水设施。

（13）安装辅助设备的机械和安全性能应满足塔式起重机安装要求。

（14）进入现场的安装作业人员应佩戴安全防护用品，高处作业人员应系安全带，穿防滑鞋。

（15）安装作业要设警戒区，并设置警戒线及明显的警示标志。无关人员不得进入警戒范围。

（16）安装前，对塔式起重机的各机构、结构焊缝、重要部位螺栓、销轴、电气设备、线路等进行检查，消除隐患后，方可进行安装。

（17）塔式起重机安装前，必须经维修保养，并对其主要结构件、连接件、电气系统、起升机构、回转机构、变幅机构、顶升机构等项目进行全面的检查，确认合格后方可进行安装。

（18）安装前，应根据塔式起重机安装专项施工方案对塔式起重机的基础进行验收，合格后方可进行安装作业。

（19）安装前，作业人员要熟悉塔式起重机套架安装时的开口方向，本次安装高度以及本次安装起重臂长度、起重臂、平衡臂、回转节、塔帽吊点位置和所用索具型号、数量。

（20）安装作业应根据专项施工方案要求进行，安装作业人员应职责清楚，明确指挥信号，听从指挥，发现信号不清或有错误时，应停止作业。

（21）在塔式起重机安装作业现场要设置专职安全管理人员对安装全过程进行旁站监督，发现有违章行为或安全隐患要及时提醒或终止作业。

（22）塔式起重机安装时，起重臂和吊物下方严禁有人停留，物件吊运时，严禁从人员上方经过。

（23）塔式起重机起重臂、平衡臂、塔帽等大件卸车时，应先挂好吊装绳，待吊钩受力后，方可解开捆绑绳。

（24）起重臂、平衡臂、塔帽等大件吊装时应系好溜绳，控制构件方向。

（25）在起重臂安装过程中，严禁在拉杆与塔帽未联好的情况下，中途停止作业。

（26）安装过程中，每班作业后，应将塔式起重机起重臂固定好，防止与周围建筑、高大设施及高压线等发生碰撞。

（27）在安装过程中，当遇天气剧变、突然停电、机械故障等意外情况时，必须将已经安装的部位固定牢靠并达到安全状态，并经检查确认无隐患后停止作业。

（28）高处作业使用的工具、销轴、螺栓应放置在平台工具箱或工具袋内，防止放置不稳，引起高空坠落。

（29）严禁在安装过程中从高空向下抛掷任何物件。

（30）安装完毕后，为塔式起重机安装作业而设置的所有设施应拆除，清理现场作业时所用的吊索具、工具等各种零配件和杂物。

（31）雨雪、浓雾天气严禁进行安装作业。安装时塔式起重机最大高度处的风速要符合使用说明书的要求，且风速不得超过 12m/s（10.8～13.8m/s 为 6 级风）。

（32）塔式起重机不宜在夜间进行安装作业，当需要在夜间进行塔式起重机的安装作业时，要保证提供足够的照明。

（33）如突发人身伤亡事故，立即用最快的方式通知施工单位和班组长，联系现场救护人员对伤者进行救治，并同时拨打 120 急救电话通知专业救护人员迅速赶到现场，并保护好现场。

2. 塔式起重机顶升（锚固）安全技术交底要点

（1）作业人员应取得特种作业人员资格证书，严禁无证上岗。

（2）作业人员应按施工安全技术交底内容进行作业。

（3）作业人员身体不适或酒后严禁作业。

（4）塔式起重机金属结构、轨道及电气设备金属外壳、金属管线、安全照明的变压器低压侧均要可靠接地，接地电阻不大于4Ω。

（5）电气设备要按使用说明书的要求进行安装，附着顶升作业所用的电源线路要符合现行行业标准《施工现场临时用电安全技术规范》JGJ 46—2005的要求。

（6）塔式起重机的起重量限制器、力矩限制器、变幅限制器等安全装置必须齐全有效，并按程序调试合格。

（7）塔式起重机顶升系统、结构件必须完好。顶升套架与下支座应可靠连接，并确保顶升横梁搁置正确。

（8）塔式起重机液压顶升装置应具有可靠的防止爬升装置在塔身支承中或油缸端头从其连接结构中自行脱出的功能。

（9）液压顶升装置的液压系统应有防止过载和液压冲击的安全装置，并确保可靠有效。

（10）塔式起重机顶升液压系统的液压缸和油管、顶升套架结构、导向轮、顶升支撑（爬爪）等装置应工况完好。

（11）塔式起重机的顶升横梁不应有变形，挂靴不应有磨损，安全销（楔）应齐全有效。

（12）进入现场的作业人员应佩戴安全防护用品，高处作业人员应系安全带，穿防滑鞋。

（13）顶升（锚固）作业要设警戒区，并设置警戒线及明显的警示标志。无关人员不得进入警戒范围。

（14）作业前，对塔式起重机的各机构、结构焊缝、重要部位螺栓、销轴、卷扬机构和钢丝绳、吊钩、电器设备、线路等进行检查，确认合格后方可进行作业。

（15）顶升（锚固）作业人员应熟悉专项施工方案，严格按照施工方案操作，明确分工。附着顶升时要有专人指挥，专人操作液压系统、顶升爬爪等。非作业人员不得登上顶升套架的操作平台。

（16）在塔式起重机顶升（锚固）作业现场要设置专职安全管理人员对顶升（锚固）全过程进行旁站监督，发现有违章行为或安全隐患要及时提醒或终止作业。

（17）塔式起重机的附着装置要符合下列规定：

1）附着框架宜设置在塔身标准节连接处，并要箍紧塔身；

2）附着杆件与附着支座（锚固点）要采取销轴铰接；

3）安装附着框架和附着杆件时，要经纬仪测量塔身垂直度，并要利用附着杆件进行调整，在最高锚固点以下垂直度允许偏差为2‰；

4）安装附着框架和附着支座时，各道附着装置所在平面与水平面的夹角不得超过10°；

5）塔身顶升到规定附着间距时，要及时增设附着装置。塔身高出附着装置的自由端高度，要符合使用说明书的规定。

（18）塔式起重机顶升作业时，要符合下列规定：

1) 顶升作业要在白天进行；

2) 顶升前要预先放松电缆，电缆长度要大于顶升总高度，并要紧固好电缆。

3) 顶升作业前，要对液压系统进行检查和试机，要在空载状态下将液压缸活塞杆伸缩 3～4 次，检查无误后，再将液压缸活塞杆通过顶升梁借助顶升套架的支撑，顶起载荷 100～150mm，停 10min，观察液压缸载荷是否有下滑现象；

4) 顶升前，要将塔式起重机配平，顶升过程中，要确保塔式起重机的平衡；

5) 顶升加节的顺序，要符合使用说明书的规定；

6) 顶升作业时，要调整好顶升套架滚轮与塔身标准节的间隙，并要按规定要求使起重臂和平衡臂处于平衡状态，将回转机构制动；

7) 顶升过程中，不要进行起升、回转、变幅等操作；

8) 顶升就位后，要及时插上安全销，才能继续附着顶升作业；

9) 顶升结束后，要将标准节与回转下支座可靠连接。

（19）顶升（锚固）作业完成后，要按规定扭力紧固各连接螺栓，要将液压操纵杆扳到中间位置，并应切断液压升降机构电源。

（20）在顶升（锚固）作业过程中，当遇天气剧变、突然停电、机械故障等意外情况时，应将已安装的部件固定牢固，并经检查确认无隐患后停止作业。

（21）高处作业使用的各类工具应放置在平台工具箱或工具袋内，防止放置不稳，引起高空坠落。

（22）严禁作业过程中从高空向下抛掷任何物件。

（23）顶升（锚固）完毕后，要及时清理作业现场的辅助用具和杂物，所有物件不得遗留在塔式起重机平台上。

（24）雨雪、浓雾及 4 级（5.5～7.9m/s 为 4 级风）以上大风等恶劣天气下不得进行顶升（锚固）作业。

（25）塔式起重机不宜在夜间进行顶升（锚固）作业，当需要在夜间进行作业时，要保证提供足够的照明。

（26）如突发人身伤亡事故，立即用最快的方式通知施工单位和班组长，联系现场救护人员对伤者进行救治，并同时拨打 120 急救电话通知专业救护人员迅速赶到现场，并保护好现场。

3. 塔式起重机使用安全技术交底要点

（1）作业人员应取得特种作业人员资格证书，严禁无证上岗。

（2）作业人员应遵守安全操作规程和安全管理制度。

（3）作业人员身体不适或酒后严禁作业。

（4）塔式起重机金属结构、轨道及电气设备金属外壳、金属管线、安全照明的变压器低压侧均要可靠接地，接地电阻不大于 4Ω。

（5）电气设备要按使用说明书的要求进行安装。作业所用的电源线路要符合现行行业标准《施工现场临时用电安全技术规范》JGJ 46—2005 的要求。

（6）塔式起重机的任何部位与输电线的安全距离应符合国家现行标准《塔式起重机安全规程》GB 5144—2006 规定。

（7）塔式起重机电气线路中的失压保护、零位保护、电源错相及断相应齐全灵敏有效。

（8）塔式起重机的力矩限制器、重量限制器、变幅限位器、行走限位器、高度限位器等安全装置必须齐全有效。

（9）塔式起重机附着装置应无松动、无异常情况，满足使用要求。

（10）塔式起重机的各结构件、受力杆件、连接件应完好无损，符合使用要求。

（11）塔式起重机驾驶室与支承部分应连接牢固。

（12）塔式起重机混凝土基础应排水畅通，并应能满足塔式起重机工作状态与非工作状态下的最大载荷要求。

（13）进入现场的作业人员应佩戴安全防护用品。

（14）塔式起重机启动前应符合以下规定：

1）金属机构和工作机构的外观应正常；

2）安全保护装置和指示仪表应齐全完好；

3）齿轮箱、液压油箱的油位应符合规定；

4）各部位连接螺栓不得松动；

5）钢丝绳磨损应在规定范围之内，滑轮穿绕应正确；

6）供电电缆不得破损。

（15）塔式起重机送电前，各控制器手柄应在零位。接通电源后，应检查并确保无漏电现象。

（16）作业前，要进行空载运转，试验各工作机构并确认运转正常，不得有噪声及异响，确认正常后方可作业。

（17）塔式起重机使用前，塔式起重机司机、起重工、信号工等操作人员要统一指挥，明确指挥信号。

（18）塔式起重机起吊前应按规定对吊具与索具进行检查，确认合格后方可进行作业。

（19）塔式起重机操作严格遵守"十不吊"规定。

1）指挥信号不明不准吊；

2）斜拉斜挂不准吊；

3）吊物重量不明或超负荷不准吊；

4）散物捆扎不牢或物料装放过满不准吊；

5）吊物上有人不准吊；

6）埋在地下物不准吊；

7）安全装置失灵或带病不准吊；

8）现场光线阴暗看不清吊物起落点不准吊；

9）棱刃物与钢丝绳直接接触无保护措施不准吊；

10）六级以上强风不准吊。

（20）塔式起重机起吊前，当吊物与地面或其他物件之间存在吸附力或摩擦力而未采取处理措施时，不得起吊。

（21）物件起吊时应绑扎牢固，不得在吊物上堆放或悬挂其他物件；零星材料起吊时，必须使用吊笼或钢丝绳绑扎牢固。

（22）作业时，要根据起吊重物和现场情况，选择适当的工作速度，操纵各控制器时要从停止点（零点）开始，依次逐级增加速度，不得越挡操作。在变速运转方向时，要将控制器手柄扳到零位，待电动机停止运转后再转向另一方向，不得直接变换运转方向突然变速或制动。

（23）标有绑扎位置或记号的物件，应按标明绑扎位置。钢丝绳与物件的夹角宜为45°~60°，且不得小于30°。吊索与吊物棱角之间应有防护措施，未采取防护措施的，不得起吊。

（24）在吊物载荷达到额定载荷的90%时，要先将吊物吊高离地面200~500mm后，检查机械状况、制动性能、物件绑扎情况等，确认无误后方可起吊。对有晃动的物件，必须拴拉溜绳使之稳固。

（25）在提升吊钩、起重小车运行到限位装置前，要减速缓行到停止位置，并要与限位装置保持一定距离。不得采用限位装置作为停止运行的控制开关。

（26）作业中，操作人员临时离开驾驶室时，应切断电源。

（27）塔式起重机使用时，起重臂和吊物下方严禁有人员停留，吊运物件时，严禁从人员上方通过。

（28）严禁用塔式起重机载运人员。

（29）作业中遇突发故障，要采取措施将吊物降落到安全地点，严禁吊物长时间悬挂在空中。

（30）塔式起重机作业过程中，要经常检查附着装置，发现松动或异常情况时，要立即停止作业，故障未排除，不得继续作业。

（31）当停电或电压下降时，要立即将控制器扳到零位，并切断电源。如吊钩上挂有重物，要重复放松制动器，使重物缓慢地下降到安全位置。

（32）作业完毕后，应松开回转制动器，各部件应置于非工作状态，控制开关必须置于零位，并切断总电源，打开高空障碍灯。

（33）实行多班作业的设备，要执行交接班制度，认真填写交接班记录，接班司机应检查确认无误后，方可开机作业。

（34）每班作业时应做好例行保养、检查，并做好记录。检查的主要内容包括结构件外观、安全装置、传动机构、连接件、制动器、索具、夹具、吊钩、滑轮、钢丝绳、液位、油位、油压、电源、电压等。

（35）遇有风速12m/s（10.8~13.8m/s为6级风）以上大风或大雨、大雪、大雾等恶劣天气时，必须停止作业。雨雪过后，要先经过试吊，确认制动器灵敏可靠后方可进行作业。

（36）夜间施工应有足够照明，照明的安装应符合现行行业标准《施工现场临时用电安全技术规范》JGJ 46—2005的要求。

（37）如突发人身伤亡事故，立即用最快的方式通知施工单位和班组长，联系现场救护人员对伤者进行救治，并同时拨打120急救电话通知专业救护人员迅速赶到现场，并保护好现场。

（38）严禁在塔式起重机塔身上附加广告牌或其他标语牌。

（39）塔式起重机使用高度超过30m时，应配置障碍灯，起重臂根部铰点高度超过50m时，应配备风速仪。

4. 施工升降机安装的安全技术交底要点

（1）安装作业人员应取得特种作业人员资格证书，严禁无证上岗。

（2）安装作业人员应按施工安全技术交底内容进行作业。

（3）作业人员身体不适或酒后严禁作业。

（4）施工升降机金属结构和电气设备金属外壳均应接地，接地电阻不应大于 4Ω。

（5）层站应为独立受力体系，不得搭设在施工升降机附墙架的立杆上。

（6）施工升降机最外侧边缘与外面架空输电线路的边线之间，应保持安全操作距离。最小安全操作距离应符合表 6-1 的规定。

最小安全操作距离　　表 6-1

外电线电路电压（kV）	<1	1～10	35～110	220	300～500
最小安全操作距离（m）	4	6	8	10	15

（7）进入现场的安装作业人员应佩戴安全防护用品，高处作业人员应系安全带，穿防滑鞋。

（8）安装作业要设警戒区，并设置警戒线及明显的警示标志。无关人员不得进入警戒范围。任何人不得在悬吊物下方行走或停留。

（9）安装作业中应统一指挥，明确分工。危险部位安装时应采取可靠的防护措施。当指挥信号传递困难时，应使用对讲机等通信工具进行指挥。

（10）安装时应确保施工升降机运行通道内无障碍物。

（11）在吊笼顶部作业前应确保吊笼顶部护栏齐全完好。

（12）传递工具或器材不得采用投掷的方式。

（13）吊笼顶上所有的零件和工具应放置平稳，不得超出安全护栏。

（14）安装作业过程中安装作业人员和工具等总载荷不得超过施工升降机的额定安装载重量。

（15）导轨架安装时，应对施工升降机导轨架的垂直度进行测量校准。施工升降机导轨架安装垂直度偏差应符合使用说明书和表 6-2 的规定。

安装垂直度偏差　　表 6-2

导轨架架设高度 h（m）	$h\leqslant70$	$70<h\leqslant100$	$100<h\leqslant150$	$150<h\leqslant200$	$H>200$
垂直度偏差（mm）	不大于（1/1000）h	≤70	≤90	≤110	≤130
	对钢丝绳式施工升降机，垂直度偏差不大于（1.5/1000）h				

（16）当发生故障或危机安全的情况时，应立刻停止安装作业，采取必要的安全防护措施，应设置警示标志并报告技术负责人。在故障或危险情况未排除之前，不得继续安装作业。

（17）当遇意外情况不能继续安装作业时，应使已安装的部件达到稳定状态并固定牢靠，经确认合格后方能停止作业。作业人员下班离岗时，应采取必要的防护措施，并应设置明显的警示标志。

（18）安装完毕后应拆除为施工升降机安装作业而设置的所有临时设施，清理施工场地上作业时所用的索具、工具、辅助用具、各种零配件和杂物等。

（19）当遇大雨、大雪、大雾或风速大于 13m/s（10.8～13.8m/s 为 6 级风）等恶劣天气时，应停止安装作业。

（20）如突发人身伤亡事故，立即用最快的方式通知施工单位和班组长，联系现场救护人员对伤者进行救治，并同时拨打 120 急救电话通知专业救护人员迅速赶到现场，并保护好现场。

（21）安装作业时必须将按钮盒或操作盒移至吊笼顶部操作。当导轨架或附墙架上有人员作业时，严禁开动施工升降机。

5. 物料提升机安装的安全技术交底要点

（1）安装作业人员应取得特种作业人员资格证书，严禁无证上岗。

（2）安装作业人员应按施工安全技术交底内容进行作业。

（3）作业人员身体不适或酒后严禁作业。

（4）电气设备要按使用说明书的要求进行安装，安装作业所用的电源线路要符合现行行业标准《施工现场临时用电安全技术规范》JGJ 46—2005 的要求。

（5）设备中所安装的各行程开关，安全停层装置、限位装置、断绳保护装置、起重量限制器、紧急断电开关等安全装置确保齐全灵敏有效。

（6）物料提升机的提升机构必须完整良好。

（7）物料提升机附墙架与导轨架、自由端高度、缆风绳的设置应符合使用说明书规定。

（8）物料提升机任意部位与建筑物或其他施工设备间的安全距离不应小于 0.6m。

（9）设备基础周边应有排水设施，且基础承载力符合专项施工方案及设计要求。

（10）安装辅助设备的机械和安全性能应满足桥（门）式起重机安装要求。

（11）进入现场的安装作业人员应佩戴安全防护用品，高处作业人员应系安全带，穿防滑鞋。

（12）安装作业要设警戒区，并设置警戒线及明显的警示标志。无关人员不得进入警戒范围。

（13）安装人员应熟悉物料提升机安装专项施工方案，明确安装顺序，作业时，应明确指挥信号，统一指挥。

（14）在物料提升机安装作业现场要设置专职安全管理人员对安装全过程进行 4 旁站监督，发现有违章行为或安全隐患要及时提醒或终止作业。

（15）架体各节点的连接紧固件（螺母、垫片、弹簧垫、开口销）不得有遗漏，螺栓应符合孔径要求，严禁扩孔和开孔、漏装或以铅丝代替。

（16）附墙架与物料提升机架体之间及建筑物之间应采用刚性连接，附墙架及架体不得与脚手架连接。

（17）附墙架的材质应与架体相同，不得采用木质和竹竿。

（18）每道附墙安装后，要用经纬仪检测立柱的垂直度，严格禁止立柱的倾斜扭曲，发现异常时，应及时用附墙杆予以调整，以确保安装精度。

（19）当物料提升机无法用附墙架时，应采用缆风绳稳固架体，缆风绳不得使用钢筋或钢管。

（20）安装高度在 30m 及以上高度的物料提升机严禁使用缆风绳。

（21）物料提升机自由高度不宜大于 6m，附墙架间距不宜大于 9m。

（22）较大构件吊装时，应系好溜绳，以控制构件方向和稳定性。

（23）使用吊杆时，不允许超载。吊杆只能用来安装升降机零部件，不得另作他用。

（24）吊笼上所有零部件，必须平稳放置，不得超出安全防护栏杆。

（25）安装作业中，严禁从高空向下抛掷任何物件。

（26）物料提升机的卷扬机安装位置应远离危险作业区，且视线良好。卷扬机钢丝绳应在卷筒上排列整齐，当吊笼处于最低位置时，卷筒上钢丝绳严禁少于 3 圈。

（27）卷扬机宜采用地脚螺栓与基础固定牢固。当采用地锚固定时，卷扬机前端应设置固定止挡。

（28）不得使用倒顺开关作为物料提升机卷扬机的控制开关。

（29）手持控制按钮应使用安全电压（不大于 36V），接线长度不应大于 5m。

（30）安装完毕后应拆除为施工升降机安装作业而设置的所有临时设施，清理施工场地上作业时所用的索具、工具、辅助用具、各种零配件和杂物等。

（31）当遇大雨、大雪、大雾或风速大于 13m/s（10.8～13.8m/s 为 6 级风）等恶劣天气，应停止安装作业。

（32）设备安装场地应保证无积水，避免设备被水浸泡或人员站于水中作业。

（33）安装作业宜在白天进行。遇特殊情况需在夜间作业时，作业现场应提供良好的照明。

（34）如突发人身伤亡事故，立即用最快的方式通知施工单位和班组长，联系现场救护人员对伤者进行救治，并同时拨打 120 急救电话通知专业救护人员迅速赶到现场，并保护好现场。

四、建筑施工机械设备操作规程

建筑施工机械设备操作规程主要用于指导和规范建筑施工机械使用的日常管理工作，便于生产人员正确、快速地熟悉工作流程和内容。将工作内容进行分解细化，避免了理解上的偏差。针对工作内容中的某关键控制点进行量化。通过加强安全操作流程的教育指导，提高管理和生产人员的安全意识与素养，从而减少安全事故的发生。

（一）动力设备操作规程

1. 柴油发电机组

（1）柴油发电机组应高出室内地面 0.25～0.30m。移动式柴油发电机组应处于水平状态，放置稳固，其拖车应可靠接地，前后轮应固定。室外使用的柴油发电机组应搭设防护棚。

（2）柴油发电机组及其控制、配电、修理室等的设置应满足电气安全距离和防火要求；排烟管道应伸出室外，且严禁在室内存放油桶。

（3）柴油发电机组的安装环境应选择靠近负荷中心、进出线方便、周边道路畅通及避开污染源的下风侧和易积水的地方。

（4）柴油发电机组严禁与外电线路并列运行，且应采取电气隔离措施与外电线路互锁。当两台及以上发电机组并列运行时，必须装设同步装置，且应在机组同步后再向负载供电。

2. 空气压缩机及附属设备

（1）固定式空气压缩机应安装在室内符合规定的基础上，并应高出室内地面 0.25～0.30m。移动式空气压缩机应处于水平状态，放置应稳固，其拖车应可靠接零，工作前应将前后轮固定，不应有窜动。

（2）空气压缩机的内燃机启动性能应良好、急速平稳，运转不应有异响，油压表、水温表指示数据应正确；油压表定期检定。

（3）空气压缩机的电机应匹配合理；运转不得有异响；温升应符合使用说明书的规定。

（二）土方及筑路机械操作规程

1. 推土机

（1）推土机在坚硬土壤或多石土壤地带作业时，应先进行爆破或用松土器翻松。在沼泽地带作业时，应更换湿地专用履带板。

（2）不得用推土机推石灰、烟灰等粉尘物料和用作碾碎石块的作业。

（3）牵引其他机构设备时，应有专人负责指挥。钢丝绳的连接应牢固可靠。在坡道或长距离牵引时，应采用牵引杆连接。

（4）作业前重点检查项目应符合下列要求：

1）各部件无松动、连接良好；

2）燃油、润滑油、液压油等符合规定；

3）各系统管路无裂纹或泄漏；

4）各操纵杆和制动踏板的行程、履带的松紧度或轮胎气压均符合要求。

（5）启动前，应将主离合器分离，各操纵杆放在空挡位置，严禁拖、顶启动。

（6）启动后应检查各仪表指示值，液压系统应工作有效；当运转正常、水温达到 55℃、机油温度达到 45℃时，方可全载荷作业。

（7）推土机机械四周应无障碍物，确认安全后，方可开动，工作时严禁有人站在履带或刀片的支架上。

（8）采用主离合器传动的推土机接合应平稳，起步不得过猛，不得使离合器处于半接合状态下运转；液力传动的推土机，应先解除变速杆的锁紧状态，踏下减速器踏板，变速杆应在一定挡位，然后缓慢释放减速踏板。

（9）在块石路面行驶时，应将履带张紧。当需要原地旋转或急转弯时，应采用低速挡进行。当行走机构夹入块石时，应采用正、反向往复行驶将块石排除。

（10）在浅水地带行驶或作业时，应查明水深，冷却风扇叶不得接触水面。下水前和出水后，均应对行走装置加注润滑脂。

（11）推土机上、下坡或超过障碍物时应采用低速挡。其上坡坡度不得超过 25°，下坡坡度不得大于 35°，横向坡度不得超过 10°。在陡坡上（25°以上）严禁横向行驶，并不得急转弯。在上坡不得换挡，下坡不得空挡滑行。当需要在陡坡上推土时，应先进行填挖，使机身保持平衡，方可作业。

（12）在上坡途中，当内燃机突然熄灭，应立即放下铲刀，并锁住制动踏板。在推土机停稳后，将主离合器脱开，把变速杆放到空挡位置，用木块将履带或轮胎掀死，方可重新启动内燃机。

（13）下坡时，当推土机下行速度大于内燃机传动速度时，转向动作的操纵应与平地行走时操纵的方向相反，此时不得使用制动器。

（14）填沟作业驶近边坡时，铲刀不得越出边缘。后退时，应先换挡，方可提升铲刀进行倒车。

（15）在深沟、基坑或陡坡地区作业时，应有专人指挥，其垂直边坡高度不应大于2m。若超过上述深度时，应放出安全边坡，同时禁止用推土刀侧面推土。

（16）在推土或松土作业中不得超载，不得做有损于铲刀、推土架、松土器等装置的动作，各项操作应缓慢平稳。无液力变矩器装置的推土机，在作业中有超载趋势时，应稍微提升刀片或变换低速挡。

（17）严禁推与地基基础连接的钢筋混凝土桩等建筑物。顶推树木等物体不得倒向推土机及高空架设物。

（18）两台以上推土机在同一地区作业时，前后距离应大于8.0m；左右距离应大于1.5m。在狭窄道路上行驶时，未得前机同意，后机不得超越。

（19）作业完毕后，应将推土机开到平坦安全的地方，落下铲刀，有松土器的，应将松土器爪落下。在坡道上停机时，应将变速杆挂低速挡，接合主离合器，锁住制动踏板，并将履带或轮胎掀住。

（20）停机时，应先降低内燃机转速，变速杆放在空挡，锁紧液力传动的变速杆，分开主离合器，踏下制动踏板并锁紧，待水温降到75℃以下，油温度降到90℃以下时，方可熄火。

（21）推土机长途转移工地时，应采用平板拖车装运。短途行走转移距离不宜超过10km，铲刀距地面宜为400mm，不得用高速挡行驶和进行急转弯，不得长距离倒退行驶。

（22）在推土机下面检修时，内燃机必须熄火，铲刀应放下或垫稳。

2. 履带式单斗液压挖掘机

（1）履带式单斗挖掘机的作业和行走场地应平整坚实，对松软地面应垫以枕木或垫板，沼泽地区应先作路基处理，或更换湿地专用履带板。

（2）履带式挖掘机的驱动轮应置于作业面的后方。

（3）作业前重点检查项目应符合下列要求：

1）照明、信号及报警装置等齐全有效；

2）燃油、润滑油、液压油符合规定；

3）各铰接部分连接可靠；

4）液压系统无泄漏现象。

（4）启动前，应将主离合器分离，各操纵杆放在空挡位置，驾驶员应发出信号，确认安全后方可启动设备。

（5）启动后，接合动力输出，应先使液压系统从低速到高速空载循环10～20min，无吸空等不正常噪声，工作有效，并检查各仪表指示值，待运转正常再接合主离合器，进行空载运转，顺序操纵各工作机构并测试各制动器，确认正常后，方可作业。

（6）平整作业场地时，不得用铲斗进行横扫或用铲斗对地面进行夯实。

（7）挖掘岩石时，应先进行爆破。挖掘冻土时，应采用破冰锤或爆破法使冻土层破碎。

（8）挖掘机作业时，除松散土壤外，其最大开挖高度和深度，不应超过机械本身性能规定。在拉铲或反铲作业时，履带距工作面边缘距离应大于 1.0m，轮胎距工作面边缘距离应大于 1.5m。

（9）遇较大的坚硬石块或障碍物时，应待清除后方可开挖，不得用铲斗破碎石块，冻土，或用单边斗齿硬啃。

（10）在坑边进行挖掘作业，当发现有塌方危险时，应立即处理或将挖掘机撤至安全地带。作业面不得留有伞沿及松动的大块石。

（11）作业时，应待机身停稳后再挖土，当铲斗未离开工作面时，不得作回转、行走等动作。回转制动时，应使用回转制动器，不得用转向离合器反转制动。

（12）作业时，各操纵过程应平稳，不宜紧急制动。铲斗升降不得过猛，下降时，不得撞碰车架或履带。

（13）斗臂在抬高及回转时，不得碰到洞壁、沟槽侧面或其他物体。

（14）向运土车辆装车时，应降低挖铲斗卸落高度，不得偏装或砸坏车厢。回转时严禁铲斗从运输车驾驶室顶上越过。

（15）作业中，当液压缸伸缩将达到极限位时，应动作平稳，不得冲撞极限块。

（16）作业中，当需制动时，应将变速阀置于低速挡位置。

（17）作业中，当发现挖掘力突然变化，应停机检查，严禁在未查明原因前擅自调整分配阀压力。

（18）作业中不得打开压力表开关，且不得将工况选择阀的操纵手柄放在高速挡位置。

（19）反铲作业时，斗臂应停稳后再挖土。挖土时，斗柄伸出不宜过长，提斗不得过猛。

（20）作业中，履带式挖掘机作短距离行走时，主动轮应在后面，斗臂应在正前方与履带平行，制动住回转机构，铲斗应离地面 1m。上、下坡道不得超过机械本身允许最大坡度，下坡应慢速行驶。不得在坡道上变速和空挡滑行。

（21）当在坡道上行走且内燃机熄火时，应立即制动并搜住履带，待重新发动后，方可继续行走。

（22）作业后，挖掘机不得停放在高边坡附近和填方区，应停放在坚实、平坦、安全的地带，将铲斗收回平放在地面上，所有操纵杆置于中位，关闭操纵室和机棚。

（23）履带式挖掘机转移工地应采用平板拖车装运。短距离自行转移时，应低速缓行。

（24）保养或检修挖掘机时，除检查内燃机运行状态外，必须将内燃机熄火，并将液压系统卸荷，铲斗落地。

（25）利用铲斗将底盘顶起进行检修时，应使用垫木将抬起的履带垫稳，并用木楔将落地履带搜牢，然后将液压系统卸荷，否则严禁进入底盘下工作。

3. 光轮压路机和轮胎压路机

（1）压路机碾压的工作面，应经过适当平整，对新填的松软路基，应先用羊足碾或打夯机逐层碾压或夯实后，再用压路机碾压。

（2）工作地段的纵坡不应超过压路机最大爬坡能力，横坡不应大于20°。

（3）应根据碾压要求选择机重。当光轮压路机需要增加机重时，可在滚轮内加砂或水。当气温降至0℃时，不得用水增重。

（4）轮胎压路机不宜在大块石基础层上作业。

（5）作业前，应检查并确认滚轮的刮泥板应平整良好，各紧固件不得松动，轮胎压路机还应检查轮胎气压，确认正常后方可启动。

（6）启动后，应检查制动性能及转向功能并确认灵敏可靠，开动前，压路机周围不得有障碍物或人员。

（7）不得用压路机拖拉任务机械或人员。

（8）碾压时应低速行驶。速度宜控制在3~4km/h范围内，在一个碾压行程中不得变速。碾压过程中应保持正确的行驶方向，碾压第二行时必须与第一行重叠半个滚轮压痕。

（9）变换压路机前进、后退方向应在滚轮停止后进行。不得将换向离合器作制动器使用。

（10）在新建道路上进行碾压时，应从中间向两侧碾压。碾压时，距路基边缘不应少于0.5m。

（11）在坑边碾压施工时，应由里侧向外侧碾压，距路基边缘不应少于1m。

（12）上下坡时，应事先选好挡位，不得在坡上换挡，下坡时不得空挡滑行。

（13）两台以上压路机同时作业时，前后间距不得小于3m，在坡道上不得纵队行驶。

（14）在行驶中，不得进行修理或加油。需要在机械底部进行修理时，应将内燃机熄火，刹车制动，并揳住滚轮。

（15）对有差速器锁住装置的三轮压路机，当只有一只轮子打滑时，可使用差速器锁定装置，但不得转弯。

（16）作业后，应将压路机停放在平坦坚实的地方。不得停放在软土边缘及斜坡上，不得妨碍交通，并应锁定制动。

（17）严寒季节停机时，宜采用木板将滚轮垫离地面，应防止滚轮与地面冻结。

（18）压路机转移距离较远时，应采用汽车或平板拖车装运。

4. 轮胎驱动振动压路机

（1）作业时，压路机应先起步后才能起振，内燃机应先置于中速，然后再调至高速。

（2）压路机换向时应先停机；压路机变速时应降低内燃机转速。

（3）压路机不得在坚实的地面上进行振动。

（4）压路机碾压松软路基时，应先碾压1~2遍后再振动碾压。

（5）压路机碾压时，压路机振动频率应保持一致。

（6）换向离合器、起振离合器和制动器的调整，应在主离合器脱开后进行。

（7）上下坡或急转弯时不得使用快速挡。铰接式振动压路机在转弯半径较小绕圈碾压时不得使用快速挡。

（8）压路机在高速行驶时不得接合振动。

（9）停机时应先停振，然后将换向机构置于中间位置，变速器置于空挡，最后拉起手制动操纵杆。

5. 平地机

(1) 起伏较大的地面宜先用推土机推平,再用平地机平整。

(2) 平地机作业区不得有树根、大石块等障碍物。

(3) 作业前重点检查项目应符合下列要求:

1) 照明、音响装置齐全有效;

2) 燃油、润滑油、液压油等符合规定;

3) 各连接件无松动;

4) 液压系统无泄漏现象;

5) 轮胎气压符合规定。

(4) 平地机不得用于拖拉其他机械。

(5) 启动内燃机后,应检查各仪表指示值并应符合要求。

(6) 开动平地机时,应鸣笛示意,并确认机械周围不得有障碍物及行人,用低速挡起步,并应测试确认制动器灵敏有效。

(7) 作业时,应先将刮刀下降到接近地面,起步后再下降刮刀铲土。铲土时,应根据铲土阻力大小,随时调整刮刀的切土深度。

(8) 刮刀的回转、铲土角的调整以及向机外侧斜,应在停机时进行;刮刀左右端的升降动作,可在机械行驶中调整。

(9) 刮刀角铲土和齿耙松地时应采用一挡速度行驶;刮土和平整作业时应用二、三挡速度行驶。

(10) 土质坚实的地面应先用齿耙翻松,翻松时应缓慢下齿。

(11) 使用平地机清除积雪时,应在轮胎上安装防滑链,并应探明工作面的深坑、沟槽位置。

(12) 平地机在转弯或调头时,应使用低速挡;在正常行驶时,应采用前轮转向,当场地特别狭小时,方可使用前后轮同时转向。

(13) 平地机行驶时,应将刮刀和齿耙升到最高位置,并将刮刀斜放,刮刀两端不得超出后轮外侧。行驶速度不得超过使用说明书规定。下坡时,不得空挡滑行。

(14) 平地机作业中变矩器的油温不得超过 120℃。

(15) 作业后,平地机应停放在平坦、安全的地方,刮刀应落在地面上,手制动器应拉紧。

6. 挖掘装载机

(1) 挖掘作业前应先将装载斗翻转,使斗口朝地,并使前轮稍离开地面,踏下并锁住制动踏板,然后伸出支腿,使后轮离地并保持水平位置。

(2) 挖掘装载机在边坡卸料时,应有专人指挥,挖掘装载机轮胎距边坡缘的距离应大于 1.5m

(3) 动臂后端的缓冲块应保持完好;损坏时,应修复后使用。

(4) 作业时,应平稳操纵手柄;支臂下降时不得中途制动。挖掘时不得使用高速挡。

(5) 应平稳回转挖掘装载机,并不得用装载斗砸实沟槽的侧面。

(6) 挖掘装载机移位时,应将挖掘装置处于中间运输状态,收起支腿,提起提升臂。

(7) 装载作业前,应将挖掘装置的回转机构置于中间位置,并采用拉板固定。

（8）在装载过程中，应使用低速挡。

（9）铲斗提升臂在举升时，不应使用阀的浮动位置。

（10）前四阀用于支腿伸缩和装载的作业与后四阀用于回转和挖掘的作业不得同时进行。

（11）行驶时，不应高速和急转弯。下坡时不得空挡滑行。

（12）行驶时，支腿应完全收回，挖掘装置应固定牢靠，装载装置宜放低，铲斗和斗柄液压活塞杆应保持完全伸张位置。

（13）挖掘装载机停放时间超过 1h 时，应支起支腿，使后轮离地；停放时间超过 1d 时，应使后轮离地，并应在后悬架下面用垫块支撑。

7. 轮胎式装载机

（1）装载机运距超过合理距离时，应与自卸汽车配合装运作业。自卸汽车的车厢容积应与铲斗容量相匹配。

（2）装载机不得在倾斜度超过出厂规定的场地上作业。作业区内不得有障碍物及无关人员。

（3）装载机作业场地和行驶道路应平坦。在石方施工场地作业时，应在轮胎上加装保护链条或用钢质链板直边轮胎。

（4）作业前重点检查项目应符合下列要求：

1）照明、音响装置齐全有效；

2）燃油、润滑油、液压油符合规定；

3）各连接件无松动；

4）液压及液力传动系统无泄漏现象；

5）转向、制动系统灵敏有效；

6）轮胎气压符合规定。

（5）启动内燃机后，应怠速空运转，各仪表指示值应正常，各部管路密封良好，待水温达到 55℃、气压达到 0.45MPa 后，可起步行驶。

（6）起步前，应先鸣笛示意，宜将铲斗提升离地 0.5m。行驶过程中应测试制动器的可靠性。行走路线应避开路障或高压线等。除规定的操作人员外，不得搭乘其他人员，严禁铲斗载人。

（7）高速行驶时应采用前两轮驱动；低速铲装时，应采用四轮驱动。行驶中，应避免突然转向。铲斗装载后升起行驶时，不得急转弯或紧急制动。

（8）在公路上行驶时应遵守交通规则，下坡不得空挡滑行。

（9）装料时，应根据物料的密度确定装载量，铲斗应从正面铲料，不得铲斗单边受力。卸料时，举臂翻转铲斗应低速缓慢动作。

（10）操纵手柄换向时，不应过急、过猛。满载操作时，铲臂不得快速下降。

（11）在松散不平的场地作业时，应把铲臂放在浮动位置，使铲斗平稳地推进；当推进阻力过大时，可稍稍提升铲臂。

（12）铲臂向上或向下动作到最大限度时，应速将操纵杆回到空挡位置。

（13）不得将铲斗提升到最高位置运输物料。运载物料时，宜保持铲臂下铰点离地面 0.5m，并保持平稳行驶。

（14）铲装或挖掘应避免铲斗偏载。铲斗装满后，应举臂到距地面约 0.5m 时，再后退、转向、卸料，不得在收斗或举臂过程中行走。

（15）当铲装阻力较大，出现轮胎打滑时，应立即停止铲装，排除过载后再铲装。

（16）在向自卸汽车装料时，铲斗不得在汽车驾驶室上方越过。当汽车驾驶室顶无防护板，装料时，驾驶室内不得有人。

（17）在向自卸汽车装料时，宜降低铲斗，减小卸落高度，不得偏载、超载和砸坏车厢。

（18）在边坡、壕沟、凹坑卸料时，轮胎离边缘距离应大于 1.5m，铲斗不宜过于伸出。在大于 3°的坡面上，不得前倾卸料。

（19）作业时，内燃机水温不得超过 90℃，变矩器油温不得超过 110℃，当超过上述规定时，应停机降温。

（20）作业后，装载机应停放在安全场地，铲斗平放在地面上，操纵杆置于中位，并制动锁定。

（21）装载机转向架未锁闭时，严禁站在前后车架之间进行检修保养。

（22）装载机铲臂升起后，在进行润滑或调整等作业之前，应装好安全销，或采取其他措施支住铲臂。

（23）停车时，应使内燃机转速逐步降低，不得突然熄火；应防止液压油因惯性冲击而溢出油箱。

8. 稳定土搅拌机

（1）检查各连接部位连接是否可靠，螺栓有无松动，阀门是否灵活。

（2）检查各个润滑点润滑油是否加足。

（3）检查各配料、水泥质量是否符合要求，数量是否满足生产的需要，配套设备是否到位。

（4）检查电源电压是否符合规定，漏电保护装置是否可靠有效。

（5）检查电器设备、控制仪器有无损坏，接头有无松动。

（6）检查供水系统工作是否正常，水源是否充足。

（7）检查皮带上和相关地方有无其他杂物。

（8）启动拌和站，并时刻注意各指示表指示是否正常，不正常时必须马上停机，待检查排除问题后方可以正常运转。

（9）检查各输送带工作是否正常，有无跑偏和卡滞现象。

（10）搅拌叶片有无卡滞和异响。

（11）仓壁震动器是否正常震动，无异响。

（12）供水泵是否工作正常，阀门是否工作正常，各个接头是否无泄露。

（13）电动滚筒、清扫器是否工作正常。

（14）水表必须计量准确。

（15）螺旋输送机工作必须正常，无异响。

（16）破拱装置必须工作可靠有效。

（17）工作中有专人巡视各给料机、搅拌机、输送皮带工作是否正常，发现故障必须及时通知控制室工作人员，以便停机检查。

（18）严格禁止不合格骨料，以免影响混合料质量，造成拌和叶片损坏。

（19）必须在物料卸料后，输送机方可停机。

（20）按照要求停机。

（21）检查搅拌器叶片及衬板磨损情况，必要时候更换；螺栓如果松动，应该及时紧固。

（22）检查输送带表面，如果有剥落现象，应该及时更换。

（23）设备长期停用时，给料斗、料仓中不能够存料，并且用水清洗干净。

（24）水泥仓必须注意防潮，以免水泥硬化和凝固。

（25）按照保修规程对设备进行完工保养。

（26）操作人员离岗下班时，应该关闭操作室门窗，锁好操作室门。

9. 履带式沥青混凝土摊铺机

（1）作业前检查并确认各部位螺栓紧固、连接可靠，转向操纵机构和制动器灵敏可靠。并经空运转正常后再作业。

（2）作业或运输中，人员不准在料斗内坐立或作业。摊铺时，摊铺机不得倒退，熨平板上严禁站人，非操作人员严禁攀爬摊铺机。

（3）使用燃气加热熨平板时，管道正确连接，无泄漏。使用人工点火的加热装置，必须使用专用器具，点火时人员保持一定安全距离，加热时必须专人看护。

（4）自卸车向摊铺机卸料时，必须专人在侧面指挥，料斗与自卸车之间严禁站人。

（5）在弯道作业时，熨平装置的端头与路缘石的间距不得小于 100mm，以免发生碰撞。

（6）摊铺机运输时，提起熨平板，并用锁紧装置锁住。

（7）换挡必须在摊铺机完全停止时进行，严禁强行挂挡和在坡道上换挡或空挡滑行。

（8）熨平板进行预热时，控制热量，防止因局部过热而变形。加热过程中，必须有专人看管。

10. 沥青混凝土搅拌设备

（1）沥青混凝土拌合站要有专人操作，操作人员严禁擅离职守。操作前，先检查显示仪表板是否正常。机械接通电源后，打开急停按钮，电源指示灯和故障指示灯亮。

（2）机械工作时，冲洗开关应关闭，料斗提升时，料斗下面严禁站人。搅拌过程中，不得随意停机，如发生故障，须打开料门，人工卸出 50% 物料，故障排除后再启动。

（3）按规定定期检查保养维护，滚轮、皮带、轨道运转正常，无外扭和错位现象，定期检查提升钢丝绳的磨损情况，如有必要随时更换。

（4）设备维修保养时，必须切断电源，尤其是进入搅拌罐维修时，须在电源开关处派专人值守，以防启动。机器在运转过程中不得维修。

（5）电气系统必须具有规范的接地零保护措施。接地电阻不少于 4Ω，且至少半年检查一次，若达不到要求，立即整改。电器、线路的维修必须由持证电工作业完成。

（6）各维修作业人员要集中精力，互相协调，水泥罐车进出料门时，操作人员与司机互相配合，保证安全。

（7）沥青混合料拌合站的各种机电（包括使用微电脑控制进料的）设备，在运转前均需由机工、电工、电脑操作人员进行详细检查，确认正常完好后才能合闸运转。

(8) 机组投入正常运转后，各部门、各工种都要随时监视各部位运转情况，不得擅离岗位。

(9) 运转过程中，如发现有异常情况，应报告机长，并及时排除故障。停机前应首先停止进料，等各部位卸完料后，才能提前停机。再次启动时不得带负荷启动。

(10) 料斗升起时严禁有人在斗下工作或通行。检查料斗时应将保险链挂好。

(11) 拌合站机械设备需要经常检查的部位应设置铁爬梯。采用皮带机上料时储料仓应加防护。

(12) 开机前，必须进行各部位的检查、加油、严格按照开、关机顺序进行操作。

(13) 运行中，操作人员应注意观察各部位工作是否正常，有异常情况应紧急处理或停机维修。

(14) 设备运转时严禁进行调整和维修，所有调整维修工作应在设备停稳后进行。

(15) 在进行各部位的维修时，必须首先切断该部分的电源，并按下自锁式停车按钮，确认钥匙已拔掉并要妥善保管。

(16) 维修转动部位时，必须首先卡死转动轴，以防意外转动造成伤害事故。

(17) 严禁动料小车同时装入两盘料，如发生这种情况，应及时处理。

(18) 定期检查运料小车钢丝绳和轨道螺栓的紧固程度，调整刹车装置。

(19) 严格按使用说明书中要求的润滑周期和保养周期进行维护。

(20) 定时巡视检查，发现异常及时采取措施。

(21) 出现故障一定要查明原因，排队故障方可重新投入生产。

(22) 按设备使用说明进行例保作业。

11. 液压破碎锤

(1) 作业时，司机室的门窗必须关闭，前窗必须加装安全防护网。

(2) 作业现场的工作人员必须距离液压锤作业点 10m 以上。

(3) 必须在设备本体前后指定作业范围内进行旋转作业。

(4) 禁止使用手或身体其他部位检查设备的各种管线、管子及软管是否漏油，必须使用木板或硬纸片进行检查。

(5) 液压系统的各种管线、管子及软管接头、所有的销轴、螺栓必须紧固牢靠。

(6) 禁止使用各种端接头损坏或漏油、外皮磨损、割伤、变形等有缺陷的液压备品备件。

(7) 在液压锤上直接进行焊接作业时，应将液压锤从设备本体上取下。

(8) 液压锤仅用于破碎作业，禁止用于吊装或用锤身做扫地作业。

(9) 根据工作要求选择合适的钎头，安装钎头时，必须使用合格的保险销，且固定牢靠，禁止使用磨损严重或报废的保险销。

(10) 使用时，液压锤的钎头必须垂直和抵住作业物后方可启动。禁止空打液压锤，禁止使用液压锤的锤身和钎头撬石或勾石块。

(11) 禁止使用动臂斗杆动作将液压锤的各部用于撞击岩石或坚硬的物件，禁止使用液压锤锤身的侧面或背面移动岩石或其他坚硬的物体。

(12) 使用拖车拉运装有液压锤的设备本体时，必须将液压锤水平放置在车厢板上，禁止将液压锤对准司机室。

（13）装卸钎杆或维护检修时，液压锤必须水平放置在高度适宜的木块上或将液压锤支撑稳固好后方可进行，且注意钎杆或其他物件脱落。

（14）液压锤使用完后，必须将液压锤上散落的石块等杂物清扫干净。

12. 沥青洒布车

（1）作业前必须检查并确认机械、洒布装置及防护、防火设备齐全有效。

（2）灌装沥青时，必须启动循环泵，严禁超载，灌装完毕必须将罐口盖严。

（3）加温沥青循环泵时，必须将汽车油箱用挡板隔开。

（4）喷洒人员必须站稳，上好保险链后再通知司机作业。喷洒范围 10m 以内严禁站人。

（5）喷洒沥青时，手握的喷管部分加缠隔离材料。操作时，喷头不得向上，严禁逆风操作。

（6）压油时，速度要均匀，不得突然加快。喷油中断时，将喷头放在洒布机油箱内，固定好喷管，不得滑动。

（7）移动洒布机，油箱中沥青不得过满。

（8）喷洒沥青时，出现喷头堵塞或其他故障，立即关闭阀门，待修理完好后再行作业。

13. 打夯机

（1）夯机驾驶室挡风玻璃前增设防护网。

（2）夯机在作业状态时，起重臂仰角符合使用说明书要求。

（3）梯形门架支腿不得前后错位，门架支腿在未支稳垫实前，严禁提锤。变换夯位后，重新检查门架支腿，确认稳固可靠，然后再将锤提升 100～300mm，检查整机的稳定性，确认可靠后，再作业。

（4）夯锤下落前，在吊钩尚未降至夯锤吊环附近时，严禁操作人员提前下坑挂钩。

（5）地面操作人员撤离至安全距离以外方可起吊夯锤，非强夯施工人员不得进入夯点 30m 范围内。

（6）夯锤升起如超过脱钩高度仍不能自动脱钩时，起重指挥必须立即发出停车信号，将夯锤落下，待查明原因处理后再继续施工。

（7）转移夯点时，夯锤由辅机协助转移，门架随夯机移动前，支腿离地面高度不得超过 500mm。

（8）非作业时夯锤应落地，严禁悬挂在空中。

14. 洒水车

（1）汽车部分按汽车操作规程进行检查、操作；操作人员必须持证上岗，严禁无证人员驾车作业。

（2）出车前应将各工作装置固定牢靠，检查油、液是否渗漏，带取力器的应将取力器处于断开状态。

（3）车辆熄火前，必须使取力器处于断开状态。

（4）洒水车抽水作业时，先踏下离合器挂上取力箱齿轮，慢慢加大油门，然后进行抽水作业。严禁猛轰油门。

（5）吸扫装置处于工作位置时，禁止倒车。

（6）卸垃圾时，清扫车必须停在平坦、坚实的地方，严格按照先打开车箱门，再倾翻垃圾储存箱的程序来进行。

（7）垃圾存储箱一旦升起，必须用安全支架支撑好。

（8）清扫作业时，要打开示警灯。

（9）吊吸水点应选择在坚实、平坦的地方，便于洒水车安全停放。在公路上抽水时，应不妨碍交通。

（10）洒水车喷洒作业应按要求控制水量和车速，车辆要保持匀速行驶，不得忽快忽慢违反喷洒要求。

（11）洒水车行驶在上、下坡和弯道时，不得高速行驶，并避免紧急制动。

（12）洒水车在路上作业时应挂作业标志或开警示灯。

15. 铣刨机

（1）发动机启动前，铣刨鼓操作手柄应置于空挡位置，液压缸操作手柄及输送带开关应置于空挡位置。

（2）铣刨鼓安全罩应装置良好，完整有效；铣刨作业前，挂铣刨挡时，应在发动机怠速时快速推上，用慢速挡缓慢行走或停车时缓慢下降至铣刨深度，铣刨过程中也只能用低速挡低速前进；发动机最大油门时方可进行铣刨作业。

（3）需铣刨的沥青路面必须保证其中没有金属或水泥；操作中，随时注意观察各指示灯及仪表工作是否正常。

（4）行驶作业中严禁换挡，换挡时必须停车，并且快慢挡操纵手柄不能置于中间位置；铣刨机作业时操作人员严禁擅离岗位，否则必须提起铣刨鼓；如遇紧急情况需停车时方可用紧急停车按钮，正常熄火应使用点火开关。

（5）自行行走不得超过 6km/h，远距离运输应用相适应的大型车辆，运输时一定要将之固定好，保证设备的安全。

16. 水泥混凝土滑模摊铺机

（1）摊铺机安装完毕后，仔细检查各部螺栓紧固情况，各油管、线路有无接反、接错，以免造成反向动作或短路发生事故。

（2）启动前先鸣喇叭发出信号，使非操作人员离开工作区；启动发动机，进行无负荷运转，确认各系统工作正常后方可开始作业。

（3）调整时，用手动控制系统；进行摊铺作业时，用自动控制系统，举升锁要处于非锁紧状态。

（4）调整机器高度时，工作踏板和扶梯等处禁止站人。

（5）各控制开关的位置必须正确，并与所选择的控制方法相符。

（6）根据水泥混凝土的坍落度和摊铺厚度，选择合适的工作高度、振捣频率及布料器的速度；严格控制各机构的协调工作，并作进一步的修整。

（7）作业速度一经选定，要保持稳定，应尽量减少停机启动次数，以确保摊铺质量。

（8）运输混凝土的自卸车倒车卸料时，要有专人指挥；不允许采用加速倒车突然制动的方法卸料。

（9）作业过程中，要保证各履带都着地行使；当履带下的路基松软不实时，应采取加铺木板等安全措施，以防设备偏移或陷车。

（10）作业期间，严禁碰撞引导线；在路口等不能断交处作业时，须在引导线上悬挂颜色醒目的布条或纸条，警示过往行人；必要时，须派专人看守引导线。

（11）操作人员要随时注意纵向走向，方向感应器的偏位指针要对位；尤其是作业半径较小时，应密切监视传感器，以防止传感器脱离、掉线造成事故。

（12）严禁驾驶员在摊铺作业时离开驾驶台；作业时，无关人员不得上下或停留在驾驶台及踏板上。

（13）作业中，禁止任何人员在抹平器轨道上行走或停留，以防挤伤脚部或绊倒发生事故。

（14）摊铺机应避免急剧转向，防止工作机与预置钢筋、临边路面、路缘石等物发生碰撞。

（15）连接筋插入器的操作人员，不得使身体的任何部位进入插入器和机体中间，以免造成伤害。

（16）对于中央插入器，如发生钢筋卡死等故障时，操作人员应及时关闭自动按钮，排除故障后方可启动。

（17）DBI操作人员，应密切注意布筋小车行走是否平顺，卸筋是否正常；如有故障应立即排除，不得强行操作。

（18）连接筋插入器液压换向阀维修时，必须先将蓄能器能量释放，以防拆卸时高压油射出造成人员伤害。

（19）在检修设备过程中，应关闭发动机。

（20）摊铺机作业完毕进行冲洗时，要持好高压水枪，枪口务必避开人员。

（21）禁止用摊铺机牵引其他机械。

（三）桩工机械操作规程

1. 履带式打桩架（三支点式）

（1）打桩机的安装场地应平坦坚实，当地基承载力达不到规定的压应力时，应在履带下铺设路基箱或30mm厚的钢板，其间距不得大于30mm。

（2）打桩机的安装、拆卸应按照出厂说明书规定程序进行。用伸缩式履带的打桩机，应将履带扩张后方可安装。履带扩张应在无配重情况下进行，上部回转平台应转到与履带成90°的位置。

（3）立柱底座安装完毕，应对水平微调液压缸进行试验，确认无问题时，应再将活塞杆缩紧，并准备安装立柱。

（4）立柱安装时，履带驱动轮应置于后部，履带前倾覆点应采用铁楔块填实，并应制动住行走机构和回转机构，用销轴将水平伸缩臂定位。在安装垂直液压缸时，应在下面铺木垫板将液压缸顶实，并使主机保持平衡。

（5）安装立柱时，应按规定扭矩将连接螺栓拧紧，立柱支座下方应垫千斤顶并顶实。安装后的立柱，其下方搁置点不应少于3个。立柱的前端和两侧应系揽风绳。

（6）立柱竖立前，应向顶梁各润滑点加注润滑油，再进行卷扬筒制动试验。试验时，应先将立柱拉起300～400mm后制动住，然后放下，同时应检查并确认前后液压缸千斤顶牢固可靠。

（7）立柱的前端应垫高，不得在水平以下位置扳起立柱。当立柱扳起时，应同步放松缆风绳。当立柱接近垂直位置时，应减慢竖立速度。扳到 75°~83°时，应停止卷扬，并收紧缆风绳，再装上后支撑，用后支撑液压缸使立柱竖直。

（8）安装后支撑时，应有专人将液压缸向主机外侧拉住，不得撞击机身。

（9）安装桩锤时，桩锤底部冲击块与桩帽之间应有下述厚度的缓冲垫木。对金属桩，垫木厚度应为 100~150mm；对混凝土桩，垫木厚度应为 200~250mm。作业中应观察垫木的损坏情况，损坏严重时应予更换。

（10）连接桩锤与桩帽的钢丝绳张紧度应适宜，过紧或过松时，应予调整，拉紧后应留有 200~250mm 的滑出余量，并应防止绳头插入汽缸法兰与冲击块内损坏缓冲垫。

（11）拆卸应按与安装时相反程序进行。放倒立柱时，应使用制动器使立柱缓缓放下，并用缆风绳控制，不得不加控制地快速下降。

（12）正前方吊桩时，对混凝土预制桩，立柱中心与桩的水平距离不得大于 4m；对钢管桩，水平距离不得大于 7m。严禁偏心吊桩或强行拉桩等。

（13）使用双向立柱时，应待立柱转向到位，并用锁销将立柱与基杆锁住后，方可起吊。

（14）施打斜桩时，应先将桩锤提升到预定位置，并将桩吊起，套入桩帽，桩尖插入桩位后再后仰立柱，并用后支撑杆顶紧，立柱后仰时打桩机不得回转及行走。

（15）打桩机带锤行走时，应将桩锤放至最低位。行走时，驱动轮应在尾部位置，并应有专人指挥。

（16）在斜坡上行走时，应将打桩机重心置于斜坡的上方，斜坡的坡度不得大于 50°，在斜坡上不得回转。

（17）作业后，应将桩锤放在已打入地下的桩头或地面垫板上，将操纵杆置于停机位置，起落架升至比桩锤高 1m 的位置，锁住安全限位装置，并应使全部制动生效。

2. 步履式打桩架

（1）打桩机操作人员，必须熟悉本机械的构造、性能、操作要领及安全注意事项，经有关劳动部门考核合格并取得合格证后，方可单独操作。

（2）操作人员在操作时，必须精力集中。不得与无关人员说、笑、打、闹，操作中不准吸烟及吃食物。

（3）严格遵守打桩机的有关保养规定，认真地做好各级保养，确保打桩机经常处于良好状态。并要注意合理使用，正确操作。

（4）打桩机在工作前，应作好以下各项准备工作：

1）向施工人员了解施工条件和任务及施工中发现的问题与本班应注意的事项；

2）根据施工人员所要求的震动力，调整打桩机变速齿轮的位置；

3）检查电缆、导线的绝缘是否良好。检查控制器触点是否良好，界限是否正确；

4）检查电源的电压是否符合要求；

5）按日常保养项目对各部进行润滑，保养。

（5）打桩机在工作中的安全注意事项：

1）打桩机工作时，要有专人指挥。指挥人员与操作人员在工作前要相互核对信号。工作中应密切配合；

2）开始时，应用电铃或其他方式发出信号，通知周围人员离开；

3）打桩机与桩帽，桩帽与管柱（或桩）平面要垫平，联结螺栓应拧紧，并应经常检查是否有松动；

4）打桩机的启动应由低速挡逐挡加快到高速；

5）打桩机在工作中应密切注视控制盘上电流、电压的指示情况，若发现异响或其他异常情况，应立即停机检查；

6）经常检查轴承温度及轴承盖螺钉是否有松动现象，要严格检查偏心铁块联结螺钉有无松动，防止发生事故；

7）下沉时，管柱（或桩）周围严禁站人；

8）打桩机配合射水、吸泥下沉时，应与有关人员预先联系，并在工作中互相关照；

9）接长管柱或桩及安装桩帽时，工作人员必须佩戴安全带；

10）下沉过程中，严禁进行机械的保养、维护工作。

（6）打桩机停止工作后，应立即切断电源，并对打桩机和电动机进行检查保养。

（7）打桩机长期停用，应入库保管，电动机要做好防潮保护，控制盘上的仪表应拆下装箱保管。

3. 筒式柴油打桩锤

（1）作业前应检查导向板的固定与磨损情况，导向板不得在松动及缺件情况下作业，导向面磨损大于 7mm 时，应予更换。

（2）作业前应检查并确认起落架各工作机构安全可靠，起动钩与上活塞接触线在 5～10mm 之间。

（3）作业前应检查桩锤与桩帽的连接，提起桩锤脱出砧座后，其下滑长度不应超过使用说明书的规定值，超过时应调整桩帽连接钢丝绳的长度。

（4）作业前应检查缓冲胶垫，当砧座和橡胶垫的接触面小于原面积三分之二时，或下气缸法兰与砧座间隙小于使用说明书的规定值时，均应更换橡胶垫。

（5）对水冷式桩锤，应将水箱内的水加满，并应保证桩锤连续工作时有足够的冷却水。冷却水应使用清洁的软水。冬季应加温水。

（6）桩帽上应有足够厚度的缓冲垫木，垫木不得偏斜，以保证作业时锤击桩帽中心。对金属桩，垫木厚度应为 100～150mm；对混凝土桩，垫木厚度应为 200～250mm。作业中应观察垫木的损坏情况，损坏严重时应予更换。

（7）桩锤启动前，应使桩锤、桩帽和桩在同一轴线上，不应偏心打桩；

（8）在软土打桩时，应先关闭油门冷打，待每击贯入度小于 100mm 时，方可启动桩锤。

（9）桩锤运转时，应目测冲击部分的跳起高度，严格执行使用说明书的要求，达到规定高度时，应减小油门，控制落距。

（10）当上活塞下落而柴油锤未燃爆时，上活塞可发生短时间的起伏，此时起落架不得落下，以防撞击砧块。

（11）打桩过程中，应有专人负责拉好曲臂上的控制绳；在意外情况下，可使用控制绳紧急停锤。

（12）桩锤启动后，应提升起落架，在锤击过程中起落架与上汽缸顶部之间的距离不应小于 2m。

（13）作业中，应重点观察上活塞的润滑油是否从油孔中泄出。下活塞的润滑油应按使用说明书的要求加注。

（14）作业中，最终 10 击的贯入度应符合使用说明书的规定，当每 10 击贯入度小于 20mm 时，宜停止锤击或更换桩锤。

（15）柴油锤出现早燃时，应停止工作，按使用说明书的要求进行处理。

（16）作业后，应将桩锤放到最低位置，盖上汽缸盖和吸排气孔塞子，关闭燃料阀，将操作杆置于停机位置，起落架升至高于桩锤 1m 处，锁住安全限位装置。

（17）长期停用的桩锤，应从桩机上卸下，放掉冷却水、燃油及润滑油，将燃烧室及上、下活塞打击面清洗干净，并应做好防腐措施，盖上保护套，入库保存。

4. 振动桩锤

（1）作业前，应检查并确认振动桩锤各部位螺栓、销轴的连接牢靠，减震装置的弹簧、轴和导向套完好。

（2）应检查各传动胶带的松紧度，过松或过紧时应进行调整。

（3）应检查夹持片的齿形。当齿形磨损超过 4mm 时，应更换或用堆焊修复。使用前，应在夹持片中间放一块 10～15mm 厚的钢板进行试夹。试夹中液压缸应无渗漏，系统压力应正常，不得在夹持片之间无钢板时试夹。

（4）应检查振动桩锤的导向装置是否牢靠，与立柱导轨的配合间隙应符合使用说明书的规定。

（5）悬挂振动桩锤的起重机，其吊钩上必须有防松脱的保护装置。振动桩锤悬挂钢架的耳环上应加装保险钢丝绳。

（6）启动振动桩锤应监视启动电流和电压，一次启动时间不应超过 10s。当启动困难时，应查明原因，排除故障后，方可继续启动。启动后，应待电流降到正常值时，方可转到运转位置。

（7）夹持器工作时，夹持器和桩的头部之间不应有空隙，待液压系统压力稳定在工作压力后才能启动桩锤，振幅达到规定值时，方可指挥起重机作业。

（8）沉桩前，应以桩的前端定位，调整导轨与桩的垂直度，倾斜度不应超过 2°。

（9）沉桩时，吊桩的钢丝绳应紧跟桩下沉速度而放松，并应注意控制沉桩速度，以防止电流过大损坏电机。当电流急剧上升时，应停止运转，待查明原因和排除故障后，方可继续作业；沉桩速度过慢时，可在振动桩锤上加一定量的配重。

（10）拔桩时，当桩身埋入部分被拔起 1.0～1.5m 时，应停止振动，拴好吊桩用钢丝绳，再起振拔桩。当桩尖在地下只有 1～2m 时，应停止振动，由起重机直接拔桩。待桩完全拔出后，在吊桩钢丝绳未吊紧前，不得松开夹持器。

（11）拔钢板桩时，应按沉入顺序的相反方向起拔，夹持器在夹持板桩时，应靠近相邻一根，对工字桩应夹紧腹板的中央。如钢板桩和工字桩的头部有钻孔时，应将钻孔焊平或将钻孔以上割掉，亦可在钻孔处焊加强板，应严防拔断钢板桩。

（12）振动桩锤启动运转后，当振幅正常后仍不能拔桩时，应停止作业，改用功率较大的振动桩锤。拔桩时，拔桩力不应大于桩架的负荷能力。

（13）作业中，应保持振动桩锤减振装置各摩擦部位具有良好的润滑。

（14）作业中不应松开夹持器。停止作业时，应先停振动桩锤，待完全停止运转后再松开夹持器。

（15）作业过程中，振动桩锤减振器横梁的振幅长时间过大，应停机查明原因。

（16）作业中，当遇液压软管破损、液压操纵箱失灵或停电时，应立即停机，并应采取安全措施，不得让桩从夹持器中脱落。

（17）作业后，应将振动桩锤沿导杆放至低处，并采用木块垫实，带桩管的振动桩锤可将桩管沉入土中 3m 以上。

（18）长期停用时，应卸下振动桩锤，并应采取防雨措施。

5. 静力压桩机

（1）静力压桩机的安装、试机、拆卸应按使用说明书的要求进行。

（2）压桩机行走时，长、短船与水平坡度不应超出使用说明书的允许值。纵向行走时，不得单向操作一个手柄，应两个手柄一起动作。短船回转或横向行走时，不应碰触长船边缘。

（3）当压桩引起周围土体隆起，影响桩机行走时，应将桩机前进方向隆起的土铲平，不得强行通过。

（4）压桩机爬坡或在松软场地与坚硬场地之间过渡时，应正向纵向行走，严禁横向行走。

（5）压桩机升降过程中，四个顶升缸应两个一组交替动作，每次行程不得超过 100mm。当单个顶升缸动作时，行程不得超过 50mm。压桩机在顶升过程中，船形轨道不应压在已入土的单一桩顶上。

（6）压桩作业时，应有统一指挥，压桩人员和吊桩人员应密切联系，相互配合。

（7）起重机吊桩进入夹持机构进行接桩或插桩作业时，应确认在压桩开始前吊钩已安全脱离桩体。

（8）压桩时，应按桩机技术性能表作业，不得超载运行。操作时动作不应过猛，避免冲击。

（9）桩机发生浮机时，严禁起重机吊物，若起重机已起吊物体，应立即将起吊物卸下，暂停压桩，待查明原因，采取相应措施后，方可继续施工。

（10）压桩时，非工作人员应离机 10m 以外。起重机的起重臂及桩机配重下方严禁站人。

（11）压桩时，人员的手足不得伸入压桩台与机身的间隙之中。

（12）压桩过程中，应保持桩的垂直度，如遇地下障碍物使桩产生倾斜时，不得采用压桩机行走的方法强行纠正，应先将桩拔起，待地下障碍物清除后，重新插桩。

（13）在压桩过程中，夹持机构与桩侧出现打滑时，不得随意提高液压缸压力，强行操作，而应找出打滑原因，排除故障后，方可继续进行。

（14）接桩时，上一级应提升 350～400mm，此时，不得松开夹持板。

（15）当桩的贯入阻力太大，使桩不能压至标高时，不得随意增加配重。应保护液压元件和构件不受损坏。

（16）当桩顶不能最后压到设计标高时，应将桩顶部分凿去，不得用桩机行走的方式，将桩强行推断。

（17）作业完毕，应将短船运行至中间位置，停放在平整地面上，其余液压缸应全部回程缩进，起重机吊钩应升至最上部，并应使各部制动生效，最后应将外露活塞杆擦干净。

（18）作业后，应将控制器放在"零位"，并依次切断各部电源，锁闭门窗，冬季应放尽各部积水。

（19）转移工地时，应按规定程序拆卸后，用汽车装运。所有油管接头处应加闷头螺栓，不得让尘土进入。

6. 转盘钻孔机

（1）安装钻孔机时，钻机基础应夯实、整平。轮胎式钻机的钻架下应铺设枕木，垫起轮胎，钻机垫起后应保持整机处于水平位置。

（2）钻机的安装和钻头的组装应按照说明书规定进行，竖立或放倒钻架时，应由熟练的专业人员进行。

（3）钻架的吊重中心、钻机的卡孔和护进管中心应在同一垂直线上，钻杆中心偏差不应大于20mm。

（4）钻头和钻杆连接螺纹应良好，滑扣时不得使用。钻头焊接应牢固，不得有裂纹。钻杆连接处应加便于拆卸的厚垫圈。

（5）作业前，应将各部操纵手柄先置于空挡位置，用人力盘动无卡阻，再启动电动机空载运转，确认一切正常后，方可作业。

（6）开机时，应先送浆后开钻；停机时，应先停钻后停浆。泥浆泵应有专人看管，对泥浆质量和浆面高度应随时测量和调整，随时清除沉淀池中杂物，出现漏浆应及时补充，保持泥浆合适浓度纯净和循环不中断，防止塌孔和埋钻。

（7）开钻时，钻压应轻，转速应慢。在钻进过程中，应根据地质情况和钻进深度，选择合适的钻压和钻速，均匀给进。

（8）换挡时，应先停机，挂上挡后再开机。

（9）加接钻杆时，应使用特制的连接螺栓均匀紧固，保证连接处的密封性，并做好连接处的清洁工作。

（10）提钻、下钻时，应轻提轻放。钻机下和井孔周围2m以内及高压胶管下，不得站人。钻杆不应在旋转时提升。

（11）发生提钻受阻时，应先设法使钻具活动后再慢慢提升，不得强行提升。如钻进受阻时，应采用缓冲击法解除，并查明原因，采取措施后，方可钻进。

（12）钻架、钻台平车、封口平车等的承载部位不得超载。

（13）使用空气反循环时，其喷浆口应遮拦，并应固定管端。

（14）钻进结束时，应根据钻杆长度换算孔底标高，确认无误后，再把钻头略微提起，降低转速，空转5～20min后再停钻。停钻时，应先停钻后停风。

（15）作业后，应对钻机进行清洗和润滑，并应将主要部位遮盖妥当。

7. 螺旋钻孔机

（1）安装前，应检查并确认钻杆及各部件无变形；安装后，钻杆与动力头中心线的偏斜不应超过全长的1%。

（2）安装钻杆时，应从动力头开始，逐节往下安装。不得将所需钻杆长度在地面上全部接好后一次起吊安装。

（3）安装后，电源的频率与控制箱内频率转换开关上的指针应相同，不同时，应采用频率转换开关予以转换。

（4）钻机应放置平稳、坚实，汽车式钻孔机应架好支腿，将轮胎支起，并应用自动微调或线锤调整挺杆，使之保持垂直。

（5）启动前应检查并确认钻机各部件连接牢固，传动带的松紧度适当，减速箱内油位符合规定，钻深限位报警装置有效。

（6）启动前，应将操纵杆放在空挡位置。启动后，应作空载运转试验，检查仪表、温度、音响、制动等各项工作正常，方可作业。

（7）施钻时，应先将钻杆缓慢放下，使钻头对准孔位，当电流表指针偏向无负荷状态时即可下钻。在钻孔过程中，当电流表超过额定电流时，应放慢下钻速度。

（8）钻机发出下钻限位报警信号时，应停钻，并将钻杆稍稍提升，待解除报警信号后，方可继续下钻。

（9）卡钻时，应立即切断电源，停止下钻。查明原因前，不得强行启动。

（10）作业中，当需改变钻杆回转方向时，应待钻杆完全停转后再进行。

（11）作业中，当发现阻力过大、钻进困难、钻头发出异响或机架出现摇晃、移动、偏斜时，应立即停钻，经处理后，方可继续施钻。

（12）钻机运转时，应有专人看护，防止电缆线被缠入钻杆。

（13）钻孔时，严禁用手清除螺旋片中的泥土。成孔后，应将孔口加盖防护。

（14）钻孔过程中，应经常检查钻头的磨损情况，当钻头磨损量达 20mm 时，应予更换。

（15）作业中停电时，应将各控制器放置零位，切断电源，并及时将钻杆全部从孔内拔出，使钻头接触地面。

（16）作业后，应将钻杆及钻头全部提升至孔外，先清除钻杆和螺旋叶片上的泥土，再将钻头按下接触地面，各部制动住，操纵杆放到空挡位置，切断电源。

8. 全套管钻机

（1）作业前应检查并确认套管和浇注管内侧无明显变形和损伤，未被混凝土粘结。

（2）全面检查钻机确认无误后，方可启动内燃机，并怠速运转逐步加速至额定转速，按照指定的桩位对位，通过试调，使钻机纵横向达到水平、位正，再进行作业。

（3）机组人员应监视各仪表指示数据，听运转声音，发现异状或异响，应立即停机处理。

（4）第一节套管入土后，应随时调整套管的垂直度。当套管入土深度大于 5m 时，不得强行纠偏。

（5）在套管内挖掘土层中，碰到坚硬土岩时，不得用锤式抓斗冲击硬层，应采用十字凿锤将硬层有效地破碎后，方可继续挖掘。

（6）用锤式抓斗挖掘管内土层时，应在套管上加装保护套管接头的喇叭口。

（7）套管在对接时，接头螺栓应按出厂说明书规定的扭矩对称拧紧。接头螺栓拆下时，应立即洗净后浸入油中。

（8）起吊套管时，应使用专用工具吊装，不得用卡环直接吊在螺纹孔内，亦不得使用其他损坏套管螺纹的起吊方法。

(9) 挖掘过程中，应保持套管的摆动。当发现套管不能摆动时，应采用拔出液压缸将套管上提，再用起重机助拔，直至拔起部分套管能摆动为止。

(10) 浇注混凝土时，钻机操作应和灌注作业密切配合，应根据孔深、桩长适当配管，套管与浇注管保持同心，在浇注管埋入混凝土 2～4m 之间时，应同步拔管和拆管，以确保成桩质量。

(11) 上拔套管需左右摆动。套管分离时，下节套管头应用卡环保险以防套管下滑。

(12) 作业后，应就地清除机体、锤式抓斗及套管等外表的混凝土和泥砂，将机架放回行走的原位，将机组转移至安全场所。

9. 旋挖钻机

(1) 作业地面应坚实平整，作业过程中地面不得下陷，工作坡度不得大于 2°。

(2) 钻机驾驶员进出驾驶室时，应面向钻机，利用阶梯和扶手上下。在进入或离开驾驶室时，不得把任何操纵杆当扶手使用。

(3) 钻机作业或行走过程中，除驾驶员外，不得搭载其他人员。

(4) 钻机行驶时，应将上车转台和底盘车架锁住，履带式钻机还应锁定履带伸缩油缸的保护装置。

(5) 钻孔作业前，应确认固定上车转台和底盘车架的销轴已拔出。履带式钻机应将履带的轨距伸至最大，以增加设备的稳定性。

(6) 装卸钻具钻杆、转移工作点、收臂放塔、检修调试必须专人指挥，确认附近无人和可能碰触的物体时，方可进行。

(7) 卷扬机提升钻杆、钻头和其他钻具时，重物必须位于桅杆正前方。钢丝绳与桅杆夹角必须符合使用说明书的规定。

(8) 开始钻孔时，应使钻杆保持垂直，位置正确，以慢速开始钻进，待钻头进入土层后再加快进尺。当钻斗穿过软硬土层交界处时，应放慢进尺。提钻时，不得转动钻斗。

(9) 作业中，如钻机发生浮机现象，应立即停止作业，查明原因后及时处理。

(10) 钻机移位时，应将钻桅及钻具提升到一定高度，并注意检查钻杆，防止钻杆脱落。

(11) 作业中，钻机工作范围内不得有人进入。

(12) 钻机短时停机，可不放下钻桅，将动力头与钻具下放，使其尽量接近地面。长时停机，应将钻桅放至规定位置。

(13) 作业后，应将机器停放在平地上，清理污物。

(14) 钻机使用一定时间后，应按设备使用说明书的要求进行保养。维修、保养时，应将钻机支撑好。

10. 深层搅拌机

(1) 桩机就位后，应检查设备的平整度和导向架的垂直度，导向架垂直度偏差应符合使用说明书的要求。

(2) 作业前，应先空载试机，检查仪表显示、油泵工作等是否正常，设备各部位有无异响。确认无误后，方可正式开机运转。

(3) 吸浆、输浆管路或粉喷高压软管的各接头应紧固，以防管路脱落，泥浆或水泥粉喷出伤人，或使电机受潮。泵送水泥浆前，管路应保持湿润，以利输浆。

（4）作业中，应注意控制深层搅拌机的入土切削和提升搅拌的速度，经常检查电流表，当电流过大时，应降低速度，直至电流恢复正常。

（5）发生卡钻、停钻或管路堵塞现象时，应立即停机，将搅拌头提离地面，查明原因，妥善处理后，方可重新开机运行。

（6）作业中应注意检查搅拌机动力头的润滑情况，确保动力头不断油。

（7）喷浆式搅拌机如停机超过三小时，应拆卸输浆管路，排除灰浆，清洗管道。

（8）粉喷式搅拌机应严格控制提升速度，选择慢挡提升，确保喷粉量足，搅拌均匀。

（9）作业后，应按使用说明书的要求对设备做好清洁保养工作。喷浆式搅拌机还应对整个输浆管路及灰浆泵作彻底冲洗，以防水泥在泵或浆管内凝固。

（四）起重机械操作规程

1. 履带起重机

（1）起重机应在平坦坚实的地面上作业、行走和停放。在作业时，工作坡度不得大于5%，并应与沟渠、基坑保持安全距离。

（2）起重机启动前应重点检查以下项目，并符合下列要求：

1）各安全防护装置及各指示仪表齐全完好；

2）钢丝绳及连接部位符合规定；

3）燃油、润滑油、液压油、冷却水等添加充足；

4）各连接件无松动。

（3）起重机启动前应将主离合器分离，各操纵杆放在空挡位置。并应按照本规程规定启动内燃机。

（4）内燃机启动后，应检查各仪表指示值，待运转正常再接合主离合器，进行空载运转，按顺序检查各工作机构及其制动器，确认正常后，方可作业。

（5）作业时，起重臂的最大仰角不得超过出厂规定。当无资料可查时，不得超过78°。

（6）起重机变幅应缓慢平稳，严禁在起重臂未停稳前变换挡位。

（7）在起吊载荷达到额定起重量的90%及以上时，升降动作应慢速进行，严禁同时进行两种及以上动作，严禁下降起重臂。

（8）起吊重物时应先稍离地面试吊，当确认重物已挂牢，起重机的稳定性和制动器的可靠性均良好，再继续起吊。在重物升起过程中，操作人员应把脚放在制动踏板上，密切注意起升重物，防止吊钩冒顶。当起重机停止运转而重物仍悬在空中时，即使制动踏板被固定，仍应脚踩在制动踏板上。

（9）采用双机抬吊作业时，应选用起重性能相似的起重机进行。抬吊时应统一指挥，动作应配合协调，载荷应分配合理，起吊重量不得超过两台起重机在该工况下允许起吊重量总和的75%，单机的起吊载荷不得超过允许载荷的80%。在吊装过程中，两台起重机的吊钩滑轮组应保持垂直状态。

（10）当起重机带载行走时，起重量不得超过相应工况额定起重量的70%，行走道路应坚实平整，起重臂位于行驶方向正前方向，载荷离地面高度不得大于200mm，并应拴好拉绳，缓慢行驶。不宜长距离带载行驶。

（11）起重机行走时，转弯不应过急；当转弯半径过小时，应分次转弯。

（12）起重机上下坡道时应无载行走，上坡时应将起重臂仰角适当放小，下坡时应将起重臂仰角适当放大。严禁下坡空挡滑行。严禁在坡道上带载回转。

（13）起重机工作时，在起升、回转、变幅三种动作中，只允许同时进行其中两种动作的复合操作。

（14）作业结束后，起重臂应转至顺风方向，并降至 40°～60°之间，吊钩应提升到接近顶端的位置，应关停内燃机，将各操纵杆放在空挡位置，各制动器加保险固定，操纵室和机棚应关门加锁。

（15）起重机转移工地，应用火车或平板拖车运输起重机时，所用跳板的坡度不得大于 15°；起重机装上车后，应将回转、行走、变幅等机构制动，并采用木楔搂紧履带两端，再牢固绑扎；后部配重用枕木垫实，不得使吊钩悬空摆动。

（16）起重机需自行转移时，应卸去配重，拆短起重臂，主动轮应在后面，机身、起重臂、吊钩等必须处于制动位置，并应加保险固定。

（17）起重机通过桥梁、水坝、排水沟等构筑物时，必须先查明允许载荷后再通过。必要时应对构筑物采取加固措施。通过铁路、地下水管、电缆等设施时，应铺设木板保护，并不得在上面转弯。

2. 汽车起重机、轮胎起重机

（1）起重机工作的场地应保持平坦坚实，地面松软不平时，支腿应用垫木垫实；起重机应与沟渠、基坑保持安全距离。

（2）起重机启动前应重点检查以下项目，并符合下列要求：

1）各安全保护装置和指示仪表齐全完好；

2）钢丝绳及连接部位符合规定；

3）燃油、润滑油、液压油及冷却水添加充足；

4）各连接件无松动；

5）轮胎气压符合规定。

（3）起重机启动前，应将各操纵杆放在空挡位置，手制动器应锁死，并应按照本规程有关规定启动内燃机。在急速运转 3～5min 后中高速运转，检查各仪表指示值，运转正常后接合液压泵，液压达到规定值，油温超过 30℃时，方可开始作业。

（4）作业前，应全部伸出支腿，调整机体使回转支撑面的倾斜斜度在无载荷时不大于 1/1000（水准居中）。支腿有定位销的必须插上。底盘为弹性悬挂的起重机，插支腿前应先收紧稳定器。

（5）作业中严禁扳动支腿操纵阀。调整支腿必须在无载荷时进行，并将起重臂转至正前或正后方可再行调整。

（6）应根据所吊重物的重量和提升高度，调整起重臂长度和仰角，并应估计吊索和重物本身的高度，留出适当空间。

（7）起重臂伸缩时，应按规定程序进行，在伸臂的同时应下降吊钩。当制动器发出警报时，应立即停止伸臂。起重臂缩回时，仰角不宜太小。

（8）起重臂伸出后，或主副臂全部伸出后，变幅时不得小于各长度所规定的仰角。

（9）汽车式起重机起吊作业时，汽车驾驶室内不得有人，重物不得超越驾驶室上方，且不得在车的前方起吊。

（10）起吊重物达到额定起重量的50％及以上时，应使用低速挡。

（11）作业中发现起重机倾斜、支腿不稳等异常现象时，应立即使重物下降至安全的地方，下降中严禁制动。

（12）重物在空中需要较长时间停留时，应将起升卷筒制动锁住，操作人员不得离开操纵室。

（13）起吊重物达到额定起重量的90％以上时，严禁下降起重臂，严禁同时进行两种及以上的操作动作。

（14）起重机带载回转时，操作应平稳，避免急剧回转或停止，换向应在停稳后进行。

（15）当轮胎式起重机带载行走时，道路必须平坦坚实，载荷必须符合出厂规定，重物离地面不得超过500mm，并应拴好拉绳，缓慢行驶。

（16）作业后，应将起重臂全部缩回放在支架上，再收回支腿。吊钩专用钢丝绳挂牢；应将车架尾部两撑杆分别撑在尾部下方的支座内，并用螺母固定；应将阻止机身旋转的销式制动器插入销孔，并将取力器操纵手柄放在脱开位置，最后应锁住起重操纵室门。

（17）行驶前，应检查并确认各支腿的收存无松动，轮胎气压应符合规定。行驶时水温应在80～90℃范围内，水温未达到80℃时，不得高速行驶。

（18）行驶时应保持中速，不得紧急制动，过铁道口或起伏路面时应减速，下坡时严禁空挡滑行，倒车时应有人监护。

（19）行驶时，严禁人员在底盘走台上站立或蹲坐，并不得堆放物件。

3. 塔式起重机

（1）起重机的轨道基础应符合下列要求：

1）路基承载能力应满足塔式起重机使用说明书要求；

2）每间隔6m应设轨距拉杆一个，轨距允许偏差为公称值的1‰，且不超过±3mm；

3）在纵横方向上，钢轨顶面的倾斜度不得大于1‰；塔机安装后，轨道顶面纵、横方向上的倾斜度对于上回转塔机应不大于3‰；对于下回转塔机应不大于5‰。在轨道全程中，轨道顶面任意两点的高差应小于100mm；

4）钢轨接头间隙不得大于4mm，并应与另一侧轨道接头错开，错开距离不得小于1.5m，接头处应架在轨枕上，两轨顶高度差不得大于2mm；

5）距轨道终端1m处必须设置缓冲止挡器，其高度不应小于行走轮的半径。在轨道上应安装限位开关碰块，且安装位置应保证塔机在与缓冲止挡器或与同一轨道上其他塔机相距大于1m处能完全停住，此时电缆线还应有足够的长度；

6）鱼尾板连接螺栓应紧固，垫板应固定牢靠。

（2）起重机的混凝土基础应符合下列要求：

1）混凝土基础按塔机制造厂的使用说明书要求制作；使用说明书中混凝土强度未明确的，混凝土强度等级不低于C30；

2）基础表面平整度允许偏差1‰；

3）预埋件的位置、标高和垂直度以及施工工艺符合使用说明书要求。

（3）起重机的轨道基础或混凝土基础应验收合格后，方可使用。

（4）起重机的轨道基础、混凝土基础应修筑排水设施，排水设施应与基坑保持安全距离。

（5）起重机的金属结构、轨道及所有电气设备的金属外壳，应有可靠的接地装置，接地电阻不应大于 4Ω。

（6）起重机的拆装必须由取得建设行政主管部门颁发的起重设备安装工程承包资质，并符合相应等级的单位进行，拆装作业时应有技术和安全人员在场监护。

（7）起重机拆装前，应编制拆装施工方案，由企业技术负责人审批，并应向全体作业人员交底。

（8）拆装作业前应重点检查以下项目，并应符合下列要求：

1）混凝土基础或路基和轨道铺设应符合技术要求；

2）对所拆装起重机的各机构、结构焊缝、重要部位螺栓、销轴、卷扬机构和钢丝绳、吊钩、吊具以及电气设备、线路等进行检查，使隐患排除于拆装作业之前；

3）对自升塔式起重机顶升液压系统的液压缸和油管、顶升套架结构、导向轮、顶升支撑（爬爪）等进行检查，及时处理存在的问题；

4）对拆装人员所使用的工具、安全带、安全帽等进行检查，不合格者立即更换；

5）检查拆装作业中配备的起重机、运输汽车等辅助机械应状况良好，技术性能应保证拆装作业的需要；

6）拆装现场电源电压、运输道路、作业场地等应具备拆装作业条件；

7）安全监督岗的设置及安全技术措施的贯彻落实已达到要求。

（9）起重机的拆装作业应在白天进行。当遇大风、浓雾和雨雪等恶劣天气时，应停止作业。

（10）指挥人员应熟悉拆装作业方案，遵守拆装工艺和操作规程，使用明确的指挥信号进行指挥。所有参与拆装作业的人员，都应听从指挥，如发现指挥信号不清或有错误时，应停止作业，待联系清楚后再进行。

（11）拆装人员在进入工作现场时，应穿戴安全保护用品，高处作业时应系好安全带，熟悉并认真执行拆装工艺和操作规程，当发现异常情况或疑难问题时，应及时向技术负责人反映，不得自行其是，应防止处理不当而造成事故。

（12）拆装顺序、要求、安全注意事项必须按批准的专项施工方案进行。

（13）采用高强度螺栓连接的结构，必须使用高强度螺栓专业制造生产的连接螺栓；连接螺栓时，应采用扭矩扳手或专用扳手，并应按装配技术要求拧紧。

（14）在拆装作业过程中，当遇天气剧变、突然停电、机械故障等意外情况，短时间不能继续作业时，必须使已拆装的部位达到稳定状态并固定牢靠，经检查确认无隐患后，方可停止作业。

（15）安装起重机时，必须将大车行走缓冲止挡器和限位开关碰块安装牢固可靠，并应确保各部位的栏杆、平台、扶杆、护圈等安全防护装置装齐。

（16）在拆除因损坏或其他原因而不能用正常方法拆卸的起重机时，必须按照技术部门批准的安全拆卸方案进行；

（17）起重机安装过程中，必须分阶段进行技术检验。整机安装后，应进行整机技术检验和调整，各机构动作应正确、平稳、制动可靠、各安全装置应灵敏有效；在无载荷情况下，塔身的垂直度允许偏差为4‰，经分阶段及装机检验合格后，应填写检验记录，经技术负责人审查签证后，方可交付使用。

（18）塔式起重机升降作业时，应符合下列要求：

1）升降作业过程，必须有专人指挥，专人照看电源，专人操作液压系统，专人拆装螺栓。非作业人员不得登上顶升套架的操作平台。操纵室内应只准一人操作，必须听从指挥信号；

2）升降应在白天进行，特殊情况需在夜间作业时，应有充分的照明；

3）顶升前应预先放松电缆，其长度宜大于顶升总高度，并应紧固好电缆卷筒。下降时应适时收紧电缆；

4）升降时，必须调整好顶升套架滚轮与塔身标准节的间隙，并应按规定使起重臂和平衡臂处于平衡状态，并将回转机构制动住，当回转台与塔身标准节之间的最后一处连接螺栓（销子）拆卸困难时，应将其对角方向的螺栓重新插入，再采取其他措施。不得以旋转起重臂动作来松动螺栓（销子）；

5）升降时，顶升撑脚（爬爪）就位后，应插上安全销，方可继续下一动作；

6）升降完毕后，各连接螺栓应按规定扭力紧固，液压操纵杆回到中间位置，并切断液压升降机构电源。

（19）起重机的附着锚固应符合下列要求：

1）起重机附着的建筑物，其锚固点的受力强度应满足起重机的设计要求。附着杆系的布置方式、相互间距和附着距离等，应按出厂使用说明书规定执行。有变动时，应另行设计；

2）装设附着框架和附着杆件，应采用经纬仪测量塔身垂直度，并应采用附着杆进行调整，在最高锚固点以下垂直度允许偏差为2‰；

3）在附着框架和附着支座布设时，附着杆倾斜角不得超过10°；

4）附着框架宜设置在塔身标准节连接处，箍紧塔身。塔架对角处在无斜撑时应加固；

5）塔身顶升接高到规定锚固间距时，应及时增设与建筑物的锚固装置。塔身高出锚固装置的自由端高度，应符合出厂规定；

6）起重机作业过程中，应经常检查锚固装置，发现松动或异常情况时，应立即停止作业，故障未排除，不得继续作业；

7）拆卸起重机时，应随着降落塔身的进程拆卸相应的锚固装置。严禁在落塔之前先拆锚固装置；

8）锚固装置的安装、拆卸、检查和调整，均应有专人负责，工作时应系安全带和戴安全帽，并应遵守高处作业有关安全操作的规定；

9）轨道式起重机作附着式使用时，应提高轨道基础的承载能力和切断行走机构的电源，并应设置阻挡行走轮移动的支座。

（20）起重机内爬升时应符合下列要求：

1）内爬升时，应加强机上与机下之间的联系以及上部楼层与下部楼层之间的联系，遇有故障及异常情况，应立即停机检查，故障未排除，不得继续爬升；

2）内爬升过程中，严禁进行起重机的起升、回转、变幅等各项动作；

3）起重机爬升到指定楼层后，应立即拔出塔身底座的支承梁或支腿，通过内爬升框

架固定在楼板上,并应顶紧导向装置或用楔块塞紧;

4) 内爬升塔式起重机的固定间隔应符合使用说明书要求;

5) 当内爬升框架设置在的楼层楼板上时,该方案应经土建施工企业确认,并在楼板下面增设支柱作临时加固。搁置起重机底座支承梁的楼层下方两层楼板,也应设置支柱作临时加固;

6) 起重机完成内爬升作业后,楼板上遗留下来的开孔,应立即采用混凝土封闭;

7) 起重机完成内爬升作业后,应检查内爬升框架的固定、确保支撑梁的紧固以及楼板临时支撑的稳固等,确认可靠后,方可进行吊装作业。

(21) 每月或连续大雨后,应及时对轨道基础进行全面检查,检查内容包括:轨距偏差、钢轨顶面的倾斜度、轨道基础的沉降、钢轨的不直度及轨道的通过性能等。对混凝土基础,应检查其是否有不均匀的沉降。

(22) 至少每月一次,对塔机工作机构、所有安全装置、制动器的性能及磨损情况、钢丝绳的磨损及端头固定、液压系统、润滑系统、螺栓销轴连接处等进行检查;根据工作环境和繁忙程度检查周期可缩短。

(23) 配电箱应设置在塔机 3m 范围内或轨道中部,且明显可见;电箱中应设置保险式断路器及塔机电源总开关;电缆卷筒应灵活有效,不得拖缆;塔机应设置短路、过流、欠压、过压及失压保护、零位保护、电源错相及断相保护。

(24) 起重机在无线电台、电视台或其他近电磁波发射天线附近施工时,与吊钩接触的作业人员,应戴绝缘手套和穿绝缘鞋,并应在吊钩上挂接临时放电装置。

(25) 当同一施工地点有两台以上起重机时,应保持两机间任何接近部位(包括吊重物)距离不得小于 2m。

(26) 轨道式起重机作业前,应检查轨道基础平直无沉陷,鱼尾板连接螺栓及道钉无松动,并应清除轨道上的障碍物,松开夹轨器并向上固定好。

(27) 起动前应重点检查以下项目,并符合下列要求:

1) 金属结构和工作机构的外观情况正常;

2) 各安全装置和各指示仪表齐全完好;

3) 各齿轮箱、液压油箱的油位符合规定;

4) 主要部位连接螺栓无松动;

5) 钢丝绳磨损情况及各滑轮穿绕符合规定;

6) 供电电缆无破损。

(28) 送电前,各控制器手柄应在零位。接通电源后,应检查供电系统有无漏电现象。

(29) 作业前,应进行空载运转,试验各工作机构是否运转正常,有无噪声及异响,各机构的制动器及安全防护装置是否有效,确认正常后方可作业。

(30) 起吊重物时,重物和吊具的总重量不得超过起重机相应幅度下规定的起重量。

(31) 应根据起吊重物和现场情况,选择适当的工作速度,操纵各控制器时应从停止点(零点)开始,依次逐级增加速度,严禁越挡操作。在变换运转方向时,应将控制器手柄扳到零位,待电动机停转后再转向另一方向,不得直接变换运转方向、突然变速或制动。

(32) 在吊钩提升、起重小车或行走大车运行到限位装置前,均应减速缓行到停止位置，并应与限位装置保持一定距离。严禁采用限位装置作为停止运行的控制开关。

（33）动臂式起重机的变幅应单独进行；允许带载变幅的，当载荷达到额定起重量的90％及以上时，严禁变幅。

（34）重物就位时，应采用慢就位机构使之缓慢下降。

（35）提升重物作水平移动时，应高出其跨越的障碍物0.5m以上。

（36）对于无中央集电环及起升机构不安装在回转部分的起重机，在作业时，不得顺一个方向连续回转。

（37）当停电或电压下降时，应立即将控制器扳到零位，并切断电源。如吊钩上挂有重物，应稍松稍紧反复使用制动器，使重物缓慢地下降到安全地带。

（38）采用涡流制动调速系统的起重机，不得长时间使用低速挡或慢就位速度作业。

（39）作业中如遇风速大于10.8m/s（10.8～13.8m/s为6级风）大风或阵风时，应立即停止作业，锁紧夹轨器，将回转机构的制动器完全松开，起重臂应能随风转动。对轻型俯仰变幅起重机，应将起重臂落下并与塔身结构锁紧在一起。

（40）作业中，操作人员临时离开操纵室时，必须切断电源。

（41）起重机载人专用电梯严禁超员，其断绳保护装置必须可靠，当起重机作业时，严禁开动电梯。电梯停用时，应降至塔身底部位置，不得长时间悬在空中。

（42）非工作状态时，必须松开回转制动器，塔机回转部分在非工作状态应能自由旋转；行走式塔机应停放在轨道中间位置，小车及平衡重应置于非工作状态，吊钩宜升到离起重臂顶端2～3m处。

（43）停机时，应将每个控制器拨回零位，依次断开各开关，关闭操纵室门窗，下机后，应锁紧夹轨器，断开电源总开关，打开高空指示灯。

（44）检修人员上塔身、起重臂、平衡臂等高空部位检查或修理时，必须系好安全带。

（45）停用起重机的电动机、电气柜、变阻器箱，制动器等，应严密遮盖。

（46）动臂式和尚未附着的自升式塔式起重机塔身上不得悬挂标语牌。

4. 桅杆式起重机

（1）桅杆式起重机必须按照《起重机设计规范》GB/T 3811—2008进行设计，确定其使用范围及工作环境；施工前必须编制专项方案，并经技术负责人审批，专项方案的审批人必须在现场进行技术指导。

（2）专项方案应包含以下内容：

1）工程概况：施工平面布置、施工要求和技术保证条件；

2）编制依据：相关法律、法规、规范性文件、标准、规范及图纸（国标图集）、施工组织设计等；

3）施工计划：包括施工进度计划；

4）施工工艺技术：技术参数、工艺流程、钢丝绳走向及固定方法、卷扬机的固定位置和方法、桅杆式起重机底座的安装及固定等、检查验收等；

5）施工安全保证措施：组织保障、技术措施、应急预案、监测监控等；

6）劳动力计划：专职安全生产管理人员、特种作业人员等；

7）计算书及相关图纸。

（3）桅杆式起重机的卷扬机应符合本规程的有关规定。

（4）起重机的安装和拆卸应划出警戒区，清除周围的障碍物，在专人统一指挥下，按照出厂说明书或制定的拆装技术方案进行。

（5）起重机的基础应符合专项方案的要求。

（6）缆风绳的规格、数量及地锚的拉力、埋设深度等，应按照起重机性能经过计算确定，缆风绳与地面的夹角应在30°～45°之间，缆绳与桅杆和地锚的连接应牢固。地锚严禁使用膨胀螺栓、定滑轮应选用闭口滑轮。

（7）缆风绳的架设应避开架空电线。在靠近电线的附近，应设置绝缘材料搭设的护线架。

（8）桅杆式起重机使用前必须进行验收及试吊。

（9）提升重物时，吊钩钢丝绳应垂直，操作应平稳，当重物吊起刚离开支承面时，应检查并确认各部无异常时，方可继续起吊。

（10）在起吊满载重物前，应有专人检查各地锚的牢固程度。各缆风绳都应均匀受力，主杆应保持直立状态。

（11）作业时，起重机的回转钢丝绳应处于拉紧状态。回转装置应有安全制动控制器。

（12）起重机移动时，其底座应垫以足够承重的枕木排和滚杠，并将起重臂收紧处于移动方向的前方。移动时，主杆不得倾斜，缆风绳的松紧应配合一致。

（13）缆风钢丝绳安全系数不小于3.5，起升、锚固、吊索钢丝绳安全系数不小于8。

5. 桥（门）式起重机

（1）起重机路基和轨道的铺设应符合出厂规定，轨道接地电阻不应大于4Ω。

（2）使用电缆的门式起重机，应设有电缆卷筒，配电箱应设置在轨道中部。

（3）用滑线供电的起重机，应在滑线的两端标有鲜明的颜色，滑线应设置防护装置，防止人员及吊具钢丝绳与滑线意外接触。

（4）轨道应平直，鱼尾板连接螺栓应无松动，轨道和起重机运行范围内应无障碍物。门式起重机应松开夹轨器。

（5）门式、桥式起重机作业前的重点检查项目应符合下列要求：

1）机械结构外观正常，各连接件无松动；

2）钢丝绳外表情况良好，绳卡牢固；

3）各安全限位装置齐全完好。

（6）操作室内应垫木板或绝缘板，接通电源后应采用试电笔测试金属结构部分，确认无漏电方可上机；上、下操纵室应使用专用扶梯。

（7）作业前，应进行空载运转，在确认各机构运转正常，制动可靠，各限位开关灵敏有效后，方可作业。

（8）开动前，应先发出音响信号示意，重物提升和下降操作应平稳匀速，在提升大件时不得用快速挡，并应拴拉绳防止摆动。

（9）吊运易燃、易爆、有害等危险品时，应经安全主管部门批准，并应有相应的安全措施。

（10）重物的吊运路线严禁从人上方通过，亦不得从设备上面通过，空车行走时，吊钩应离地面2m以上。

（11）吊起重物后应慢速行驶，行驶中不得突然变速或倒退。两台起重机同时作业时，应保持 5m 距离。严禁用一台起重机顶推另一台起重机。

（12）起重机行走时，两侧驱动轮应同步，发现偏移应停止作业，调整好后方可继续使用。

（13）作业中，严禁任何人从一台桥式起重机跨越到另一台桥式起重机上去。

（14）操作人员由操纵室进入桥架或进行保养检修时，应有自动断电联锁装置或事先切断电源。

（15）露天作业的门式、桥式起重机，当遇风速大于 10.8m/s（10.8～13.8m/s 为 6 级风）大风时，应停止作业，并锁紧火轨器。

（16）门式、桥式起重机的主梁挠度超过规定值时，必须修复后方可使用。

（17）作业后，门式起重机应停放在停机线上，用夹轨器锁紧；桥式起重机应将小车停放在两条轨道中间，吊钩提升到上部位置。吊钩上不得悬挂重物。

（18）作业后，应将控制器拨到零位，切断电源，关闭并锁好操纵室门窗。

（19）电动葫芦使用前应检查设备的机械部分和电气部分，钢丝绳、吊钩、限位器等应完好，电气部分应无漏电，接地装置应良好。

（20）电动葫芦应设缓冲器，轨道两端应设挡板。

（21）作业开始第一次吊重物时，应在吊离地面 100mm 时停止，检查电动葫芦制动情况，确认完好后方可正式作业。露天作业时，电动葫芦应设有防雨棚。

（22）电动葫芦严禁超载起吊。起吊时，手不得握在绳索与物体之间，吊物上升时应严防冲撞。

（23）起吊物件应捆扎牢固。电动葫芦吊重物行走时，重物离地不宜超过 1.5m 高。工作间歇不得将重物悬挂在空中。

（24）电动葫芦作业中发生异味、高温等异常情况，应立即停机检查，排除故障后方可继续使用。

（25）使用悬挂电缆电气控制开关时，绝缘应良好，滑动应自如，人的站立位置后方应有 2m 空地并应正确操作电钮。

（26）在起吊中，由于故障造成重物失控下滑时，必须采取紧急措施，向无人处下放重物。

（27）在起吊中不得急速升降。

（28）电动葫芦在额定载荷制动时，下滑位移量不应大于 80mm。

（29）作业完毕后，应停放在指定位置，吊钩升起，并切断电源，锁好开关箱。

6. 施工升降机

（1）施工升降机安装和拆卸工作必须由取得建设行政主管部门颁发的起重设备安装工程承包资质的单位负责施工，并必须由经过专业培训，取得操作证的专业人员进行操作和维修。

（2）地基应浇制混凝土基础，必须符合施工升降机使用说明书要求，说明书无要求时其承载能力应大于 150kPa，地基上表面平整度允许偏差为 10mm，并应有排水设施。

（3）应保证升降机的整体稳定性，升降机导轨架的纵向中心线至建筑物外墙面的距离宜选用说明书提供的较小的安装尺寸。

（4）导轨架安装时，应用经纬仪对升降机在两个方向进行测量校准。其垂直度允许偏差应符合表 6-3 中要求。

导轨架垂直度 表 6-3

架设高度（m）	≤70	70～100	100～150	150～200	200
垂直度偏差（mm）	≤1/1000H	≤70	≤90	≤110	≤130

（5）导轨架顶端自由高度、导轨架与附墙距离、导轨架的两附墙连接点间距离和最低附墙点高度均不得超过出厂规定。

（6）升降机的专用开关箱应设在底架附近便于操作的位置，馈电容量应满足升降机直接启动的要求，箱内必须设短路、过载、错相、断相及零位保护等装置。

（7）升降机梯笼周围应按使用说明书的要求，设置稳固的防护栏杆，各楼层平台通道应平整牢固，出入口应设防护门。全行程四周不得有危害安全运行的障碍物。

（8）升降机安装在建筑物内部井道中间时，应在全行程范围井壁四周搭设封闭屏障。装设在阴暗处或夜班作业的升降机，应在全行程上装设足够的照明和明亮的楼层编号标志灯。

（9）升降机安装后，应经企业技术负责人会同有关部门对基础和附墙支架以及升降机架设安装的质量、精度等进行全面检查，并应按规定程序进行技术试验（包括坠落试验），经试验合格签证后，方可投入运行。

（10）升降机的防坠安全器，只能在有效的标定期限内使用，有效标定期限不应超过一年。使用中不得任意拆检调整。

（11）升降机安装后，在投入使用前，必须经过坠落试验。升降机在使用中每隔 3 个月，应进行一次坠落试验。试验程序应按说明书规定进行，梯笼坠落试验制动距离不得超过 1.2m；试验后以及正常操作中每发生一次防坠动作，均必须由专门人员进行复位。

（12）作业前应重点检查以下项目，并应符合下列要求：

1）各部结构无变形，连接螺栓无松动；

2）齿条与齿轮、导向轮与导轨均接合正常；

3）各部钢丝绳固定良好，无异常磨损；

4）运行范围内无障碍。

（13）启动前，应检查并确认电缆、接地线完整无损，控制开关在零位。电源接通后，应检查并确认电压正常，应测试无漏电现象。应试验并确认各限位装置、梯笼、围护门等处的电器联锁装置良好可靠，电器仪表灵敏有效。启动后，应进行空载升降试验，测定各传动机构制动器的效能，确认正常后，方可开始作业。

（14）升降机应按使用说明书要求，进行维护保养，并按使用说明书规定，定期检验制动器的可靠性，制动力矩必须达到使用说明书要求；

（15）梯笼内乘人或载物时，应使载荷均匀分布，不得偏重。严禁超载运行。

（16）操作人员应根据指挥信号操作。作业前应鸣声示意。在升降机未切断总电源开关前，操作人员不得离开操作岗位。

（17）当升降机运行中发现有异常情况时，应立即停机并采取有效措施将梯笼降到底层，排除故障后方可继续运行。在运行中发现电气失控时，应立即按下急停按钮；在未排除故障前，不得打开急停按钮。

(18) 升降机在风速 10.8m/s（10.8～13.8m/s 为 6 级风）及以上大风、大雨、大雾以及导轨架、电缆等结冰时，必须停止运行，并将梯笼降到底层，切断电源。暴风雨后，应对升降机各有关安全装置进行一次检查，确认正常后，方可运行。

(19) 升降机运行到最上层或最下层时，严禁用行程限位开关作为停止运行的控制开关。

(20) 当升降机在运行中由于断电或其他原因而中途停止时，可以进行手动下降，将电动机尾端制动电磁铁手动释放拉手缓缓向外拉出，使梯笼缓慢地向下滑行。梯笼下滑时，不得超过额定运行速度，手动下降必须由专业维修人员进行操纵。

(21) 作业后，应将梯笼降到底层，各控制开关拨到零位，切断电源，锁好开关箱，闭锁梯笼门和围护门。

7. 电动卷扬机

(1) 安装时，基面平稳牢固、周围排水畅通、地锚设置可靠，并应搭设工作棚。

(2) 操作人员的位置应在安全区域，并能看清指挥人员和拖动或起吊的物件。

(3) 卷扬机设置位置必须满足：卷筒中心线与导向滑轮的轴线位置应垂直，且导向滑轮的轴线应在卷筒中间位置，卷筒轴心线与导向滑轮轴心线的距离对光卷筒不应小于卷筒长度的 20 倍；对有槽卷筒不应小于卷筒长度的 15 倍。

(4) 作业前，应检查卷扬机与地面的固定，弹性联轴器不得松旷，并应检查安全装置、防护设施、电气线路、接零或接地线、制动装置和钢丝绳等，全部合格后方可使用。

(5) 卷扬机至少装有一个制动器，制动器必须是常闭式的。

(6) 卷扬机的传动部分及外露的运动件均应设防护罩。

(7) 卷扬机应装设能在紧急情况下迅速切断总控制电源的紧急断电开关，并安装在司机操作方便的地方。

(8) 钢丝绳卷绕在卷筒上的安全圈数应不少于 3 圈。钢丝绳末端固定应可靠，在保留两圈的状态下，应能承受 1.25 倍的钢丝绳额定拉力。

(9) 钢丝绳不得与机架、地面摩擦，通过道路时，应设过路保护装置。

(10) 建筑施工现场不得使用摩擦式卷扬机。

(11) 卷筒上的钢丝绳应排列整齐，当重叠或斜绕时，应停机重新排列，严禁在转动中用手拉或脚踩钢丝绳。

(12) 作业中，操作人员不得离开卷扬机，物件或吊笼下面严禁人员停留或通过。休息时应将物件或吊笼降至地面。

(13) 作业中如发现异响、制动失灵、制动带或轴承等温度剧烈上升等异常情况时，应立即停机检查，排除故障后方可使用。

(14) 作业中停电时，应将控制手柄或按钮置于零位，并切断电源，将提升物件或吊笼降至地面。

(15) 作业完毕，应将提升吊笼或物件降至地面，并应切断电源，锁好开关箱。

8. 物料提升机

(1) 进入施工现场的井架、龙门架必须具有下列安全装置：

1) 上料口防护棚；

2）层楼安全门、吊篮安全门；

3）断绳保护装置及防坠器；

4）安全停靠装置；

5）起重量限制器；

6）上、下限位器；

7）紧急断电开关、短路保护、过电流保护、漏电保护；

8）信号装置；

9）缓冲器。

（2）卷扬机应执行本规程有关规定。

（3）基础应符合说明书要求。缆风绳、附墙装置不得与脚手架连接，不得用钢筋、脚手架钢管等代替缆风绳。

（4）起重机的制动器应灵活可靠。

（5）运行中吊篮的四角与井架不得互相擦碰，吊篮各构件连接应牢固、可靠。

（6）龙门架或井架不得和脚手架联为一体。

（7）垂直输送混凝土和砂浆时，翻斗出料口应灵活可靠，保证自动卸料。

（8）吊篮在升降工况下严禁载人，吊篮下方严禁人员停留或通过。

（9）作业后，应检查钢丝绳、滑轮、滑轮轴和导轨等，发现异常磨损，应及时修理或更换。

（10）作业后，应将吊篮降到最低位置，各控制开关扳至零位，切断电源，锁好开关箱。

（五）高空作业设备

1. 高处作业吊篮

（1）吊篮装拆和操作人员都须经专门培训，取得劳动部门的"特种作业人员操作证"，并在有效期内方可上岗操作。

（2）吊篮操作人员必须年满18周岁、具有初中文化、无不适应高处作业的疾病和生理缺陷。

（3）酒后、过度疲劳、情绪异常者不得上吊篮作业。

（4）吊篮必须有二人协同作业，不允许一人单独作业或超过二人进行作业。

（5）操作人员应从地面进入平台，并可靠固定安全带；严禁在空中跨越平台或携带工具、物料进出平台。

（6）安全值班员、作业指挥员、机修人员等非直接作业人员，必须专门定岗设置。

（7）对违章指挥或有强令冒险作业等不安全因素，操作人员有权拒绝执行。

（8）进入吊篮的作业人员必须佩戴安全帽，使用安全带；不得穿拖鞋和易滑鞋子。

（9）有雷、雾、雨、雪、作业处阵风在 10.8m/s（10.8～13.8m/s 为 6 级风）及以上时，严禁上篮作业；环境温度超过 40℃时停止作业。

（10）吊篮距高压架空线的最小距离不得小于 10m，作业范围内应设防范措施和醒目警示。

（11）吊篮的工作电压为 380V，偏差允许值±10%，在电源电压为 361V～342V 范围内作业时，载荷不得超过额定载荷的 80％。电源线路必须有二级漏电保护装置。

（12）在酸、碱等腐蚀环境中作业时，应有人员、机构装置、电控箱和绳索的防护措施。

（13）一般情况应避免夜间作业，在夜间施工时应有单独照明设施，亮度不低于 150lx。

（14）吊篮内应有醒目的限载标牌，平台上堆放物品应尽量平均。

（15）在吊篮上进行电焊作业，不得将电焊机停放于吊篮内，做好电焊机线路和吊篮的绝缘保护，严禁将吊篮和钢丝绳作为搭铁体。

（16）吊篮平台上不得使用电梯、凳或另设吊具运材料。

（17）每天作业完毕，关闭电源锁好电控箱，做好吊篮内清洁工作及提升机、安全锁、电控箱的防护包扎，防止雨水渗入。

（18）每班作业前必须坚持安全检查并做好检查记录，发现故障尽快排除。

（19）操作时不得同时按动 2 个以上开关，一人操作时，另一人应密切观察吊篮及四周情况。

（20）除紧急情况下使用手柄操作外，不得随意松开制动器，电磁制动复位后才能取下手摇柄。

（21）安全锁不能随意拨弄，擅自拆装；通电时不要随意触摸电气部位。

（22）吊篮运行时不得进行施工作业；吊篮平台与建筑物固定时不得进行升降作业。

（23）吊篮升降应量保持水平，两段高差不得超过 15cm，发现超差倾斜或一端触及限位时，可采用单机提升或下降进行调整。

（24）每班作业结束或中途停止作业，应置平台于地面，如挂于接近地面的空中，应设支撑设施；不得已须将平台挂于空中预定位置时，应设安全通道并将平台适当拴定。

（25）待修的零部件应悬挂标志，修复摘牌前禁止使用。

（26）使用中的吊篮发现异常振动、异常声音、异常气味等，应即停止使用并切断电源，及时排除异常或联系修理。

（27）当吊篮在正常运行时，发现安全锁误动作或不慎碰脱安全锁复位杆，应停止下降动作，然后使提升机提升一段适当距离，让安全钢丝绳卸荷，再轻轻扳动释放手柄。

（28）在作业中突遇断电时应即关闭电源，然后用手动方式同时操作两台提升机下降平台至地面。其步骤为：先用手制动刹住平台，然后释放电机制动，缓慢松开手刹装置，让平台自然下降至需要位置，再旋紧电机制动器，将手制动手柄推至松开位置。

（29）在断电时用手动提升平台，应同时操作两台提升机，其步骤：先插入摇手柄，然后用手制动刹住平台，释放电机制动，在缓慢松开手刹装置同时逆时针摇动手柄，手刹手柄不能离手。达到预定位置时合上手刹装置，旋紧电机制动器后将手制动松开，再取下摇手柄。

（30）发生意外断绳时，作业人员应及时安全地撤离吊篮平台，同时通知专业人员处理。

（31）发现触电事故，应迅速切断电源，一时不易拉闸，应用干燥木棍等绝缘体将人与电源脱离，严禁人员直接接触被触电者，随即进行急救处理。

2. 附着整体升降脚手架升降动力设备

(1) 起吊前应检查设备的机械部分、钢丝绳、吊钩、限位器等应完好,检查电气部分应无漏电,接地装置应良好。在每天工作第一次吊重物时,在吊离地面10cm应停车检查制动情况,确认完好后方可进行工作。露天作业,应设置防雨棚。

(2) 不准超载起吊,起吊时手不准握在绳索与物体之间,吊物上升时严防冲撞。

(3) 起吊物体要捆扎牢固,并在中心。吊重行走时,重物离地不要太高,严禁重物从人头上越过,工作间隙不得将重物悬在空中。

(4) 电动葫芦在起吊过程中发生异味、高温应立刻停车检查,找出原因后,方可继续工作。

(5) 电动葫芦钢丝绳在卷筒上要缠绕整齐,当吊钩放在最低位置,卷筒上的钢丝绳应不得少于三圈。

(6) 使用来回悬挂电缆电气开关启动,绝缘必须良好,滑动必须自如,并正确操作电钮和注意人站立位置。

(7) 在起吊中,由于故障造成重物下滑时,必须采取紧急措施,向无人处下放重物。

(8) 起吊重物必须做到垂直起升,不许斜拉重物,起吊物重量不清的不吊。

(9) 在工作完毕后,电动葫芦应停在指定位置,吊钩升起,并切断电源。

3. 自行式高空作业平台

(1) 高空作业必须两人以上共同进行,其中一人登高作业,其他人负责监护,用手扶稳登高用具;按规定穿戴好防护用品,安全带高挂低用。

(2) 高空作业中,作业人员佩带工具袋,防止物件坠落伤人。使用的工具材料等用绳索传递,不准高空抛物。作业范围内,禁止行人逗留。

(3) 高空作业过程中,作业人员应集中精力,监护人员必须认真负责,随时注意高空作业者的动态和登高用具的使用情况,禁止在作业时离开现场。

(4) 高空作业要做到"四个不准踏"和注意"五道口"。("四个不准踏":未经检查的搭建不准踏;玻璃栅天窗不准踏;凉棚石棉瓦屋不准踏;屋檐口不准踏。"五道口":电梯口、阳台口、井架口、扶梯口、流洞口)。

(5) 在梯子上工作时,梯与地面的夹角应为60°左右,操作人员必须登在距梯顶不小于1m的梯蹬上工作,人在梯子上不能移动梯子。

(6) 梯子要安置稳固,在水泥或光滑坚硬的地面上使用梯子,其下端应与固定物缚住。禁止把梯子设在木箱等不稳固的支持物上或容易滑动的物体上使用。

(7) 使用液压升降平台登高,作业人数必须在3人以上。

(8) 液压升降平台接通电源前先检查电源进线是否安全,检查平台是否完好,护栏等安全装置是否完好,所有结构件不得有严重脱焊、变形、腐蚀和断开、裂纹等。

(9) 接通液压升降平台电源,待指示灯亮后试车一次,并检查液压系统功能是否正常,检查开关及液压阀。

(10) 液压升降平台时必须撑开支腿,调整支腿螺栓,使升降台保持水平,然后锁定支腿定位栓。升降时要操作平稳,随时注意上面的情况,防止工具跌落伤人。工作完毕后,应降下平台,切断电源,收拢支腿。

(11) 平台在升降过程和处于作业高度位置时,不得移动升降台。

（12）升降平台蓄电池充电应按照使用电流的 1/10 进行充电，如需急用，可按标准充电电流的 2 倍进行充电。

（六）混凝土机械

1. 混凝土搅拌机

（1）搅拌机安装应平稳牢固，并应搭设定型化、装配式操作棚，且具有防风、防雨功能。操作棚应有足够的操作空间，顶部在任一 0.1m×0.1m 区域内应能承受 1.5kN 的力而无永久变形。

（2）作业区应设置排水沟渠、沉淀池及除尘设施。

（3）搅拌机操作台处应视线良好，操作人员应能观察到各部工作情况。操作台应铺垫橡胶绝缘垫。

（4）作业前应重点检查以下项目，并符合下列规定：

1）料斗上、下限位装置灵敏有效，保险销、保险链齐全完好。钢丝绳断丝、断股、磨损未超标准。

2）制动器、离合器灵敏可靠。

3）各传动机构、工作装置无异常。开式齿轮、皮带轮等传动装置的安全防护罩齐全可靠。齿轮箱、液压油箱内的油质和油量符合要求。

4）搅拌筒与托轮接触良好，不窜动、不跑偏。

5）搅拌筒内叶片紧固不松动，与衬板间隙应符合说明书规定。

（5）作业前应先进行空载运转，确认搅拌筒或叶片运转方向正确。反转出料的搅拌机应进行正、反转运转。空载运转无冲击和异常噪声。

（6）供水系统的仪表计量准确，水泵、管道等部件连接无误，正常供水无泄漏。

（7）搅拌机应达到正常转速后进行上料，不应带负荷启动。上料量及上料程序应符合说明书要求。

（8）料斗提升时，严禁作业人员在料斗下停留或通过；当需要在料斗下方进行清理或检修时，应将料斗提升至上止点并用保险销锁牢。

（9）搅拌机运转时，严禁进行维修、清理工作。当作业人员需进入搅拌筒内作业时，必须先切断电源，锁好开关箱，悬挂"禁止合闸"的警示牌，并派专人监护。

（10）作业完毕，应将料斗降到最低位置，并切断电源。冬季应将冷却水放净。

（11）搅拌机在场内移动或远距离运输时，应将料斗提升至上止点，并用保险销锁牢。

2. 混凝土喷射机组

（1）喷射机风源应是符合要求的稳压源，电源、水源、加料设备等均应配套。

（2）管道安装应正确，连接处应紧固密封。当管道通过道路时，应设置在地槽内并加盖保护。

（3）喷射机内部应保持干燥和清洁，应按出厂说明书规定的配合比配料，不得使用结块的水泥和未经筛选的砂石。

（4）作业前应重点检查以下项目，并应符合下列要求：

1）安全阀灵敏可靠；

2）电源线无破裂现象，接线牢靠；

3）各部密封件密封良好，对橡胶结合板和旋转板出现的明显沟槽及时修复；

4）压力表指针在上、下限之间，根据输送距离，调整上限压力的极限值；

5）喷枪水环（包括双水环）的孔眼畅通。

（5）启动前，应先接通风、水、电，开启进气阀逐步达到额定压力，再启动电动机空载运转，确认一切正常后，方可投料作业。

（6）机械操作和喷射操作人员应有联系信号，送风、加料、停料、停风以及发生堵塞时，应及时联系，密切配合。

（7）在喷嘴前方严禁站人，操作人员应始终站在已喷射过的混凝土支护面以内。

（8）作业中，当暂停时间超过1h时，应将仓内及输料管内的混合料全部喷出。

（9）发生堵管时，应先停止喂料，对堵塞部位进行敲击，迫使物料松散，然后用压缩空气吹通。此时，操作人员应紧握喷嘴，严禁甩动管道伤人。当管道中有压力时，不得拆卸管接头。

（10）转移作业面时，供风、供水系统随之移动，输送软管不得随地拖拉和弯折。

（11）停机时，应先停止加料，再关闭电动机，然后停止供水，最后停送压缩空气。

（12）作业后，应将仓内和输料软管内的混合料全部喷出，并应将喷嘴拆下清洗干净，清除机身内外粘附的混凝土料及杂物。同时应清理输料管，并应使密封件处于放松状态。

3. 混凝土输送泵

（1）混凝土泵应安放在平整、坚实的地面上，周围不得有障碍物，在放下支腿并调整后应使机身保持水平和稳定，轮胎应揳紧。

（2）混凝土输送管道的敷设应符合下列规定：

1）管道敷设前检查管壁的磨损减薄量应在说明书允许范围内，并不得有裂纹、砂眼等缺陷。新管或磨损量较小的管应敷设在泵出口附近。

2）管道应使用支架与建筑结构固定牢固。底部弯管应依据泵送高度、混凝土排量等设置独立的基础，并能承受最大荷载。

3）敷设垂直向上的管道时，垂直管不得直接与泵的输出口连接，应在泵与垂直管之间敷设长度不小于15m的水平管，并加装逆止阀。

4）敷设向下倾斜的管道时，应在泵与斜管之间敷设长度不小于5倍落差的水平管。当倾斜度大于7°时应加装排气阀。

（3）作业前应检查确认管道各连接处管卡扣牢不泄漏。防护装置齐全可靠，各部位操纵开关、手柄等位置正确，搅拌斗防护网完好牢固。

（4）砂石粒径、水泥标号及配合比应按出厂规定，满足泵机可泵性的要求。

（5）启动后，应空载运转，观察各仪表的指示值，检查泵和搅拌装置的运转情况，确认一切正常后，方可作业。泵送前应向料斗加入10L清水和0.3m³的水泥砂浆润滑泵及管道。

4. 混凝土输送泵车

（1）混凝土泵车应停放在平整坚实的地方，与沟槽和基坑的安全距离应符合说明书的要求。臂架回转范围内不得有障碍物，与输电线路的安全距离应符合《施工现场临时用电安全技术规范》JGJ 46—2005的有关规定。

（2）混凝土泵车作业前，应将支腿打开，用垫木垫平，车身的倾斜度不应大于 3°。

（3）作业前应重点检查以下项目，并符合下列规定：

1）安全装置齐全有效，仪表指示正常；

2）液压系统、工作机构运转正常；

3）料斗网格完好牢固；

4）软管安全链与臂架连接牢固。

（4）伸展布料杆应按出厂说明书的顺序进行。布料杆升离支架后方可回转。严禁用布料杆起吊或拖拉物件。

（5）当布料杆处于全伸展状态时，不得移动车身。作业中需要移动车身时，应将上段布料杆折叠固定，移动速度不得超过 10km/h。

（6）严禁延长布料配管和布料软管。

5. 混凝土振捣器

（1）插入式振捣器

1）作业前应检查电动机、软管、电缆线、控制开关等完好无破损。电缆线连接正确；

2）操作人员作业时必须穿戴符合要求的绝缘鞋和绝缘手套；

3）电缆线应采用耐气候型橡皮护套铜芯软电缆，并不得有接头；

4）电缆线长度不应大于 30m。不得缠绕、扭结和挤压，并不得承受任何外力；

5）振捣器软管的弯曲半径不得小于 500mm，操作时应将振动器垂直插入混凝土，深度不宜超过振动器长度的 3/4，应避免触及钢筋及预埋件；

6）振动器不得在初凝的混凝土、脚手板和干硬的地面上进行试振。在检修或作业间断时应切断电源；

7）作业完毕，应切断电源并将电动机、软管及振动棒清理干净。

（2）附着式、平板式振捣器

1）作业前应检查电动机、电源线、控制开关等完好无破损，附着式振捣器的安装位置正确，连接牢固并应安装减震装置；

2）平板式振捣器操作人员必须穿戴符合要求的绝缘胶鞋和绝缘手套；

3）平板式振捣器应采用耐气候型橡皮护套铜芯软电缆，并不得有接头和承受任何外力，其长度不应超过 30m；

4）附着式、平板式振捣器的轴承不应承受轴向力，使用时应保持电动机轴线在水平状态；

5）振捣器不得在初凝的混凝土和干硬的地面上进行试振。在检修或作业间断时应切断电源；

6）平板式振捣器作业时应使用牵引绳控制移动速度，不得牵拉电缆；

7）在同一个混凝土模板或料仓上同时使用多台附着式振捣器时，各振捣器的振频应一致，安装位置宜交错设置；

8）安装在混凝土模板上的附着式振捣器，每次振动作业时间应根据方案执行；

9）作业完毕，应切断电源并将振动器清理干净。

（3）混凝土振动台

1）作业前应检查电动机、传动及防护装置完好有效。轴承座、偏心块及机座螺栓紧固牢靠；

2）振动台应设有可靠的锁紧夹，振动时将混凝土槽锁紧，严禁混凝土模板在振动台上无约束振动；

3）振动台连接线应穿在硬塑料管内，并预埋牢固；

4）作业时应观察润滑油不泄漏、油温正常，传动装置无异常；

5）在振动过程中不得调节预置拨码开关，检修作业时应切断电源；

6）振动台面应经常保持清洁、平整，发现裂纹及时修补。

6. 混凝土布料机

（1）设置混凝土布料机前应确认现场有足够的作业空间，混凝土布料机任一部位与其他设备及构筑物的安全距离不应小于 0.6m。

（2）固定式混凝土布料机的工作面应平整坚实。当设置在楼板上时，其支撑强度必须符合说明书的要求。

（3）混凝土布料机作业前应重点检查以下项目，并符合下列规定：

1）各支腿打开垫实并锁紧；

2）塔架的垂直度符合说明书要求；

3）配重块应与臂架安装长度匹配；

4）臂架回转机构润滑充足，转动灵活；

5）机动混凝土布料机的动力装置、传动装置、安全及制动装置符合要求；

6）混凝土输送管道连接牢固。

（4）手动混凝土布料机，臂架回转速度应缓慢均匀，牵引绳长度应满足安全距离的要求。严禁作业人员在臂架下停留。

（5）输送管出料口与混凝土浇筑面保持 1m 左右的距离，不得被混凝土堆埋。

（6）严禁作业人员在臂架下方停留。

（7）当风速达到 10.8m/s 以上或大雨、大雾等恶劣天气应停止作业。

7. 混凝土真空吸水机

（1）电动机部分，按通用操作规程的有关规定执行。

（2）了解有关水泥混凝土路面的施工技术、质量要求，确定吸水量。

（3）检查软管吸垫及接头有无损伤，吸排水管是否畅通。

（4）真空表应完好并标定，真空室、集水室应灌满清洁水，并扣紧盖板。

（5）检查各电线及接头，电线应完好无损，接头应牢固。

（6）铺好尼龙滤布应保证离板边 100mm 左右；吸垫四周的橡皮布应与边板混凝土表面结合良好。

（7）吸水时应经常注意四周橡皮布的密封情况并及时检查处理漏气。

（8）当达到预定吸水量后，先掀起盖垫两短边，露出尼龙滤布 25mm 左右，继续吸水 10~20s，以除净残留水分。

（9）吸水作业时，严禁操作人员在吸垫上行走或压其他物件。

（10）做好真空吸水装置的保护工作，冬季使用后，要及时将水放净，以免冻裂。

（11）按规定进行维修保养。

（12）吸垫长期不用时，应晾干折卷收藏。

8. 水磨机

（1）启动前检查电动机、电器应正常，接地（接零）保护良好，机械防护装置安全有效，锯片选用符合要求、安装正确，然后进行空载运转，确认正常后，方可作业。

（2）操作人员要双手按紧工件，匀速送料，不得用力过猛。操作时不得戴手套。

（3）加工件送到与锯片相距 30cm 处或切割小块水磨石时应使用专用工具，送料不得直接用手推料。

（4）作业中，严禁工件冲击、跳动现象发生。发现异常声响，应立即停机检查。排除故障后，方可继续作业。

（5）锯台上碎屑应用专用工具随时清除，不得用手拣拾或抹拭。

（七）焊接机械操作规程

1. 交直流电焊机

（1）使用前，应检查并确认初、次级线接线正确，输入电压符合电焊机的铭牌规定。接通电源后，严禁接触初级线路的带电部分。直流焊机换向器与电刷接触应良好。

（2）交流电焊机二次侧应安装漏电保护器。

（3）次级线接头应加垫圈压紧，合闸前，应详细检查并确认接线螺帽、螺栓及其他部件完好齐全、无松动或损坏。

（4）当数台焊机在同一场地作业时，应逐台起动。

（5）多台电焊机集中使用时，应使三相负载平衡。多台焊机的接地装置不得串联。

（6）移动电焊机时，应切断电源，不得用拖拉电缆的方法移动焊机。当焊接中突然停电时，应立即切断电源。

（7）运行中，当需调节焊接电流和极性开关时，不得在有负载时进行。调节不得过快、过猛。

（8）硅整流直流电焊机主变压器的次级线圈和控制变压器的次级线圈严禁用摇表测试。

（9）启用长期停用的焊机时，应空载通电一定时间进行干燥处理。

（10）搬运由高导磁材料制成的磁放大铁芯时，应防止强烈震击引起磁能恶化。

2. 钢筋点焊机

（1）作业前，应清除上、下两电极的油污。

（2）启动前，应先接通控制线路的转向开关和焊接电流的小开关，调整好极数，再接通水源、气源，最后接通电源。

（3）焊机通电后，应检查电气设备、操作机构、冷却系统、气路系统及机体外壳有无漏电现象。电极触头应保持光洁。

（4）作业时，气路、水冷系统应畅通。气体应保持干燥。排水温度不得超过 40℃，排水量可根据气温调节。

（5）严禁在引燃电路中加大熔断器。当负载过小使引燃管内电弧不能发生时，不得闭合控制箱的引燃电路。

（6）当控制箱长期停用时，每月应通电加热 30min。更换闸流管时应预热 30min。正常工作的控制箱的预热时间不得小于 5min。

3. 钢筋对焊机

(1) 对焊机应安置在室内，并应有可靠的接地或接零。当多台对焊机并列安装时，相互间距不得小于 3m，应分别接在不同相位的电网上，并应分别有各自的刀型开关。异线的截面不应小于表 6-4 的规定。

异 线 截 面　　　　　表 6-4

对焊机的额定功率（kVA）	25	50	75	100	150	200	500
一次电压为 220V 时导线截面（mm²）	10	25	35	45	—	—	—
一次电压为 380V 时导线截面（mm²）	6	16	25	35	50	70	150

(2) 焊接前，应检查并确认对焊机的压力机构灵活，夹具牢固，气压、液压系统无泄漏，一切正常后，方可施焊。

(3) 焊接前，应根据所焊接钢筋截面，调整二次电压，不得焊接超过对焊机规定直径的钢筋。

(4) 断路器的接触点、电极应定期光磨，二次电路全部连接螺栓应定期紧固。冷却水温度不得超过 40℃；排水量应根据温度调节。

(5) 焊接较长钢筋时，应设置托架，配合搬运钢筋的操作人员，在焊接时应防止火花烫伤。

(6) 闪光区应设挡板，与焊接无关的人员不得入内。

(7) 冬期施焊时，室内温度不应低于 8℃。作业后，应放尽机内冷却水。

4. 竖向钢筋电渣压力焊

(1) 应根据施焊钢筋直径选择具有足够输出电流的电焊机。电源电缆和控制电缆连接应正确、牢固。控制箱的外壳应牢靠接地。

(2) 施焊前，应检查供电电压并确认正常，当一次电压降大于 8% 时，不宜焊接。焊接导线长度不得大于 30m，截面面积不得小于 50mm²。

(3) 施焊前应检查并确认电源及控制电路正常，定时准确，误差不大于 5%，机具的传动系统、夹装系统及焊钳的转动部分灵活自如，焊剂已干燥，所需附件齐全。

(4) 施焊前，应按所焊钢筋的直径，根据参数表，标定好所需的电源和时间。一般情况下，时间（s）可为钢筋的直径数（mm），电流（A）可为钢筋直径的 20 倍数（mm）。

(5) 起弧前，上、下钢筋应对齐，钢筋端头应接触良好。对锈蚀粘有水泥的钢筋，应用钢丝刷清除，并保证导电良好。

(6) 施焊过程中，应随时检查焊接质量。当发现倾斜、偏心、未熔合、有气孔等现象时，应重新施焊。

(7) 每个接头焊完后，应停留 5～6min 保温；寒冷季节应适当延长。当拆下机具时，应扶住钢筋，过热的接头不得过于受力。焊渣应待完全冷却后清除。

5. 埋弧焊机

(1) 应检查并确认送丝滚轮的沟槽及齿纹完好，滚轮、导电嘴（块）磨损或接触不良时应更换。

(2) 作业前，应检查减速箱油槽中的润滑油，不足时应添加。

(3) 软管式送丝机构的软管槽孔应保持清洁，并定期吹洗。

（4）作业时，应及时排走焊接中产生的有害气体，在通风不良的室内或容器内作业时，应安装通风设备。

6. 氩弧焊机

（1）应检查并确认电源、电压符合要求，接地装置安全可靠。

（2）应检查并确认气管、水管不受外压和无外漏。

（3）应根据材质的性能、尺寸、形状先确定极性，再确定电压、电流和氩气的流量。

（4）安装的氩气减压阀、管接头不得沾有油脂。安装后，应进行试验并确认无障碍和漏气。

（5）冷却水应保持清洁，水冷型焊机在焊接过程中，冷却水的流量应正常，不得断水施焊。

（6）高频引弧的焊机，其高频防护装置应良好，亦可通过降低频率进行防护；不得发生短路，振荡器电源线路中的联锁开关严禁分接。

（7）使用氩弧焊时，操作者应戴防毒面罩，钍钨棒的打磨应设有抽风装置，贮存时宜放在铅盒内。钨极粗细应根据焊接厚度确定，更换钨极时，必须切断电源。磨削钨极端头时，操作人员必须戴手套和口罩，磨削下来的粉尘，应及时清除，钍、铈、钨极不得随身携带。

（8）焊机作业附近不宜设置有震动的其他机械设备，不得放置易燃、易爆物品。工作场所应有良好的通风措施。

（9）氩气瓶和氩气瓶与焊接地点不应靠得太近，并应直立固定放置，不得倒放。

（10）作业后，应切断电源，关闭水源和气源。焊接人员必须及时脱去工作服、清洗手脸和外露的皮肤。

7. 气体保护焊机

（1）作业前，二氧化碳气体应先预热 15min。开气时，操作人员必须站在瓶嘴的侧面。

（2）作业前，应检查并确认焊丝的进给机构、电线的连接部分、二氧化碳气体的供应系统及冷却水循环系统合乎要求，焊枪冷却水系统不得漏水。

（3）二氧化碳气体瓶宜放在阴凉处，其最高温度不得超过 40℃，并应放置牢靠，不得靠近热源。

（4）二氧化碳气体预热器端的电压不得大于 36V，作业后应切断电源。

8. 气焊（割）设备

（1）气瓶每三年必须检验一次，使用期不超过 20 年。

（2）与乙炔相接触的部件铜或银含量不得超过 70%。

（3）严禁用明火检验是否漏气。

（4）乙炔钢瓶使用时必须设有防止回火的安全装置；同时使用两种气体作业时，不同气瓶都应安装单向阀，防止气体相互倒灌。

（5）乙炔瓶与氧气瓶距离不得少于 5m，气瓶与动火距离不得少于 10m。

（6）乙炔软管、氧气软管不得错装。乙炔气胶管、防止回火装置及气瓶冻结时，应用 40℃以下热水加热解冻，严禁用火烤。

（7）现场使用的不同气瓶应装有不同的减压器，严禁使用未安装减压器的氧气瓶。

（8）安装减压器时，应先检查氧气瓶阀门接头，不得有油脂，并略开氧气瓶阀门吹除污垢，然后安装减压器，操作者不得正对氧气瓶阀门出气口，关闭氧气瓶阀门时，应先松开减压器的活门螺栓。

（9）氧气瓶、氧气表及焊割工具上严禁沾染油脂。开启氧气瓶阀门时，应采用专用工具，动作应缓慢，不得面对减压器，压力表指针应灵敏正常。氧气瓶中的氧气不得全部用尽，应留 49kPa 以上的剩余压力。

（10）点火时，焊枪口严禁对人，正在燃烧的焊枪不得放在工件或地面上，焊枪带有乙炔和氧气时，严禁放在金属容器内，以防气体逸出，发生爆燃事故。

（11）点燃焊（割）炬时，应先开乙炔阀点火，再开氧气阀调整火。关闭时，应先关闭乙炔阀，再关闭氧气阀。氢氧并用时，应先开乙炔气，再开氢气，最后开氧气，再点燃。熄灭火时，应先关氧气，再关氢气，最后关乙炔气。

（12）操作时，氢气瓶、乙炔瓶应直立放置且必须安放稳固，防止倾倒，不得卧放使用，气瓶存放点温度不得超过 40℃。

（13）严禁在带压的容器或管道上焊割，带电设备上焊割应先切断电源。在贮存过易燃、易爆及有毒物品的容器或管道上焊割时，应先清除干净，并将所有的孔、口打开。

（14）在作业中，发现氧气瓶阀门失灵或损坏不能关闭时，应让瓶内的氧气自动放尽后，再进行拆卸修理。

（15）使用中，当氧气软管着火时，不得折弯软管断气，应迅速关闭氧气阀门，停止供氧。当乙炔软管着火时，应先关熄炬火，可采用弯折前面一段软管将火熄灭。

（16）工作完毕，应将氧气瓶、乙炔瓶气阀关好，拧上安全罩并检查操作场地，确认无着火危险，方准离开。

（17）氧气瓶应与其他易燃气瓶、油脂和其他易燃、易爆物品分别存放，且不得同车运输。氧气瓶应有防震圈和安全帽；不得用行车或吊车散装吊运氧气瓶。

（八）钢筋加工机械操作规程

1. 钢筋调直机

（1）料架、料槽应安装平直，并应对准导向筒、调直筒和下切刀孔的中心线。

（2）应用手转动飞轮，检查传动机构和工作装置，调整间隙，紧固螺栓，检查电气系统确认正常后，起动空运转，并应检查轴承无异响，齿轮啮合良好，运转正常后，方可作业。

（3）应按调直钢筋的直径，选用适当的调直块，曳引轮槽及传动速度。调直块的孔径应比钢筋直径大 2～5mm，曳引轮槽度，应和所需调直钢筋的直径相符合，传动速度应根据钢筋直径选用，直径大的宜选用慢速，经调试合格，方可送料。

（4）在调直块未固定、防护罩未盖好前不得送料。作业中严禁打开各部防护罩并调整间隙。

（5）送料前，应将不直的钢筋端头切除。导向筒前应安装一根 1m 长的钢管，钢筋应先穿过钢管再送入调直前端的导孔内。

（6）当钢筋送入后，手与曳轮应保持一定的距离，不得接近。

（7）经过调直后的钢筋如仍有慢弯，可逐渐加大调直块的偏移量，直到调直为止。

（8）切断 3～4 根钢筋后，应停机检查其长度，当超过允许偏差时，应调整限位开关或定尺板。

2. 钢筋切断机

（1）接送料的工作台面应和切刀下部保持水平，工作台的长度应根据加工材料长度确定。

（2）启动前，应检查并确认切刀无裂纹，刀架螺栓紧固，防护罩牢靠。然后用手转动皮带轮，检查齿轮啮合间隙，调整切刀间隙。

（3）启动后，应先空运转，检查各传动部分及轴承运转正常后，方可作业。

（4）机械未达到正常转速时，不得切料。切料时，应使用切刀的中、下部位，紧握钢筋对准刃口迅速投入，操作者应站在固定刀片一侧用力压住钢筋，应防止钢筋末端弹出伤人。严禁用两手分别在刀片两边握住钢筋俯身送料。

（5）不得剪切直径及强度超过机械铭牌规定的钢筋和烧红的钢筋。一次切断多根钢筋时，其总截面积应在规定范围内。

（6）剪切低合金钢时，应更换高硬度切刀，剪切直径应符合机械铭牌规定。

（7）切断短料时，手和切刀之间的距离应保持在 150mm 以上，如手握端小于 400mm 时，应采用套管或夹具将钢筋端头压住或夹牢。

（8）运转中，严禁用手直接清除切刀附近的断头和杂物。钢筋摆动周围和切刀周围，不得停留非操作人员。

（9）当发现机械运转不正常、有异常响声或切刀歪斜时，应立即停机检修。

（10）作业后，应切断电源，用钢刷清除切刀间的杂物，进行整机清洁润滑。

（11）液压传动式切断机作业前，应检查并确认液压油位及电动机旋转方向符合要求。启动后，应空载运转，松开放油阀，排净液压缸体内的空气，方可进行切筋。

（12）手动液压式切断机使用前，应将放油阀按顺时针方向旋紧，切割完毕后，应立即按逆时针方向旋松。作业中，手应持稳切断机，并戴好绝缘手套。

3. 钢筋弯曲机

（1）工作台和弯曲机台面应保持水平，作业前应准备好各种芯轴及工具。

（2）应按加工钢筋的直径和弯曲半径的要求，装好相应规格的芯轴和成形轴、挡铁轴。芯轴直径应为钢筋直径的 2.5 倍。挡铁轴应有轴套。

（3）挡铁轴的直径和强度不得小于被弯钢筋的直径和强度。不直的钢筋，不得在弯曲机上弯曲。

（4）应检查并确认芯轴、挡铁轴、转盘等无裂纹和损伤，防护罩坚固可靠，空载运转正常后，方可作业。

（5）作业时，应将钢筋需弯一端插入在转盘固定销的间隙内，另一端紧靠机身固定销，并用手压紧；应检查机身固定销并确认安放在挡住钢筋的一侧，方可开动。

（6）作业中，严禁更换轴芯、销子和变换角度以及调速，不得进行清扫和加油。

（7）对超过机械铭牌规定直径的钢筋严禁进行弯曲。在弯曲未经冷拉或带有锈皮的钢筋时，应戴防护镜。

（8）弯曲高强度或低合金钢筋时，应按机械铭牌规定换算最大允许直径并应调换相应的芯轴。

（9）在弯曲钢筋的作业半径内和机身不设固定销的一侧严禁站人。弯曲好的半成品，应堆放整齐，弯钩不得朝上。

（10）转盘换向时，应待停稳后进行。

（11）作业后，应及时清除转盘及孔内的铁锈、杂物等。

4. 数控钢筋弯箍机

（1）设备操作人员应熟悉设备结构、性能、原理，方能操作设备。

（2）设备操作前仔细检查设备状况，安全情况，确认设备无问题后可启动设备。

（3）设备开动前先检查相关电路有无异常，尤其 PE 线的连接情况，确认无异常后合上总电源开关。

（4）闭合操作台上的电源开关，检查有无报警显示，如果有报警指示，按报警画面的故障提示消除报警故障：

1）首先打开电控柜总电源；

2）打开系统开关；

3）手动/自动/编辑按钮的中间，这个位置为编辑状态开始进行图案的编辑；

4）当出现紧急情况或错误动作时必须及时按下急停按钮，此时急停显示等将打开；

5）根据显示屏的报警提示解决错误，按下复位键恢复准备工作状态；

6）当按过急停按钮时或者是从其他状态打到自动状态时需要回参（注意：当在自动工作时出现故障得到解决后，无法实现各结构回到工作初始位置时，要按下急停后复位回参）。

（5）调整：

1）矫直部分压下辊的调整；

2）钢筋出现上下弯曲的调整；

3）钢筋出现里外（侧向）弯曲的调整；

4）钢筋压下量的调整；

5）剪切机构的调整；

6）弯曲轴的调整。

（6）上述步骤正常后方能批量投入生产。

（7）搞好设备的润滑工作。

（8）工作完毕后，关掉电源开关，搞好设备清洁卫生。

5. 钢筋笼自动焊接机

（1）每天在设备生产之前，要对设备进行全面检查，主要有以下几个方面：

1）所有急停按钮是否处于按下状态，控制电源开关是否处于关闭状态；

2）各线路连接是否正常，移动盘固定盘上的编码器连接电缆是否正常；

3）有无漏油现象；

4）各螺栓、螺帽有无松动，尤其移动盘行走机构各处螺栓，长轴轴承座处；

5）电控柜内粉尘是否过多影响正常生产；

6）液压油站是否进水。

（2）设备运行过程中，要注意各个电机是否有过热现象；设备运行过程中，严禁对电器部分进行遮盖，保持散热畅顺；设备正常运行一到两个月后，要对断路器、电机接线端子，电箱内接线端子在电源切断的情况下进行逐一紧固。

（3）设备正常运行一到两个月后要对减速机、液压站的油量进行检查，如有不足或过脏，当添加或更换液压油。

（4）每星期对所有润滑油嘴打黄油一次，如油嘴处有变质的黄油，当清除掉再换新油。

（5）每周定期用毛刷或微风吹风机清除电控柜内灰尘。

（6）设备操作人员经过设备供应方相关技术人员设备操作培训后，对设备的各个性能了解后，方可进行设备操作。

（7）严禁用水或压缩空气对电器设备冲洗或吹灰。

（8）严禁用湿布或潮湿刷子对电器柜中的电器原料进行清洗或刷灰。

（9）严禁非操作人员操作设备。

6. 钢筋冷拉机

（1）应根据冷拉钢筋的直径，合理选用卷扬机。卷扬钢丝绳应经封闭式导向滑轮，并和被拉钢筋成直角。卷扬机的位置应使操作人员能见到全部冷拉场地，卷扬机与冷拉中线距离不得小于5m。

（2）冷拉场地应在两端地锚外侧设置警戒区，并应安装防护栏及警告标志。无关人员不得在此停留。操作人员在作业时必须离开钢筋2m以外。

（3）用配重控制的设备应与滑轮匹配，并应有指示起落的记号，没有指示记号时应有专人指挥。配重框提起时高度应限制在离地面300mm以内，配重架四周应有栏杆及警告标志。

（4）作业前，应检查冷拉夹具，夹齿应完好，滑轮、拖拉小车应润滑灵活，拉钩、地锚及防护装置均应齐全牢固。确认良好后，方可作业。

（5）卷扬机操作人员必须看到指挥人员发出信号，并待所有人员离开危险区后方可作业。冷拉应缓慢、均匀。当有停车信号或见到有人进入危险区时，应立即停拉，并稍稍放松卷扬钢丝绳。

（6）用延伸率控制的装置，应装设明显的限位标志，并应有专人负责指挥。

（7）夜间作业的照明设施，应装设在张拉危险区外。当需要装设在场地上空时，其高度应超过5m。灯泡应加防护罩。

（8）作业后，应放松卷扬钢丝绳，落下配重，切断电源，锁好开关箱。

7. 钢筋套筒冷挤压连接机

（1）有下列情况之一时，应对挤压机的挤压力进行标定：

1）新挤压设备使用前；

2）旧挤压设备大修后；

3）油压表受损或强烈振动后；

4）套筒压痕异常且查不出其他原因时；

5）挤压设备使用超过一年；

6）挤压的接头数超过5000个。

（2）设备使用前后的拆装过程中，超高压油管两端的接头及压接钳、换向阀的进出油接头，应保持清洁，并应及时用专用防尘帽封好。超高压油管的弯曲半径不得小于250mm，扣压接头处不得扭转，且不得有死弯。

（3）挤压机液压系统的使用，应符合本规程附录C的有关规定；高压胶管不得荷重拖拉、弯折和受到尖利物体刻划。

（4）压模、套筒与钢筋应相互配套使用，压模上应有相对应的连接钢筋规格标记。

（5）挤压前的准备工作应符合下列要求：

1）钢筋端头的锈、泥砂、油污等杂物应清理干净；

2）钢筋与套筒应先进行试套，当钢筋有马蹄、弯折或纵肋尺寸过大时，应预先进行矫正或用砂轮打磨；不同直径钢筋的套筒不得串用；

3）钢筋端部应划出定位标记与检查标记，定位标记与钢筋端头的距离应为套筒长度的一半，检查标记与定位标记的距离宜为20mm；

4）检查挤压设备情况，应进行试压，符合要求后方可作业。

（6）挤压操作应符合下列要求：

1）钢筋挤压连接宜先在地面上挤压一端套筒，在施工作业区插入待接钢筋后再挤压另一端套筒；

2）压接钳就位时，应对准套筒压痕位置的标记，并应与钢筋轴线保持垂直；

3）挤压顺序宜从套筒中部开始，并逐渐向端部挤压；

4）挤压作业人员不得随意改变挤压力、压接道数或挤压顺序。

（7）作业后，应收拾好成品、套筒和压模，清理场地，切断电源，锁好开关箱，最后将挤压机和挤压钳放到指定地点。

8. 钢筋直螺纹成型机

（1）使用机械前，应检查刀具安装正确，连接牢固，各运转部位润滑情况良好，有无漏电现象，空车试运转确认无误后，方可作业。

（2）钢筋应先调直再下料。切口端面应与钢筋轴线垂直，不得有马蹄形或挠曲，不得用气割下料。

（3）加工钢筋锥螺纹时，应采用水溶性切削润滑液；当气温低于0°C时，应掺入15%～20%亚硝酸钠。不得用机油作润滑液或不加润滑液套丝。

（4）加工时必须确保钢筋夹持牢固。

（5）机械在运转过程中，严禁清扫刀片上面的积屑杂污，发现工况不良应立即停机检查、修理。

（6）对超过机械铭牌规定直径的钢筋严禁进行加工。

（7）作业后，应切断电源，用钢刷清除切刀间的杂物，进行整机清洁润滑。

（九）木工机械操作规程

1. 木工平刨机

（1）刨料时，应保持身体平稳，双手操作。刨大面时，手应按在木料上面；刨小料时，手指不得低于料高一半。禁止手在料后推料。

（2）被刨木料的厚度小于30mm，长度小于400mm时，必须用压板或推棍推进。厚度在15mm，长度在250mm以下的木料，不得在平刨上加工。

（3）刨旧料前，必须将料上的钉子、泥砂清除干净。被刨木料如有破裂或硬节等缺陷时，必须处理后再施刨。遇木槎、节疤要缓慢送料。严禁将手按在节疤上强行送料。

（4）刀片和刀片螺丝的厚度、重量必须一致，刀架、夹板必须吻合贴紧，刀片焊缝超出刀头和有裂缝的刀具不准使用。刀片紧固螺钉应嵌入刀片槽内，并离刀背不得小于10mm。刀片紧固力应符合使用说明书的规定。

（5）机械运转时，不得将手伸进安全挡板里侧去移动挡板或拆除安全挡板进行刨削。严禁戴手套操作。

2. 木工压刨机

（1）作业时，严禁一次刨削两块不同材质、规格的木料，被刨木料的厚度不得超过使用说明书的规定。

（2）操作者应站在进料的一侧，接、送料时不得戴手套，送料时必须先进大头，接料人员待被刨料离开料辊后方能接料。

（3）刨刀与刨床台面的水平间隙应在10～30mm之间，严禁使用带开口槽的刨刀。

（4）每次进刀量应为2～5mm，如遇硬木或节疤，应减小进刀量，降低送料速度。

（5）刨料长度不得短于前后压滚的中心距离，厚度小于10mm的薄板，必须垫托板。

（6）压刨必须装有回弹灵敏的逆止爪装置，进料齿辊及托料光辊应调整水平和上下距离一致，齿辊应低于工件表面1～2mm，光辊应高出台面0.3～0.8mm，工作台面不得歪斜和高低不平。

（7）刨削过程中，遇木料走横或卡住时，应先停机，再放低台面，取出木料，排除故障。

3. 立式榫槽机

（1）作业前，要紧固好刨刀、锯片，并试运转3～25min。确认正常后，方可作业。

（2）作业时，应侧身操作，严禁面对刀具。

（3）被加工的木料，必须用压料杆压紧，待切削完毕后，方可松开，短料开棒，必须用垫板夹牢，不得用手直接握料。

（4）遇有节疤的木料不得上机加工。

4. 圆盘锯

（1）锯片上方必须安装保险挡板，在锯片后面，离齿10～15mm处，必须安装弧形楔刀。锯片的安装，应保持与轴同心，夹持锯片的法兰盘直径应为锯片直径的1/4。

（2）锯片必须锯齿尖锐，不得连续缺齿两个，锯片不得有裂纹。

（3）被锯木料厚度，以锯片能露出木料10～20mm为限，长度应不小于500mm。

（4）启动后，待转速正常后方可进行锯料。送料时不得将木料左右晃动或高抬，遇木节要缓缓送料。接近端头时，应用推棍送料。

（5）如锯线走偏，应逐渐纠正，不得猛扳，以免损坏锯片。

（6）操作人员应戴防护眼镜，不得站在面对锯片离心力方向操作。作业时手臂不得跨越锯片。

（十）砂浆机械操作规程

1. 砂浆混合机

（1）开机前应先检查生产环境，查看电线、电缆、开关有无破损或漏电现象，发现异常情况立即找电工进行维修，做到安全第一，预防为主，防止事故发生。

（2）目视无异常，手动试用锅盖及卸门启闭是否正常；

（3）打开混料机桶盖，检查混料桶体是否清洁及有无异物。关卸料门和混料盖，闭合电源开关，空载试用低速启动、高速运行及停止按钮是否有效，设备是否有异常声响。

（4）按混料说明的先后顺序启动，准备混料工作，由地面经电葫芦垂直提升至混合机投料口正上方，开启收尘设备，再开启混料机搅拌将物料缓缓投入其中。

（5）在混合机"运行"过程中，操作人员随时注意设备（电动机）运转情况，检查有无过热或杂声产生等，并及时处理异常（设备异常时，需关闭总电源）。

（6）经过45min混合后，打开投料盖，开启下料阀门及振动筛，出料至事先备好的氧化包装内，称重、封口等。

（7）批号、重量、混料指标合格后装袋，用标准托盘码放，每批次6t（4托盘×1.5t），并由专人记录混料相关数据（清晰、精确）。

（8）工作完毕后，关好出料闸门，关闭电源，保持机室整洁。

2. 砂浆搅拌机

（1）固定式搅拌机应有牢靠的基础，移动式搅拌机应采用方木或撑架固定，并保持水平。

（2）作业前应检查并确认传动机构、工作装置、防护装置等牢固可靠，操作灵活。三角胶带松紧度适当，搅拌叶片和筒壁间隙在3~5mm之间，搅拌轴两端密封良好。

（3）启动后，应先空运转，检查搅拌叶旋转方向正确，方可加料加水，进行搅拌作业。加入的砂子应过筛。

（4）运转中，严禁用手或木棒等伸进搅拌筒内，或在筒口清理灰浆。

（5）作业中，当发生故障不能继续搅拌时，应立即切断电源，将筒内灰浆倒出，排除故障后方可使用。

（6）作业后，应清除机械内砂浆和积料，用水清洗干净，做好保养工作，切断电源，锁好箱门。

3. 砂浆输送泵

（1）输送管道各接头应连接牢固，并设有牢固的支撑，尽量减少管道程序和弯管数量，管道不附加压力或悬挂重物。

（2）作业前应空运转，在确认旋转方向正确，电路开关、传动保护装置及料斗滤网安全可靠后，方可进行作业。

（3）旋转正常后，方可向泵内注入砂浆；砂浆泵须连接运转，短时间不用砂浆时，应打开回浆阀使砂浆在泵内循环运行。

（4）如停机时间较长时，应每隔3~5min泵送一次，使灰浆在管道和泵体内流动，以防凝结、阻塞。

（5）工作中应随时注意压力表指针是否正常，检查球阀、阀座扣、挤压管有无异常，如发生漏浆应停机修复后方可继续作业。

（6）因故障停机时，应打开泄浆阀使压力下降，然后再排除故障。

（7）砂浆压力降到零时，不得拆卸空气室、压力安全阀和管道。

4. 砂浆喷射机组

（1）泵体内不得无液体空转。在检查电动机旋转方向时，应先打开料桶开关，让石灰浆流入泵体内部后，再开动电动机带泵旋转。

（2）作业后，应往料斗注入清水，开泵清洗直到水清为止，再倒出泵内积水，清洗疏通喷头座及滤网，并将喷枪擦洗干净。

（3）长期存放前，应清除前、后轴承座内的石灰浆积料，堵塞进浆口，从出浆口注入机油约 50mL，再堵塞出浆口，开机运转约 30s，使泵体内润滑防锈。

5. 砂浆抹光机

（1）作业前检查传动部位，工作装置，防护装置是否正确，然后方可进行加料，加水搅拌作业。

（2）启动后，先空载运行，检查叶片旋转方向是否正确，然后方可进行加料，加水搅拌作业。

（3）机械运转中不得用手或木棒等伸进搅拌桶内或在洞口清理灰浆。

（4）作业中如发生故障不能运转时，应切断电源，将筒内灰浆倒出，然后再进行检查排除故障。

（5）砂浆机的传动带必须有防护罩，电动机接线盒不得残缺。

（6）操作人员不得站立在卧式砂浆机拌筒栅罩上倒料。

（7）作业后应及时清洗，关断电源，箱门上锁。

（十一）非开挖机械操作规程

1. 顶管机

（1）顶管设备的选择应根据管道所处土层性质、管径、地下水位、附近地上与地下建筑物、构筑物和各种设施等因素，经技术经济比较后确定。

（2）导轨应选用钢质材料制作，安装后的导轨应牢固，不得在使用中产生位移，并应经常检查校核。

（3）千斤顶的安装应固定在支架上，并与管道中心的垂线对称，其合力的作用点应在管道中心的垂直线上；当千斤顶多于一台时，宜取偶数，且其规格宜相同；当规格不同时，其行程应同步，并应将同规格的千斤顶对称布置。

（4）千斤顶的油路应并联，每台千斤顶应有进油、退油的控制系统。

（5）油泵安装应与千斤顶相匹配，并应有备用油泵；油泵安装完毕，应进行试运转，合格后方可使用。

（6）顶进前全部设备应经过检查并经过试运转合格。

（7）顶进时，工作人员不得在顶铁上方及侧面停留，并应随时观察顶铁有无异常迹象。

（8）顶进开始时，应缓慢进行，待各接触部位密合后，再按正常顶进速度顶进。

（9）顶进中若发现油压突然增高，应立即停止顶进，检查原因并经处理后方可继续顶进。

（10）千斤顶活塞退回时，油压不得过大，速度不得过快。

（11）顶铁安装后轴线应与管道轴线平行、对称，顶铁与导轨和顶铁之间的接触面不得有泥土、油污。

（12）顶铁与管口之间应采用缓冲材料衬垫。

（13）管道顶进应连续作业。管道顶进过程中，遇下列情况时，应暂停顶进，并应及时处理：

1) 工具管前方遇到障碍；

2) 后背墙变形严重；

3) 顶铁发生扭曲现象；

4) 管位偏差过大且校正无效；

5) 顶力超过管端的允许顶力；

6) 油泵、油路发生异常现象；

7) 接缝中漏泥浆。

(14) 中继间应注意：

1) 中继间安装时应将凹头安装在工具管方向，凸头安装在工作井一端，避免在顶进过程中导致泥砂进入中继间，损坏密封橡胶，止水失效，引起中继间变形损坏；

2) 中继间有专职人员进行操作，同时随时观察有可能发生的问题；

3) 中继间使用时，油压、顶力不宜超过设计油压顶力，避免引起中继间变形；

4) 中继间安装行程限位装置，单次推进距离必须控制在设计允许距离内，否则会导致中继间密封橡胶拉出中继间，止水系统损坏，止水失效；

5) 穿越中继间的高压进水管、排泥管等软管应与中继间保持一定距离，避免中继间往返时损坏管线。

2. 盾构机

(1) 盾构组装之前应对推进千斤顶、拼装机、调节千斤顶试验验收。

(2) 盾构组装之前应将防止盾构后退的推进系统平衡阀、调节拼装机的回转平衡阀的二次溢流压力调到设计压力值。

(3) 盾构组装之前应对液压系统各非标制品的阀组按设计要求进行密闭性试验。

(4) 盾构组装完成后，必须先对各部件、各系统进行空载、负载调试及验收，最后进行整机空载和负载调试及验收。

(5) 盾构始发、接收时必须做好盾构的基座稳定牢固措施。

(6) 双圆盾构掘进时，双圆盾构两刀盘必须相向旋转，并保持转速一致，避免接触和碰撞。

(7) 实施盾构纠偏不得损坏已安装的管片，并保证新一环管片的顺利拼装。

(8) 盾构切口离到达与接收井距离小于 10m 时，必须控制盾构推进速度、开挖面压力、排土量，以减小洞口地表变形。

(9) 盾构推进到冻结区域停止推进时，应每隔 10min 转动刀盘一次，每次转动时间不少于 5min，防止刀盘被冻住。

(10) 当盾构全部进入接收井内基座上后，应及时做好管片与洞圈间的密封。

(11) 盾构调头时必须有专人指挥，专人观察设备转向状态，避免方向偏离或设备碰撞。

(12) 管片拼装操作应注意下列事项：

1) 管片拼装必须落实专人负责指挥，拼装机操作人员必须按照指挥人员的指令操作，严禁擅自转动拼装机；

2) 举重臂旋转时，必须鸣号警示，严禁施工人员进入举重臂活动半径内，拼装工在全部定位后，方可作业，在施工人员未能撤离施工区域时，严禁启动拼装机；

3）拼装管片时，拼装工必须站在安全可靠的位置，严禁将手脚放在环缝和千斤顶的顶部，以防受到意外伤害；

4）举重臂必须在管片固定就位后，方可复位，封顶拼装就位未完毕时，人员严禁进入封顶块的下方；

5）举重臂拼装头必须拧紧到位，不得松动，发现磨损情况，应及时更换，不得冒险吊运；

6）管片在旋转上升之前，必须用举重臂小脚将管片固定，以防止管片在旋转过程中晃动；

7）拼装头与管片预埋孔不能紧固连接时，必须制作专用的拼装架，拼装架设计必须经技术部门认可，经过试验合格后方可使用；

8）拼装管片必须使用专用的拼装销子，拼装销必须有限位；

9）装机回转时严禁接近；

10）管片吊起或升降架旋回到上方时，放置时间不应超过 3min。

（13）盾构进场安装需按规定的吊装步骤进行吊装。

（14）盾构机拆除退场需注意下列事项：

1）机械结构部分应先按液压、泥水、注浆、电气系统顺序拆卸，最后拆卸机械结构件；

2）吊装作业时，须仔细检查并确认盾构机各连接部位与盾构机已彻底拆开分离，千斤顶全部缩回到位，所有注浆、泥水系统的手动阀门关闭；

3）大刀盘按要求位置停放，在井下分解后吊装上地面；

4）拼装机按要求位置停止，举重钳缩到底；提升横梁应烧焊固定马脚，同时在拼装机横梁底部加焊接支撑，防止下坠。

（15）盾构机转场过程中必须按要求做好盾构机各部件的维修与保养、更换与改造。

（16）盾构机转场运输应注意下列事项：

1）根据设备的最大尺寸为依据对运输线路进行实地勘察；

2）设备应与运输车辆有可靠固定措施；

3）设备超宽、超高时应按交通法规办理各类通行证。

3. 凿岩台

（1）作业前，应检查台车各部件工作是否正常，电缆是否有破损现象，管路、接头等是否有漏油、漏水和漏气现象。

（2）作业前必须检查工作面是否处于安全状态，如有安全隐患必须予以清除，严禁用台车找顶或清除危石。

（3）张开支腿后，方可进行凿岩和升降平台上的作业，在凿岩和升降平台作业时，严禁移动机体。

（4）操作升降平台时，须用手势或信号提醒下方作业人员。

（5）钻臂需移动时，必须先使顶点离开工作面，同时人员必须在移臂的安全距离以外，两臂不得互相碰撞。

（6）发动机运转时，不可碰撞消声器和排气管部分，不得在通风不良处长时间运转。

（7）运转中，因导管、软管、液压部件等损伤引起漏油时，必须立即停止电动机。

（8）台车在运转时发现异常，必须立即停机。

（9）在确认四周无人及障碍物后台车方可行走，行走时要缓慢平稳，严禁紧急操作。

（10）不得在斜坡上停车，若必须停车时，应张开支腿并垫塞三角垫木，防止台车下滑。

第七章　建筑施工机械安全检查要点

机械设备检查的目的是全面、准确地掌握机械设备的使用状态，提高操作人员的安全意识，及时消除各项安全隐患，预防和减少机械事故的发生，为现场提供良好的安全施工环境。

本章节主要讲述施工现场机械设备安全检查的主要内容，部分小节内含检查表，注释为"参考表格"的为编者根据相关规范编制的表格，仅供读者参考使用。

检查人员应定期对机械设备进行检查，发现隐患及时整改，严禁存在故障的机械设备投入使用，机械设备的检查、维修、保养、故障记录，应及时、准确、完整、字迹清晰，责任人签字齐全。

一、动力电气装置安全检查要点

（一）一般规定

（1）内燃机机房应有良好的通风、防雨措施，周围应有1m宽以上的通道，排气管必须引出室外并不得与可燃物接触，机房内不得存放其他易燃、易爆物，并应设置灭火器和消防沙箱等消防器材。室外使用动力机械应搭设防护棚。

（2）冷却系统的水质应保持洁净，硬水应经软化处理后使用，并按要求定期检查更换。

（3）电气设备的金属外壳应采用保护接地或保护接零。

（4）在同一供电系统中，严禁将一部分电气设备做保护接地而将另一部分电气设备做保护接零。严禁将暖气管、煤气管，自来水管作为工作零线使用。

（5）在保护接零的零线上不得装设开关或熔断器，保护零线必须采用绿/黄双色线。

（6）严禁利用大地做工作零线，不得借用机械本身金属结构做工作零线。

（7）电气设备的每个保护接地或保护接零点必须用单独的接地零线与接地干线或保护零线相连接。严禁在一个接地零线中串接几个接地零点。大型设备必须设置独立的保护接零，高度超过30m的垂直运输设备要设置防雷接地保护。

（8）电气设备的额定工作电压必须与电源电压等级相符。

（9）电气装置遇跳闸时不得强行合闸。应查明原因排除故障后方可再行合闸。

（10）各种配电箱、开关箱应配备安全锁，电箱门上应有编号和责任人标牌，电箱门内侧有线路图，箱内不得存放任何其他物件并应保持清洁。非本岗位作业人员不得擅自开箱合闸。每班工作完毕后，应切断电源锁好箱门。

（11）清洁保养维修动力与电气装置前必须先切断动力，等停稳后方可进行。

（12）发生人身触电时，应立即切断电源然后方可对触电者作紧急救护。严禁在未切断电源之前与触电者直接接触。

（13）电气设备或线路发生火警时，应首先切断电源，在未切断电源之前，不得使身体接触导线或电气设备，不得用水或泡沫灭火器进行灭火。

（二）柴油发电机组

1. 柴油发电机组检查表（表 7-1）

柴油发电机组检查表　　　　　　　　　　　　　　　　表 7-1

检查项目	序号	检查内容及要求	检查情况	结果
安装	1	固定式柴油发电机组安装应符合要求		
	※2	发电机组电源必须与外电线路电源连锁，严禁与外电线路并行运行；当 2 台及 2 台以上发电机组并列运行时，必须装设同步装置，并应在机组同步后再向负载供电		
机组	1	机组外表应整洁，不应有明显锈蚀		
	2	机组运行不应有异响、剧烈震动、超温		
	3	机组辅助设施配备应合理，运行应达到规定要求		
	4	各种仪表应齐全，灵敏可靠，数据指示准确		
柴油机	1	柴油机应符合规范要求		
润滑系统	1	机组润滑装置应齐全，运转时不得漏油		
	2	柴油机滤清装置应齐全，清洁完好，油路畅通；各润滑部位润滑良好；机组润滑系统油压正常		
电气系统	1	电气系统应符合规范要求		
冷却系统	1	冷却系统符合规范要求		
安全保护	※1	柴油发电机组紧急保险装置应配置齐全，工作可靠		
	※2	各种防护装置应齐全、有效		
整机检查结论			责任人签字	检查方：　　年　月　日
				受检方：　　年　月　日
备注				

注：参考用表

2. 检查要点

（1）柴油发电机的额定电压必须与外电线路电源电压等级相符。

（2）柴油发电机组应高出室内地面 0.25~0.30m。移动式柴油发电机组应处于水平状态，放置稳固，其拖车应可靠接地，前后轮应固定。室外使用的柴油发电机组应搭设防护棚。

（3）柴油发电机组及其控制、配电、修理室等的设置应满足电气安全距离和防火要求；排烟管道应伸出室外，且严禁在室内存放油桶。

（4）柴油发电机组的安装环境应选择靠近负荷中心、进出线方便、周边道路畅通且避开污染源的下风侧和易积水的地方。

（5）柴油发电机组整机应符合下列规定：

1）柴油机及发电机的主要参数应达到使用说明书规定指标，输出功率不得低于额定功率的85%；

2）机组外表应整洁，不应有明显锈蚀；

3）机组运行不应有异响、剧烈振动、超温；

4）机组辅助设施配备应合理，运行应达到要求；

5）各种仪表应齐全和灵敏可靠，数据指示应准确。

（6）柴油机应符合下列规定：

1）柴油机启动、加速性能应良好，怠速应平稳；

2）运转不应有异响，水温、仪表指示数据应准确，并应符合使用说明书的规定；柴油机曲轴箱内机油量宜在机油尺上下刻度中间稍上的位置；

3）空气、机油、柴油滤清器应保持清洁，更换滤芯的时间应按使用说明书要求执行；

4）水箱应定期清洗，水箱内外应清洁；

5）当水温超过规定值时，节温装置应能自动打开；

6）风扇皮带松紧应适度；

7）电气线路和油管管路应排列整齐、卡固牢靠；

8）柴油机地脚螺栓不应松动或缺损；

9）柴油机负荷调节器配备应合理。

（7）电气系统应符合下列规定：

1）柴油发电机组应采用电源中性点直接接地的三相四线制供电系统和独立设置的与原供电系统一致的接零保护系统，接地体（线）连接应正确、牢固，接地装置敷设应符合现行行业标准《施工现场临时用电安全技术规范》JGJ 46—2005 的规定；

2）柴油发电机组配电线路连接后，两端的相序应与原供电系统的相序一致；

3）柴油发电机组低压配电装置配电线路的相间、相地间的绝缘应良好，且绝缘电阻值应大于 0.5MΩ；

4）励磁调压、灭弧装置和继电保护装置应齐全、可靠；

5）供电系统应设置电源隔离开关及短路、过载和漏电保护电器，电源隔离开关分断时应有明显可见的分断点。

（8）冷却系统应符合下列规定：

1）冷却装置齐全可靠，运转时不得泄露；

2）冷却系统的水质应经软化处理，并应保持洁净；

3）排水温度应达到使用说明书的要求。

（9）柴油发电机组紧急保险装置应配置齐全，工作可靠，各种防护装置应齐全有效。

（三）空气压缩机及附属设备

1. 空气压缩机及附属设备检查表（表 7-2）

空气压缩机及附属设备检查表

表 7-2

检查项目	序号	检查内容及要求	检查情况	结果
安装	1	施工现场的电动空气压缩机电动机的额定电压应与电源电压等级相符		
整机	1	整机应符合规范要求		
动力源	1	空气压缩机的内燃机应符合要求		
	2	空气压缩机的电动机应匹配合理，运转不应有异响；温升应符合说明书规定		
润滑系统	1	内燃机滤清装置应齐全、清洁完好、油路畅通；各润滑部位润滑良好		
	2	内燃机的滤油器效果好，机油泵供油应正常		
安全装置	※1	安全装置应灵敏可靠		
整机检查结论			责任人签字	检查方：　　　年　月　日
				受检方：　　　年　月　日
备注				

注：参考用表

2. 检查要点

（1）固定式空气压缩机应安装在室内符合规定的基础上，并应高出室内地面 0.25～0.30m。移动式空气压缩机应处于水平状态，放置应稳固，其拖车应可靠接零，工作前应将前后轮固定，不应有窜动。

（2）空气压缩机整机应符合下列规定：

1）排气量、工作压力参数均应达到额定指标；

2）整机不得有油污和明显锈蚀，管路敷设应合理、固定可靠；

3）零部件及附属机具应齐全；

4）进排气阀不应漏气，不得有严重积碳和积灰；

5）电器和电控装置应齐全、可靠，电气系统绝缘应良好，接零装置敷设、接地体（线）连接正确、牢固，接地电阻应符合现行行业标准《施工现场临时用电安全技术规范》JGJ 46—2005 的有关规定；

6）储气罐焊缝不得有开焊和裂纹，罐体不得有变形，并应有出厂合格证，罐体内不得有油污和冷凝水，承受压力的储气罐罐体应在检定期内使用。

（3）空气压缩机的内燃机应符合以下要求：

1）柴油机及发电机的主要参数应达到说明书规定指标，输出功率不得低于额定功率的 85%；

2）柴油机启动、加速性能应良好、怠速平稳；

3）运转不应有异响，水温、仪表指示数据应准确；

4）柴油机曲轴箱内机油量宜在机油尺上、下刻度中间稍上位置；

5）空气、机油、柴油滤清器应保持整洁；

6）水箱应定期清洗，保持水箱内、外清洁，风扇皮带松紧应适度；

7）电气线路、油管管路应排列整齐、卡固牢靠；

8）柴油机地脚螺栓不应松动、缺损；

9）柴油机负荷调节器配备应合理。

（4）空气压缩机的安全装置应符合下列规定：

1）各安全阀动作应灵敏可靠；

2）自动调节器调节功能应良好；

3）压力表应灵敏可靠，计测应正确，且应在检定期内。

二、土方及筑路机械安全检查要点

（一）一般规定

（1）作业前必须查明施工场地内明、暗铺设的各类管线等设施，并应采用明显记号标识。严禁在离地下管线、承压管道 1m 距离以内进行大型机械作业。

（2）机械回转作业时，配合人员必须在机械回转半径以外工作。当需要在回转半径以内工作时，必须将机械停止回转并制动。

（3）土方机械整机应符合下列规定：

1）各总成件、零部件、附件及附属装置应齐全完整，安装应牢固；

2）金属构件不得有弯曲、变形、开焊、裂纹，销轴安装应可靠，各螺栓连接应紧固；

3）各种仪表指示数据应准确。

（4）筑路机械配置的柴油机应符合规范中的相关规定。

（5）传动系统应符合下列规定：

1）各连接部分应密封良好，不应漏油；

2）变速器不应有渗漏，润滑油油面应达到油位检查孔标线；

3）各部传动齿轮啮合应良好、运行平稳，不应有异响。

（6）行走机构应符合下列规定：

1）行走架不应有变形、开裂；

2）驱动轮、引导轮、支重轮、托链轮应齐全完好，不应有漏油、啃轨、偏磨；

3）履带松紧度应符合说明书规定，履带张紧装置应有效；

4）履带板螺栓应齐全，不应有松动，链轨磨损不应超限，销套不得有断裂。

（7）制动及安全装置应符合下列规定：

1）制动总泵、分泵及连接管路不应有漏气、漏油；

2）制动蹄片与制动间隙应调整适宜，制动毂不应过热，制动应可靠有效。

（8）在施工中遇到下列情况之一时应立即停止施工：

1）填挖区土体不稳定，土体有可能坍塌；

2）地面涌水冒浆，机械陷车，或因雨水机械在坡道打滑；

3）遇大雨、雷电、浓雾等恶劣天气；

4）施工标志及防护设施被损坏。

（9）工作面安全净空不足。

（二）推土机

1. 推土机检查表（表 7-3）

推土机检查表　　　　　　　　　　　表 7-3

检查项目	序号	检查内容及要求	检查情况	结果
整机	1	各总成件、零部件、附件及附属装置齐全完整，安装牢固		
	2	外观清洁、不得有油污、漏水、漏油、漏气、漏电		
	3	驾驶室门窗开关自如，雨刮器、门锁完好，玻璃不应有破损，视野清楚		
	※4	各操作杆、制动踏板的行程符合说明书规定，动作灵活、准确		
	※5	金属构件不得有弯曲、变形、开焊、裂纹；轴销安装可靠，各螺栓连接紧固		
	6	黄油嘴齐全，润滑油路畅通，润滑部位润滑良好		
	7	各仪表指示数据应准确		
动力系统	※1	柴油机启动、加速性能良好，平稳怠速		
	2	运转不应有异响，油压宜为 0.15～0.3MPa，水温、仪表指示数据应准确，符合说明书规定		
	3	柴油机曲轴箱内机油量宜在机油尺上、下刻度中间稍上位置		
	4	空气、柴油、机油滤清器清洁，水箱内外清洁，并定期清洗		
	5	风扇皮带松紧应适度		
	6	电气线路、油管管路排列整齐、卡固牢靠		
传动系统	1	液力变矩器工作时不应过热，传递动力平稳有效；滤清器清洁；各连接部位应密封良好，不应有漏油		
	2	变速器挡位应准确、定位可靠，工作时不应有异响		
	3	变速器不应渗漏；润滑油油面应达到油位检查孔标线		
	※4	转向盘的自由行程符合说明书规定，转向及回位灵活、准确		
	5	各部位齿轮啮合良好、运转平稳，不应有异响		
	6	万向节不应松旷，固定螺栓应紧固		
	7	上下车扶手及踏板完好，不应有开焊、腐蚀		

续表

检查项目	序号	检查内容及要求	检查情况	结果
液压系统	※1	防止过载和冲击的安全保护装置工作正常，溢流阀调整压力符合规定要求		
	2	液压油泵不应过热和泄露		
	3	液压缸内壁、活塞杆表面应光洁，不得有损伤；运行平稳、密封良好		
	※4	溢流阀、安全阀、单向阀、换向阀、油压控制元件应齐全完好；油管及接头不得有渗漏		
	5	散热器应清洁，工作时油温不应大于80℃；滤清器应清洁完好，液压油量应在油箱上下刻线标记之间		
电气系统	1	电气线路排列整齐、卡固牢靠，不得有破损、老化、短路、断路		
	2	启动电机性能良好，发电机工作正常		
	3	各种电控元件、指示灯、警示灯及报警装置工作有效		
	4	各类照明灯、仪表灯、喇叭等齐全完好		
行走系统	1	行走架不应开裂、变形		
	※2	驱动轮、引导轮、支重轮、拖链轮齐全完好，不应有漏油、啃轨、偏磨		
	3	履带松紧度应符合说明书规定，张紧装置应有效		
	4	履带板螺栓齐全，不应有松动；链轨磨损不应超限，销套不得断裂		
	※5	履带行驶跑偏量不应大于测量距离的5%		
制动及安全装置	※1	脚制动刹车工作可靠，两踏板行程应相同		
	※2	制动总泵、分泵及连接管路不应漏油		
	3	制动块、制动盘应清洁，不应有油污，制动可靠有效		
	※4	制动闭锁装置、变速操纵闭锁装置、铲刀操纵闭锁装置工作应可靠		
工作装置	※1	铲刀操纵控制阀应准确有效地控制铲刀处于保持、提升、下降、浮动等状态		
	2	铲刀架、撑杆应完好，不应有变形、开裂		
	3	刀角、刀片磨损不应超限；螺栓应紧固		

整机检查结论		责任人签字	检查方：　　年　月　日
			受检方：　　年　月　日

备注	

注：参考用表

2. 检查要点

（1）不得用推土机推石灰、烟灰等粉尘物料，不得进行碾碎石块的作业。

（2）牵引其他机构设备时，应有专人负责指挥。钢丝绳的连接应牢固可靠。在坡道或长距离牵引时，应采用牵引杆连接。

（3）铲刀操纵控制阀应准确有效地控制铲刀处于保持、提升、下降、浮动等状态。

（4）铲刀架、撑杆应完好，不应有变形、开裂。

（三）履带式单斗液压挖掘机

1. 履带式单斗液压挖掘机检查表（表 7-4）

履带式单斗液压挖掘机检查表　　　　　表 7-4

检查项目	序号	检查内容及要求	检查情况	结果
整机	1	各总成件、零部件、附件及附属装置齐全完整，安装牢固		
	2	外观清洁、不得有油污、漏水、漏油、漏气、漏电		
	3	驾驶室门窗开关自如，雨刮器、门锁完好，玻璃不应有破损，视野清楚		
	※4	各操作杆、制动踏板的行程符合说明书规定，动作灵活、准确		
	※5	金属构件不得有弯曲、变形、开焊、裂纹；轴销安装可靠，各螺栓连接紧固		
	6	黄油嘴齐全，润滑油路畅通，润滑部位润滑良好		
	7	各仪表指示数据应准确		
动力系统	※1	柴油机启动、加速性能良好，平稳怠速		
	2	运转不应有异响，水温、仪表指示数据应准确		
	3	柴油机曲轴箱内机油量宜在机油尺上、下刻度中间稍上位置		
	4	空气、柴油、机油滤清器清洁		
	5	水箱内外清洁，并定期清洗		
	6	当水温超过规定值时，节温装置应能自动打开		
	7	风扇皮带松紧应适度		
传动系统	※1	液力变矩器工作时不应过热，传递动力平稳有效；滤清器清洁；各连接部位应密封良好，不应有漏油		
	※2	变速器挡位应准确、定位可靠，工作时不应有异响		
	3	变速器不应渗漏；润滑油油面应达到油位检查孔标线		
	4	各部位齿轮啮合良好、运转平稳，不应有异响		

续表

检查项目	序号	检查内容及要求	检查情况	结果
液压系统	※1	防止过载和冲击的安全保护装置工作正常，溢流阀调整压力符合规定要求		
	2	液压油泵不应过热和泄露		
	※3	液压缸内壁、活塞杆表面应光洁，不得有损伤		
	※4	溢流阀、安全阀、单向阀、换向阀、油压控制元件应齐全完好；油管及接头不得有渗漏		
	5	散热器应清洁，工作时油温不应大于80℃；滤清器应清洁完好，液压油量应在油箱上下刻线标记之间		
	6	行走驱动马达、回转马达工作时不应有异响、过热、泄露		
	※7	工作装置动作速度正常，工作装置液压缸活塞杆的下沉量应不大于100mm/h		
	※8	操纵控制阀能有效控制回转平台左右旋转，斗杆伸出及回缩、动臂上升及下降等各种动作		
	9	先导控制开关杆工作可靠有效		
电气系统	1	电气线路排列整齐、卡固牢靠，不得有破损、老化、短路、断路		
	2	启动电机性能良好，发电机工作正常		
	3	各种电控元件、指示灯、警示灯及报警装置工作有效		
	4	各类照明灯、仪表灯、喇叭等齐全完好		
行走及回转机构	1	行走机构		
制动及安全装置	※1	制动及安全装置应灵敏可靠		
工作装置	※1	工作装置应符合规范要求		

整机检查结论		责任人签字	检查方：　年　月　日
			受检方：　年　月　日
备注			

注：参考用表

2. 检查要点

（1）在拉铲或反铲作业时，履带式挖掘机的履带与工作面边缘距离应大于1m。

（2）回转机构应符合下列规定：

1）回转驱动装置工作应平稳，不应过热；

2）回转平台旋转应平稳，不应有阻滞、冲击，回转齿轮啮合、润滑应良好；

3）回转减速装置齿轮油油面应达到油位标记高度。

（3）行走驱动马达、回转驱动马达工作时不应有异响、过热、泄露。

（4）工作装置动作速度应正常，工作装置液压缸活塞杆的下沉量不应大于100mm/h。

（5）工作装置应符合下列规定：

1）动臂、斗杆和铲斗不应有变形、裂纹、开焊；

2）斗齿应齐全、完整，不应松动；

3）动臂、斗杆和铲斗的连接轴销等应润滑良好，轴销固定应牢靠。

（6）制动及安全装置应符合下列规定：

1）当行走踏板处于自有状态、行走操纵杆处于中立位置时，行走制动器应自动处于制动状态；

2）当放开多路换向阀操作杆后，操作杆应自动更换位置，挖掘机的工作功能应能停止；

3）先导控制开关杆工作应可靠有效。

（四）光轮压路机

1. 光轮压路机检查表（表7-5）

光轮压路机检查表　　　　　　　　　　　表 7-5

检查项目	序号	检查内容及要求	检查情况	结果
整机	1	各总成件、零部件、附件及附属装置齐全完整，安装牢固		
	2	外观清洁、不得有油污、漏水、漏油、漏气、漏电		
	3	驾驶室门窗开关自如，雨刮器、门锁完好，玻璃不应有破损，视野清楚		
	※4	各操作杆、制动踏板的行程符合说明书规定，动作灵活、准确		
	※5	金属构件不得有弯曲、变形、开焊、裂纹；轴销安装可靠，各螺栓连接紧固		
	6	黄油嘴齐全，润滑油路畅通，润滑部位润滑良好		
	7	上下车扶手及踏板完好，不应有开焊、腐蚀		
	8	各仪表指示数据应准确		
动力系统	※1	柴油机启动、加速性能良好，平稳怠速		
	2	运转不应有异响，水温、仪表指示数据应准确		
	3	柴油机曲轴箱内机油量宜在机油尺上、下刻度中间稍上位置		
	4	空气、柴油、机油滤清器清洁，水箱内外清洁，并定期清洗		
	5	风扇皮带松紧应适度		
	6	电气线路、油管管路排列整齐、卡固牢靠		
	7	柴油机负荷调节器（调速器）配备合理		
传动系统	※1	液力变矩器工作时不应过热，传递动力平稳有效；滤清器清洁；各连接部位应密封良好，不应有漏油		
	※2	变速器挡位应准确、定位可靠，工作时不应有异响		
	3	变速器不应渗漏；润滑油油面应达到油位检查孔标线		
	※4	差速连锁装置应能克服单一后轮打滑		

续表

检查项目	序号	检查内容及要求	检查情况	结果
液压系统	※1	防止过载和冲击的安全保护装置工作正常，溢流阀调整压力符合规定要求		
	2	液压油泵不应过热或泄露		
	※3	液压缸内壁、活塞杆表面应光洁，不得有损伤；运行平稳、密封良好		
	※4	溢流阀、安全阀、单向阀、换向阀、油压控制元件应齐全完好；油管及接头不得有渗漏		
电气系统	1	电气线路排列整齐、卡固牢靠，不得有破损、老化、短路、断路		
	2	启动电机性能良好，发电机工作正常		
	3	各种电控元件、指示灯、警示灯及报警装置工作有效		
	4	各类照明灯、仪表灯、喇叭等齐全完好		
制动及安全装置	※1	制动踏板行程应符合使用说明书的规定；行车制动、驻车制动应可靠有效		
	2	制动液型号、规格应符合说明书规定；制动液液面应在标记位置		
	※3	制动总泵、分泵及连接管路不应漏油		
工作装置	※1	压路机行驶时，前后轮不应有摆动		
	2	碾压工作时，刮泥板应紧贴轮面		
	3	刮泥板支架应牢固、完好；弹簧及支架应完好；固定螺栓应紧固		
整机检查结论			责任人签字	检查方：　年　月　日 受检方：　年　月　日
备注				

注：参考用表

2. 检查要点

（1）转向盘的自由行程应符合使用说明书规定，转动及回位应灵活、准确。

（2）传动系统应符合下列规定：

1）变速箱不应有渗漏；变速箱齿轮油油面应达到油位标记位置；

2）侧传动运转应平稳，不应有冲击，齿轮润滑应良好；

3）变速挡位应准确、定位可靠，不应有跳挡现象，变速器工作时不应有异响。

（3）工作装置应符合下列规定：

1）压路机行驶时，前后轮不应有摆动；

2）碾压工作时，刮泥板应紧贴轮面；

3）刮泥板支架应牢固、完好，弹簧及支架应完好，固定螺栓应紧固；

4）制动装置应符合下列规定：

① 行车制动、驻车制动应可靠有效；

② 行车制动踏板行程应符合使用说明书规定。

（五）轮胎式驱动振动压路机

1. 轮胎式驱动振动压路机检查表（表 7-6）

轮胎式驱动振动压路机检查表　　　　　　　　　　表 7-6

检查项目	序号	检查内容及要求	检查情况	结果
整机	1	各总成件、零部件、附件及附属装置齐全完整，安装牢固		
	2	外观清洁、不得有油污、漏水、漏油、漏气、漏电		
	3	驾驶室门窗开关自如，雨刮器、门锁完好，玻璃不应有破损，视野清楚		
	※4	各操作杆、制动踏板的行程符合说明书规定，动作灵活、准确		
	※5	金属构件不得有弯曲、变形、开焊、裂纹；轴销安装可靠，各螺栓连接紧固		
	6	黄油嘴齐全，润滑油路畅通，润滑部位润滑良好		
	7	上下车扶手及踏板完好，不应有开焊、腐蚀		
	8	各仪表指示数据应准确		
动力系统	※1	柴油机启动、加速性能良好，平稳急速		
	2	运转不应有异响，水温、仪表指示数据应准确		
	3	柴油机曲轴箱内机油量不应过低或过高，宜在机油尺上、下刻度中间稍上位置		
	4	空气、柴油、机油滤清器清洁，水箱内外清洁，并定期清洗		
	5	风扇皮带松紧应适度		
	6	电气线路、油管管路排列整齐、卡固牢靠		
传动系统	1	变速器挡位应准确、定位可靠，工作时不应有异响		
	2	变速器不应渗漏；润滑油油面应达到油位检查孔标线		
	※3	分动箱应齿轮啮合良好、运转平稳，不应有异响；分动箱不应有渗漏；齿轮油油面应达到油位标记线		
液压系统	※1	防止过载和冲击的安全保护装置工作正常，溢流阀调整压力符合规定要求		
	2	液压油泵不应过热或泄露		
	3	液压缸内壁、活塞杆表面应光洁，不得有损伤；运行平稳、密封良好		
	※4	溢流阀、安全阀、单向阀、换向阀、油压控制元件应齐全完好；油管及接头不得有渗漏		
	※5	行走驱动电机、振动电机工作时不应有异响、过热、泄露		
电气系统	1	电气线路排列整齐、卡固牢靠，不得有破损、老化、短路、断路		
	※2	启动电机性能良好，发电机工作正常		
	3	各种电控元件、指示灯、警示灯及报警装置工作有效		
	4	各类照明灯、仪表灯、喇叭等齐全完好		

续表

检查项目	序号	检查内容及要求	检查情况	结果
行走系统	1	轮辋不应有裂纹、变形；轮毂转动应灵活，不应有异响		
	※2	轮胎气压应符合说明书规定，轮胎螺栓和螺母应齐全、紧固		
	※3	行车时车轮不应有偏摆		
制动及安全装置	※1	制动踏板行程应符合使用说明书的规定		
	2	制动液型号、规格应符合说明书规定；制动液液面应在标记位置		
	※3	制动总泵、分泵及连接管路不应漏油		
	※4	制动蹄片与制动毂间隙调整应适宜，制动毂不应过热，制动可靠有效		
	※5	驻车制动摩擦片不应有油污、烧伤，驻车制动应可靠有效		
	※6	制动闭锁装置、变速操纵闭锁装置工作应可靠		
工作装置	※1	钢轮高、低振幅工作装置应完好		
	※2	减振块应齐全，不应有裂纹、缺损；紧固螺栓不应松动		

整机检查结论			责任人签字	检查方：　　　年　月　日
				受检方：　　　年　月　日
备注				

注：参考用表

2. 检查要点

（1）作业时，压路机应先起步后振动，内燃机应先置于中速，然后调至高速。

（2）压路机不得在坚实的地面上进行振动。

（3）传动系统应符合下列规定：

1）差速器运转不应有异响；

2）轮边减速器运转应平稳，不应有异响、过热；

3）行走驱动电机和振动电机工作不应有异响、渗漏；

4）行走机构和轮胎应符合相关规定。

（4）轮胎有下列现象之一时，应予更换：

1）轮侧有连续裂纹；

2）胎面花纹已磨平并有大破洞，失去翻新条件，已不能继续使用；

3）胎体帘线层有环形破裂及整圈分离；

4）胎圈钢丝绳断裂或扯口大爆破；

5）其他损坏，不堪使用和修复。

（5）工作装置应符合下列规定：

1）钢轮高低振幅工作装置应完好；

2）减振块应齐全，不应有裂纹、缺损；紧固螺栓不应松动；

3）刮泥板不应有变形，与钢轮的间隙应符合说明书要求。

（六）轮胎压路机

1. 轮胎压路机检查表（表 7-7）

轮胎压路机检查表   表 7-7

检查项目	序号	检查内容及要求	检查情况	结果
整机	1	各总成件、零部件、附件及附属装置齐全完整，安装牢固		
	2	外观清洁、不得有油污、漏水、漏油、漏气、漏电		
	3	驾驶室门窗开关自如，雨刮器、门锁完好，玻璃不应有破损，视野清楚		
	※4	各操作杆、制动踏板的行程符合说明书规定，动作灵活、准确		
	※5	金属构件不得有弯曲、变形、开焊、裂纹；轴销安装可靠，各螺栓连接紧固		
	6	黄油嘴齐全，润滑油路畅通，润滑部位润滑良好		
	7	上下车扶手及踏板完好，不应有开焊、腐蚀		
	8	各仪表指示数据应准确		
动力系统	※1	柴油机启动、加速性能良好，平稳急速		
	2	运转不应有异响，水温、仪表指示数据应准确		
	3	柴油机曲轴箱内机油量宜在机油尺上、下刻度中间稍上位置		
	4	空气、柴油、机油滤清器清洁，水箱内外清洁，并定期清洗		
	5	风扇皮带松紧应适度		
	6	电气线路、油管管路排列整齐、卡固牢靠		
传动系统	※1	驱动桥齿轮啮合应良好，运转平稳不应有异响和过热		
	2	驱动桥壳体不应有裂纹和渗漏；连接螺栓应紧固		
	3	驱动桥齿轮油油面应达到油位检查孔标线		
	4	左、右半轴锁紧螺母应紧固可靠		
液压系统	※1	防止过载和冲击的安全保护装置工作正常，溢流阀调整压力符合规定要求		
	2	液压油泵不应有过热和泄露		
	※3	液压缸内壁、活塞杆表面应光洁，不得有损伤；运行平稳、密封良好		
	※4	溢流阀、安全阀、单向阀、换向阀、油压控制元件应齐全完好；油管及接头不得有渗漏		
	5	散热器应清洁，工作时油温不应大于 80℃；滤清器应清洁完好，液压油量应在油箱上下刻线标记之间		
	※6	行走驱动电机、振动电机工作时不应有异响、过热、泄露		

续表

检查项目	序号	检查内容及要求	检查情况	结果
电气系统	1	电气线路排列整齐、卡固牢靠,不得有破损、老化、短路、断路		
	※2	启动电机性能良好,发电机工作正常		
	3	各种电控元件、指示灯、警示灯及报警装置工作有效		
	4	各类照明灯、仪表灯、喇叭等齐全完好		
行走系统	1	轮毂不应有裂纹和变形		
	※2	轮胎气压应符合说明书规定,轮胎螺栓和螺母应齐全、紧固		
	※3	胎面不应有气鼓、裂伤、老化、变形		
	※4	前轮机械摇摆悬挂装置应能保持机架水平,保证每个轮胎负荷均匀		
	5	刮泥板应符合使用要求,支架不应有变形和裂纹,刮泥板固定螺栓应紧固		
	6	配重块应齐全、完整		
制动及安全装置	※1	制动踏板行程应符合使用说明书的规定		
	2	制动液型号、规格应符合说明书规定		
	※3	制动总泵、分泵及连接管路不应漏油		
	4	空气压缩机应运转正常,气压调节阀工作正常		
	5	制动蹄片与制动毂间隙调整应适宜,制动毂不应过热,制动可靠有效		
	6	驻车制动摩擦片不应有油污、烧伤,驻车制动应可靠有效		
	7	制动块、制动盘应清洁,不应有油污,制动可靠有效		
洒水系统	1	水泵及水泵离合器应完好		
	2	水路应畅通,水管及喷头不应有堵塞,水管及附件等应齐全		
	3	抽水、洒水功能应完好		
	4	冬季停止使用时应放净系统内积水		

整机检查结论		责任人签字	检查方: 年 月 日
			受检方: 年 月 日
备注			

注:参考用表

2. 检查要点

(1) 传动系统应符合下列规定:

1) 驱动桥齿轮啮合应良好,运转平稳不应有异响及过热;

2) 驱动桥桥壳不应有裂纹和渗漏,连接螺栓应紧固;

3) 驱动桥齿轮油油面应达到油位检查孔标线;

4) 左右半轴锁紧螺母应紧固牢靠;

5）链轮紧固不应松旷，轮齿磨损量应符合使用说明书规定；

6）链节不应松旷，链条工作时不应有爬齿；

7）链条调整装置应完好，链条松紧度应符合使用说明书规定。

（2）工作装置应符合下列规定：

1）轮毂不应有裂纹和变形；

2）轮胎气压应符合使用说明书规定，轮胎螺栓和螺母应完整齐全、紧固；

3）胎面不应有气鼓、裂伤、老化、变形；

4）前轮机械摇摆悬挂装置应能保持机架水平，每个轮胎负荷应均匀；

5）刮泥板应符合使用要求，支架不应有变形和裂纹；刮泥板固定螺栓应紧固；

6）配重块应齐全、完整。

（七）平地机

1. 平地机检查表（表 7-8）

平地机检查表   表 7-8

检查项目	序号	检查内容及要求	检查情况	结果
整机	1	各总成件、零部件、附件及附属装置齐全完整，安装牢固		
	2	外观清洁、不得有油污、漏水、漏油、漏气、漏电		
	3	驾驶室门窗开关自如，雨刮器、门锁完好，玻璃不应有破损，视野清楚		
	※4	各操作杆、制动踏板的行程符合说明书规定，动作灵活、准确		
	※5	金属构件不得有弯曲、变形、开焊、裂纹；轴销安装可靠，各螺栓连接紧固		
	6	黄油嘴齐全，润滑油路畅通，润滑部位润滑良好		
	7	上下车扶手及踏板完好，不应有开焊、腐蚀		
	8	各仪表指示数据应准确		
动力系统	※1	柴油机启动、加速性能良好，平稳急速		
	2	运转不应有异响，水温、仪表指示数据应准确		
	3	柴油机曲轴箱内机油量宜在机油尺上、下刻度中间稍上位置		
	4	空气、柴油、机油滤清器清洁		
	5	水箱内外清洁，并定期清洗		
	6	风扇皮带松紧应适度		
传动系统	※1	液力变矩器工作时不应过热，传递动力平稳有效；滤清器清洁；各连接部位应密封良好，不应有漏油		
	※2	变速器挡位应准确、定位可靠，工作时不应有异响		
	3	变速器不应渗漏；润滑油油面应达到油位检查孔标线		
	※4	转向盘的自由行程符合说明书规定，转向及回位应灵活、准确		
	5	各部位齿轮啮合应良好、运转平稳，不应有异响		
	※6	万向节不应松旷，固定螺栓应紧固		
	7	后桥箱不应有裂纹、渗漏		
	※8	转向离合器操纵应轻便，动力传递、切断应可靠		

续表

检查项目	序号	检查内容及要求	检查情况	结果
液压系统	※1	防止过载和冲击的安全保护装置工作正常，溢流阀调整压力符合规定要求		
	2	液压油泵不应过热和泄露		
	※3	液压缸内壁、活塞杆表面应光洁，不得有损伤；运行平稳、密封良好		
	※4	溢流阀、安全阀、单向阀、换向阀、油压控制元件应齐全完好；油管及接头不得有渗漏		
	5	散热器应清洁，工作时油温不应大于 80℃；滤清器应清洁完好，液压油量应在油箱上下刻线标记之间		
	※6	回转圈液压驱动电机工作时不应有过热、泄露		
	※7	操纵控制阀应能准确有效地控制铲刀左右移动、回转、前后左右倾斜等各种动作		
电气系统	1	电气线路排列整齐、卡固牢靠，不得有破损、老化、短路、断路		
	※2	启动电机性能良好，发电机工作正常		
	3	各种电控元件、指示灯、警示灯及报警装置工作有效		
	4	各类照明灯、仪表灯、喇叭等齐全完好		
行走系统	1	行走架不应开裂、变形		
	2	驱动桥齿轮运转应平稳，不应有异响或过热		
制动及安全装置	※1	脚制动刹车工作可靠，两踏板行程应相同		
	2	制动液型号、规格应符合说明书规定；制动液液面应在标记位置		
	※3	制动总泵、分泵及连接管路不应漏油		
	※4	空气压缩机应运转正常，气压调节阀工作正常；当系统压力超过规定值时，空气阀应能自动打开		
	※5	制动蹄片与制动毂间隙调整应适宜，制动毂不应过热，制动可靠有效		
	6	驻车制动摩擦片不应有油污、烧伤，驻车制动应可靠有效		
	7	制动块、制动盘应清洁，不应有油污，制动可靠有效		
工作装置	1	牵引、回转圈、摆架等不应有变形、裂纹		
	※2	铲刀应能升降、倾斜、侧移、引出和做 360° 全回转，回转应平稳、不应有阻滞		
	3	回转驱动装置应工作平稳，不应有异响。齿轮油油面应达到油位检查孔标线		
	※4	铲刀架、滑轨应完好，不应有变形		
	5	刀片磨损不应超限，固定螺栓应紧固		

整机检查结论		责任人签字	检查方：	年　月　日
			受检方：	年　月　日
备注				

注：参考用表

2. 检查要点

（1）平地机作业中变矩器的油温不得超过120℃。

（2）驱动桥齿轮运转应平稳，不应有异响及过热。

（3）液压系统应符合规范要求。

（4）工作装置应符合下列规定：

1）牵引架、回转圈、摆架等不应有变形、裂纹；

2）铲刀应能升降、倾斜、侧移、引出和360°全回转，回转应平稳，不应有阻滞；

3）回转驱动装置工作应平稳，不应有异响，齿轮油油面应达到油位标记线；

4）刀片磨损不应超限，固定螺栓应紧固。

（八）挖掘装载机

检查要点

（1）挖掘装载机在边坡卸料时，应有专人指挥，挖掘装载机轮胎距边坡缘的距离应大于1.5m。

（2）动臂后端的缓冲块应保持完好，损坏时应修复后使用；

（3）挖掘装载机停放时间超过1h，应支起支腿，使后轮离地；停放超过1天时，应使后轮离地，并应在后悬架下面用垫块支撑。

（九）轮胎式装载机

检查要点

（1）驱动桥齿轮应平稳运转，不应有异响；齿轮油油面应达到油位标记线。

（2）操纵控制阀应能有效地控制动臂升降机浮动、铲斗上转及下翻等各种动作。

（3）工作装置应符合下列规定：

1）动臂、摇臂和拉杆不应有变形、裂纹，轴销应固定牢靠，润滑良好；

2）铲斗应完好，不应有裂纹，斗齿应齐全、完整，不应松动。

（十）稳定土搅拌机

1. 稳定土搅拌机检查表（表7-9）

稳定土搅拌机检查表　　　　　　　　　　　　　　　　　　　　表7-9

检查项目	序号	检查内容及要求	检查情况	结果
整机	1	各总成件、零部件、附件及附属装置齐全完整，安装牢固		
	2	外观清洁、不得有油污、漏水、漏油、漏气、漏电		
	3	驾驶室门窗开关自如，雨刮器、门锁完好，玻璃不应有破损，视野清楚		
	※4	各操作杆、制动踏板的行程符合说明书规定，动作灵活、准确		
	※5	金属构件不得有弯曲、变形、开焊、裂纹；轴销安装可靠，各螺栓连接紧固		
	6	黄油嘴齐全，润滑油路畅通，润滑部位润滑良好		
	7	上下车扶手及踏板完好，不应有开焊、腐蚀		
	8	各仪表指示数据应准确		

续表

检查项目	序号	检查内容及要求	检查情况	结果
动力系统	※1	柴油机启动、加速性能良好，平稳怠速		
	2	运转不应有异响，水温、仪表指示数据应准确		
	3	柴油机曲轴箱内机油量不应过低或过高，宜在机油尺上、下刻度中间稍上位置		
	4	空气、柴油、机油滤清器清洁		
	5	水箱内外清洁，并定期清洗		
	6	风扇皮带松紧应适度		
传动系统	※1	万向节不应松旷，固定螺栓应紧固，润滑良好		
	※2	分动箱齿轮啮合良好、运转平稳，无异响；分动箱不应有漏油。齿轮油油面应达到油位标记线		
	※3	驱动桥齿轮啮合应良好，运转平稳，不得有异响或过热		
	4	驱动桥壳体不得有裂纹、渗漏，连接螺栓应紧固		
	5	驱动桥齿轮油面应达到油位标记高度		
液压系统	※1	防止过载和冲击的安全保护装置工作正常，溢流阀调整压力符合规定要求		
	2	液压油泵不应过热或泄露		
	※3	液压缸内壁、活塞杆表面应光洁，不得有损伤；运行平稳、密封良好		
	※4	溢流阀、安全阀、单向阀、换向阀、油压控制元件应齐全完好；油管及接头不得有渗漏		
	5	散热器应清洁，工作时油温不应大于80℃；滤清器应清洁完好，液压油量应在油箱上下刻线标记之间		
电气系统	1	电气线路排列整齐、卡固牢靠，不得有破损、老化、短路、断路		
	※2	启动电机性能良好，发电机工作正常		
	3	各种电控元件、指示灯、警示灯及报警装置工作有效		
	4	各类照明灯、仪表灯、喇叭等齐全完好		
	5	电瓶清洁、固定牢靠，电解液液面应高出极板 $10\sim15$mm，免维护电瓶标志符合规定		
行走机构	1	行走架不应开裂、变形		
	※2	行走驱动电机和转子电机工作时不应有过热和泄露		
制动及安全装置	※1	制动踏板行程应符合使用说明书的规定		
	2	制动液型号、规格应符合说明书规定；制动液液面应在标记位置		
	※3	制动总泵、分泵及连接管路不应漏油		
	※4	制动蹄片与制动毂间隙调整应适宜，制动毂不应过热，制动可靠有效		
	※5	驻车制动摩擦片不应有油污、烧伤，驻车制动应可靠有效		
	6	制动块、制动盘应清洁，不应有油污，制动可靠有效		

检查项目	序号	检查内容及要求		检查情况	结果
工作装置	※1	转子不应变形，转子轴轴承应完好，转动应平稳，不应有抖动，不应有异响			
	※2	刀盘不应变形，刀库应齐全完好，刀库焊缝不应有开裂、开焊			
	※3	刀片应齐全完好，不应有折断、缺失			
	※4	转子罩壳应完好，不应有破损、变形、开裂、开焊			
整机检查结论			责任人签字	检查方： 年 月 日	
				受检方： 年 月 日	
备注					

注：参考用表

2. 检查要点

（1）传动系统应符合规范规定。

（2）行走驱动电机和转子电机工作时不应有过热和泄露。

（3）操纵控制阀应能有效地控制工作装置升降、斗门开启及关闭等各种动作。

（4）工作装置应符合要求。

（十一）履带式沥青混凝土摊铺机

1. 履带式沥青混凝土摊铺机检查表（表7-10）

履带式沥青混凝土摊铺机检查表　　　　　　　　　　表 7-10

检查项目	序号	检查内容及要求	检查情况	结果
整机	1	各总成件、零部件、附件及附属装置齐全完整，安装牢固		
	2	外观清洁、不得有油污、漏水、漏油、漏气、漏电		
	3	驾驶室门窗开关自如，雨刮器、门锁完好，玻璃不应有破损，视野清楚		
	※4	各操作杆、制动踏板的行程符合说明书规定，动作灵活、准确		
	※5	金属构件不得有弯曲、变形、开焊、裂纹；轴销安装可靠，各螺栓连接紧固		
	6	上下车扶手及踏板完好，不应有开焊、腐蚀		
	7	各仪表指示数据应准确		
动力系统	※1	柴油机启动、加速性能良好，平稳急速		
	2	运转不应有异响，水温、仪表指示数据应准确		
	3	柴油机曲轴箱内机油量宜在机油尺上、下刻度中间稍上位置		
	4	空气、柴油、机油滤清器清洁，水箱内外清洁，并定期清洗		
	5	风扇皮带松紧应适度		

检查项目	序号	检查内容及要求	检查情况	结果
传动系统	※1	液力变矩器工作时不应有过热,传递动力平稳有效;滤清器清洁;各连接部位应密封良好,不应有漏油		
	2	变速器挡位应准确、定位可靠,工作时不应有异响		
	3	变速箱不应渗漏;润滑油油面应达到油位检查孔标线		
	※4	分动箱齿轮啮合良好、运转平稳,无异响;分动箱不应有漏油。齿轮油油面应达到油位标记线		
液压系统	※1	防止过载和冲击的安全保护装置工作正常,溢流阀调整压力符合规定要求		
	2	液压油泵不应过热和泄露		
	※3	液压缸内壁、活塞杆表面应光洁,不得有损伤;运行平稳、密封良好		
	※4	溢流阀、安全阀、单向阀、换向阀、油压控制元件应齐全完好;油管及接头不得有渗漏		
	※5	行走驱动、输料和分料驱动、振捣电机等工作时应无过热、泄露		
	※6	操纵控制阀应能控制机械左右转向,料门收放,振动及振捣、熨平板伸缩及升降等各种动作		
电气系统	1	电气线路排列整齐、卡固牢靠,不得有破损、老化、短路、断路		
	※2	启动电机性能良好,发电机工作正常		
	3	各种电控元件、指示灯、警示灯及报警装置工作有效		
	4	各类照明灯、仪表灯、喇叭等齐全完好		
	※5	电加热系统中的加热管应齐全完好,当打开加热开关时,电加热系统应能自动加热,且加热温度应达到使用要求		
行走机构	1	行走架不应开裂、变形		
	2	履带松紧度应符合使用说明书规定,履带张紧装置有效		
	※3	履带板螺栓应紧固,链轨轴销应固定良好,橡胶块应完整无缺		
	※4	驱动链条应不松旷,工作时链轮链条啮合正常		
制动及安全装置	※1	制动踏板行程应符合使用说明书的规定		
	※2	制动总泵、分泵及连接管路不应漏油		
	※3	当关闭液压行驶驱动泵电磁阀时,摊铺机应能停止行驶,并能同时关闭自动调平装置,停止熨平板并升级油缸浮动、振捣、振动、输料、分料工作功能		

续表

检查项目	序号	检查内容及要求	检查情况	结果
工作装置	※1	刮板输送器应完好，刮板应齐全，不应变形，链条不应松旷		
	※2	输料减速装置工作不应有异响，润滑油油面应达到油位标记高度		
	※3	螺旋分料器螺旋轴不应变形，螺旋叶片应齐全，不应有缺损		
	※4	振捣梁、熨平板应工作正常，工作面平整，不应变形；断面挡板应完好		
	※5	厚度调整机构和拱度调整机构应操纵轻便、准确		
	※6	接受料斗不应有变形、开裂、破损		
	※7	自动调平装置应完好		

整机检查结论			责任人签字	检查方： 年 月 日
				受检方： 年 月 日

备注	

注：参考用表

2. 检查要点

(1) 履带板螺栓应紧固，链轨轴销应固定良好，橡胶块应完整无缺。

(2) 行走驱动、输料分料驱动、振捣及振动电机等工作时应无过热和泄露。

(3) 工作装置应符合要求。

(十二) 沥青混凝土搅拌设备

1. 沥青混凝土搅拌设备检查表（表7-11）

沥青混凝土搅拌设备检查表　　　　表7-11

检查项目	序号	检查内容及要求	检查情况	结果
整机	1	各总成件、零部件、附件及附属装置齐全完整，安装牢固		
	2	外观清洁、不得有油污、漏水、漏油、漏气、漏电		
	3	驾驶室门窗开关自如，雨刮器、门锁完好，玻璃不应有破损，视野清楚		
	※4	各操作杆、制动踏板的行程符合说明书规定，动作灵活、准确		
	※5	金属构件不得有弯曲、变形、开焊、裂纹；轴销安装可靠，各螺栓连接紧固		
	6	黄油嘴齐全，润滑油路畅通，润滑部位润滑良好		
	7	上下车扶手及踏板完好，不应有开焊、腐蚀		
	8	各仪表指示数据应准确		

检查项目	序号	检查内容及要求	检查情况	结果
输送系统	※1	皮带给料机、集料机工作时皮带处于中位，不应跑偏、打滑；皮带应清洁，不应粘附泥土、碎石等杂物		
	※2	皮带不应有破损、撕裂；皮带松紧度应符合说明书规定，张紧调整装置应有效		
	3	机架固定应牢靠，不应有变形、裂纹、开焊		
	※4	热料提升减速机运转不应有异响		
	5	链条不应松旷，链轮磨损不应超限，应符合说明书规定		
	※6	链条、链销及其保险插销应完好；料斗与链条的连接螺栓应紧固，料斗应完好		
烘干系统	※1	干燥滚筒不应有变形，旋转应平稳，倾角应符合说明书规定		
	※2	主摩擦轮与干燥滚筒圈表面应清洁，不应有油污		
	※3	干燥滚筒内翻料槽应齐全完整		
	4	减速机运转不应有异响，润滑油油面应达到油位标记高度		
	5	燃烧器应清洁，燃油消耗率应在使用说明书规定的范围内		
	※6	燃烧器喷嘴清洁，燃油雾化良好，燃烧充分		
	※7	点火喷嘴安装角度应符合说明书规定，电磁阀应完好，点火系统工作应正常，系统不应漏油		
	※8	燃油泵、流量计、减压阀、过滤器、压力表、流量控制阀、油管等完好有效。燃油供给系统工作正常，系统不应有泄露		
	※9	空气压缩机、空气滤清器、电磁阀、减压阀、压力继电器、气管等完好有效。空气供给系统工作正常		
	10	供油量、供气量调整装置完好有效		
振动筛及热料仓	※1	振动筛筛网不应有破损、断裂，网眼不应堵塞；筛网应夹紧，固定螺栓紧固		
	※2	振动器工作正常，主轴不应有变形，轴承润滑良好		
	3	减振弹簧完好，不得有断裂		
	4	传动皮带的张紧度应符合使用说明书规定，皮带应成组更换，不可单根更换		
	※5	筛箱不得有裂纹、开焊，固定螺栓紧固，密封良好		
	※6	热料仓隔板应完好，骨料无串仓		
	7	放料门应完好，不应有变形、漏料		
	8	溢料仓不应有堵塞		
供给系统	※1	粉料仓密封应完好，不应有粉尘漏出		
	※2	粉料仓安全阀完好有效，仓内压力过大时，安全阀应能顶开		
	※3	粉料输送器、转阀应完好有效		
	4	螺旋输送机运转应正常，不应有堵塞		
	※5	沥青管路连接牢固、不应有泄露。三通阀、二通阀等阀门应完好，转动应灵活		
	※6	沥青泵应完好，运转不应有异响，泄露		

续表

检查项目	序号	检查内容及要求	检查情况	结果
搅拌器	1	搅拌器应完好，工作不应有异响		
	※2	联轴器及搅拌轴工作平稳，不应有抖动。搅拌轴端密封良好，不应有泄露		
	※3	搅拌器叶浆臂、叶浆头、衬板应完好，叶浆头与衬板间隙符合使用说明书规定。叶浆头、臂紧固不应松动		
除尘系统	※1	系统密封应完好，排放的烟气含灰浓度应低于 $50mg/m^3$		
	2	粉灰回收螺旋输送机应完好，运转不应有异响		
	※3	大气反吹装置应完好有效		
	4	除尘布袋应清洁，不应有破损、缺失		
	※5	引风机叶片应清洁，工作时不应有抖动。传动皮带松紧应适度，更换皮带应成组，不应单根更换		
热油系统	※1	导热油加热燃烧器燃油雾化应良好		
	※2	燃油泵工作应正常，燃油管路连接牢固，不应有渗漏，滤清器应清洁有效		
	※3	导热油泵工作应正常；导热油管路连接应牢固，不应有渗漏，滤清器应清洁有效		
电气系统	※1	热料计量、沥青计量、粉料计量、冷料给料、点火及温度、计算机管理等各控制单元工作应正常有效		
	2	管线排列应整齐有序，电线电缆卡固应牢靠，不应有破损、老化。		
	※3	振动、变频调整、干燥滚筒驱动、热料提升、振动筛、搅拌器、转阀驱动、除尘螺旋、粉料及布袋叶轮给料、引风机电机等工作应正常		
	※4	火焰监控器、称量系统传感器、沥青称量电加热装置、热料仓及成品料仓料位器、热料仓温度传感器、成品料电加热装置应有效		
气压系统	※1	空气压缩机工作应正常，润滑油油面应达到油位检查刻线		
	2	气压系统管路连接应牢固，不应漏气。系统压力应符合使用说明书规定		
	3	油水分离器内不应有油污、积水		
	※4	气缸活塞杆表面应光洁，密封应良好，不应有漏气。各仓放料门、称量斗门及搅拌器放料门开闭应正常，速度应符合使用说明书规定		
	※5	各气动元件、控制阀齐全有效		
运料车	1	钢丝绳断丝根数的控制标准应符合规定		
	2	运料车应完好，不应有漏料；轨道平整不应变形		
	3	滑轮、斗门轴销、轨道等部件润滑应良好		

续表

检查项目	序号	检查内容及要求	检查情况	结果
制动及安全装置	※1	冷料输送紧急停车装置应完好有效		
	※2	热料提升逆止装置应完好有效		
	※3	运料车刹车装置制动应可靠有效。制动盘不应有油污及烧伤		
	※4	布袋温度超过设定温度时，布袋温度控制器应能切断燃烧器工作		
	※5	电路系统中设置的短路、失压、过载和跳闸反馈保护装置应完好有效		
	※6	漏电保护器参数应匹配，安装应正确，动作应灵敏可靠		
	※7	避雷器应定期检测		
整机检查结论			责任人签字	检查方：　　年　月　日 受检方：　　年　月　日
备注				

注：参考用表

2. 检查要点

（1）整机应符合下列规定：

1）整机应稳定，各结构间连接应牢固；高强螺栓连接应有足够的预紧力；

2）各总成件、零部件、附属装置应齐全完整；

3）搅拌设备内外应清洁，不应有漏电、漏油、漏水、漏气；

4）受力构件不应有变形、开裂、开焊；

5）行走通道、上下楼梯扶手、设备安装平台等应完好，不应有开焊、腐蚀。

（2）输送系统应符合规定要求。

（3）烘干系统、供给系统、搅拌器、除尘系统、导热油系统、电气系统、气压系统、运料车、振动筛及热料仓应符合规范要求。

（4）制动及安全装置应符合规定要求。

（十三）液压破碎锤

检查要点

（1）液压破碎锤应与挖掘机相匹配，连接螺栓和连接头应无松动，液压管路应无泄漏现象；挖掘机的动臂与破碎头的钻头之间应无干涉现象。

（2）当钎杆达到使用说明书规定的磨损极限后，应及时更换。

（3）液压破碎锤应配备油路冷却器，降低液压油工作温度；油温过高时应停机冷却。

（4）上缸体应使用纯净氮气，气体压力应符合说明书规定。

（十四）沥青洒布车

检查要点

（1）沥青洒布车阀门及油路应符合下列规定：

1）各操作部分应灵活有效，各阀门的转动应平顺；

2）指示器、仪表使用应正常，读数应准确；

3）连接部件应牢固，应无松动；

4）阀门关闭应严密；

5）吸油管、滤清器、洒布管、喷嘴等应畅通，无堵塞；

6）沥青泵转动应灵活、无堵塞。

（2）沥青加热装置使用应正常且安全有效。

（3）沥青洒布车应配备有效的防火器具及防护用品，品种应齐全可靠。

（十五）打夯机

检查要点

（1）电动打夯机应符合下列规定：

1）打夯机用电线路应绝缘完整、无破损，接零应良好，漏电保护器、定向开关工作应正常；

2）各部位连接应牢固，应无变形、裂纹、开焊等现象；

3）传动皮带松紧度应适宜，应无裂纹、剥落和打滑现象，磨损严重时应更换；

4）不得使用倒顺开关。

（2）内燃式打夯机应符合下列规定：

1）打夯机运动应灵活，连接应牢固、无异响；

2）空气滤清器应无阻塞或泄露、开裂现象；

3）燃油应符合使用说明书规定，油箱盖应严密，机体应无漏油现象；

4）润滑油种类、油位应符合使用规定；当使用汽、机混合油时，应按比例混合燃油。

（十六）洒水车

检查要点

（1）水罐与汽车大梁安装应牢固；罐体应无变形、锈蚀、渗漏现象，涂装油漆面应干净、完整，无脱落现象。

（2）水路系统应符合规范要求。

（3）水泵安装应牢固，运转应正常、无异响；连接应可靠、无渗漏。内部齿轮应定期检查，不得有磨损现象。

（十七）铣刨机

检查要点

（1）铣刨机各种油液液位、液面高度应符合使用说明书要求。

（2）液压系统连接应牢固，油管、接头等应无渗漏现象。

（3）铣刨鼓刀头应齐全、完好，与刀座安装应牢固，铣刨鼓安全罩装置应良好，完整有效。

（4）铣刨机卸料皮带的安装应牢固，位置应正确，应无跑偏现象。

（5）使用完毕，应对铣刨鼓进行清理检查，铣刀损坏应进行更换。

（十八）水泥混凝土滑模摊铺机

检查要点

（1）滑模摊铺机振动棒的位置、间距，挤压板的前倾角，挤压板的超铺仰角等应符合使用说明书的要求。

（2）各部位螺栓应紧固，电气线路应完好。

（3）水泥混凝土摊铺机的行走系统、自动找平系统、各零部件等应符合规范及说明书要求。

三、桩工机械安全检查要点

（一）一般规定

（1）桩工机械使用的钢丝绳、电缆、夹头、卸甲、螺栓等材料及标准件应有产品合格证，其技术参数应符合产品说明书的规定。

（2）施工现场配置的供电系统功率、电压、电流应符合桩工机械设备的规定要求。

（3）桩工机械在靠近架空输电线路附近作业时，与架空高压输电线路之间的距离应符合表 7-12 的规定。

桩工机械与架空高压输电线之间距离　　　　　　　　　　　表 7-12

电压（kV）	<1	1～20	35～110	154	220	330
最小距离（m）	1.5	2	4	5	6	7

注：本表摘自《施工现场机械设备检查技术规范》JGJ 160—2016

（4）施工现场的地基承载力应满足桩工机械安全作业的要求；打桩机作业时应与基坑、基槽保持安全距离。

（5）遇风速 12m/s 及以上的大风和雷雨、大雾、大雪等恶劣天气时，应停止作业。当风速达到 13.9m/s 及以上时，应将桩机顺风向停置，并按使用说明书的要求，增设缆风绳或将桩架放倒。

桩工机械通用检查表（表 7-13）

表 7-13

序号	项目	检查内容	检查情况	结果
1	结构部分	臂架结构无变形、开裂和严重锈蚀		
		各部件齐全完好、安装牢固、可靠		
		螺栓、销轴齐全紧固，轴向制动装置符合规定		
2	工作机构	各工作传动机构工作正常		
		发动机工作正常		
		车架、行走系统工作正常		
		各制动器、离合器工作正常		
		操纵系统工作正常		
		电气仪表、报警系统正常		

续表

序号	项目	检 查 内 容	检查情况	结果
3	钢丝绳	钢丝绳无断丝及磨损过度情况，润滑良好		
		卷筒钢丝绳排列整齐，绳端固定符合规范要求		
		滑轮完好，转动良好，防脱装置有效		
4	液压系统	各安全阀、溢油阀和液压锁工作正常		
		液压管路接头、阀组正常，无泄漏，油质符合要求		
		各油泵、马达、油缸等工作正常		
5	安全装置	起重量及角度限制装置正常有效		
		高度限位器灵敏有效		
		吊钩钢丝绳防脱装置完好有效		
		臂杆防后倾装置灵敏有效		
		水平仪正常有效		
6	标牌标志	备案标牌、操作规程标牌、警示标识安全、清晰		
7	作业环境	作业区域无高压线、障碍物等		
		作业及行走道路地面坚硬		
		整机清洁、润滑良好		
8	其他			

整机检查结论		责任人签字	检查方： 年 月 日	
			受检方： 年 月 日	
备注				

（二）履带式打桩机（三支点式）

1. 履带式打桩机检查表

参照表 7-13。

2. 检查要点

（1）桩架立柱的后支撑杆和中间节点应具有互换性，立柱树立时应保持垂直。

（2）配置的柴油机应符合规范要求。

（3）操纵室门窗开关应自如，门锁应完好，玻璃不应有破损。

（4）各类操作手柄和按钮动作应灵活，行程定位应准确可靠，不应因振动而产生离位。

（5）履带板不应有缺损和严重磨损，行走链条与齿轮啮合位置应准确，不应有偏磨。

（6）回转机构工作应平稳，转向时不应有明显晃动或抖动。

（7）电磁阀制动开关应灵敏可靠，制动性能应良好。

（三）履带式打桩架

1. 履带式打桩架检查表

参照表 7-13。

2. 检查要点

（1）动力装置应符合下列规定：

1）配置的卷扬机应符合规范规定；

2）机架安装应牢靠，各部件连接螺栓不应有松动，机座底部的地脚螺栓不应缺损；

3）电机运行应平稳，不得有异响及过热。

（2）操作手柄、电气按钮动作应灵敏，行程定位应准确可靠，不应因振动而产生移位。

（3）回转机构工作应平稳，回转时不应有明显抖动、卡滞。

（4）蝶形弹簧不得有塑性变形，小滑船提起时应能自动回位。

（5）大小滑船不应缺损和明显变形；焊缝不应有开裂；支重轮和托轮转动应自如；轴套磨损不应超过耐磨层的50%。

（6）液压顶升缸配置的液压锁性能应良好，顶升和滑轮缸不应有内泄外漏。

（7）安全装置应符合下列规定：

1）电气系统应有短路、过载和失压保护装置，且灵敏可靠；

2）卷扬机配置的棘爪不应有裂纹，动作应灵敏可靠。

（四）筒式柴油打桩锤

1. 筒式柴油打桩锤检查表

参照表7-14。

2. 检查要点

（1）整机应符合下列规定：

1）筒式柴油打桩锤附属部件应齐全，上下缸体不应有裂纹和严重腐蚀；

2）燃油泵和机油泵等附属部件应连接牢固；

3）起落架和导向抱板磨损量不应大于4mm，抱板与桩架立柱导向杆间隙不应大于7mm。

（2）起落架应符合下列规定：

1）附件应齐全，起吊锤芯的吊钩运行应灵活有效，吊钩与锤芯接触线距离应在5～10mm之间；

2）滑轮与支架连接应牢固，滑轮润滑应良好，转动应灵活，不应松旷及转动受阻；

3）滑轮不应出现缺损、裂纹等损伤；

4）滑动抱板与支架的连接应牢靠，连接螺栓应有防松装置。

（3）其他分支系统应符合相关要求。

（五）振动桩锤

1. 振动桩锤检查表

参照表7-14。

2. 检查要点

（1）悬挂振动桩锤的起重机吊钩应有防松脱的保护装置。振动桩锤悬挂钢架的耳环应加装保险钢丝绳。

（2）整机应符合下列规定：

1）主要工作性能应达到额定指标；

2）附属部件应齐全，金属结构构件不应有开焊、裂纹等明显变形；

3）附件安装应牢固，工作时不应松动；

4）外观应清洁，不应有油污，严重锈蚀；振动箱润滑油不应有明显渗漏。

（3）工作机构应符合相关规定；

（4）过热、过载和失压等安全保护装置应齐全、可靠。

（六）静力压桩机

1. 静力压桩机检查表

参照表 7-13。

2. 检查要点

（1）打桩时，非工作人员应离机 10m，起重机的起重臂及桩机配重下方严禁站人。

（2）压桩机配置的起重机附属部件应齐全，外观应整洁，不应有明显变形、缺损，起重性能应能达到额定要求。

（3）配重块安装应稳固，排列应整齐有序。

（4）电气系统中设置的短路、过载和漏电保护装置应齐全且灵敏可靠。

（5）夹持机构应符合下列规定：

1）夹持机构运行应灵活，夹持力应达到额定指标；

2）夹持板不应有变形和裂纹。

（七）转盘钻孔机

1. 转盘钻孔机检查表

参照表 7-13。

2. 检查要点

（1）钻机下和井孔周围 2m 内及高压胶管下不得站人。

（2）整机应符合下列规定：

1）钻杆应无弯曲变形；不应有严重锈蚀、破损；磨损量不应超过使用说明书要求；

2）钻架的吊重中心和转盘的卡孔及与护筒中心应在同一轴线上，其偏差应小于 20mm。

（3）行走机构用于行走滑移的滚筒应平直，不应有严重塑性变形和裂纹，道木铺垫应平整。

（4）转动部位和传动带配置的防护罩应齐全，安装应牢靠。

（八）螺旋钻孔机

1. 螺旋钻孔机检查表

参照表 7-13。

2. 检查要点

（1）钻机运转时，应有专人看护，防止电缆线被缠入钻杆。

（2）整机应符合下列规定：

1）钻杆不应有弯曲，钻头和螺旋叶片磨损不应超过 20mm；

2）动力箱钻杆中心、中间稳定器和下部导向圈应在同一条轴线上，中心偏差不应超过 20mm。

（3）动力箱传送动力的三角带松紧应适度，不应打滑、缺损和老化。

（4）动力箱配置的电机应运行平稳，不应有异响及过热。

（九）全套管钻机

1. 全套管钻机检查表

参照表 7-13。

2. 检查要点

（1）作业方位内应无障碍物，施工现场与架空输电线路应保持安全距离。

（2）钻机安装场地应平整、夯实，能承载钻机的工作压力。

（3）上拔套管时，应左右摆动。套管分离时，下节套管头应用卡环保险，防止套管下滑。

（4）与钻机相匹配的起重机，应根据成柱时所需的高度和起重量进行选择。

（5）整机应符合下列规定：

1）钻机各部位外观应良好，各连接螺栓应无松动；

2）各部分钢丝绳应无损坏和锈蚀，连接应正确；

3）各卷扬机的离合器、制动器应无异常现象，液压装置工作应有效。

（十）旋挖钻机

1. 旋挖钻机检查表

参照表 7-13。

2. 检查要点

（1）作业地面应坚实平整，作业过程中地面不得下陷，工作坡度不得大于 2°。

（2）作业中，钻机作业范围内不得有非工作人员进入。

（3）整机应符合下列规定：

1）开钻前，各仪表、警示灯应灵敏可靠；

2）各液压系统油路应畅通，电磁阀应灵活，液压锁应可靠，各油缸应无外漏或内漏情况；

3）燃油油面不应低于液位计的 2/3；发动机机油液位应在最低液位与最高液位之间；当设备处于运输状态时，液压油位不应低于液位计的 2/3，当设备处于工作状态时，液位应高于主泵最高排气筒 10cm 以上；冷却液应加满。

（4）各按钮和手柄应灵活可靠。

（5）高压油泵和水泵不应有异常和渗漏现象。

（6）钢丝绳接头和钢丝绳磨损情况应符合相关规定。

(十一) 深层搅拌机

1. 深层搅拌机检查表

参照表 7-13。

2. 检查要点

(1) 整机应符合下列规定：

1) 各部件安装应紧固，钻动部位和传动带应有防护罩，钢丝绳应完好，离合器、制动带功能应良好；

2) 润滑油应符合规定，各管路接头密封应良好，应无漏电、漏气和漏水现象；

3) 电器设备应齐全，电路配置完好；

4) 钻机范围内应无障碍物；

5) 输浆计量器具应经检验后方可使用。

(2) 搅拌轴两个方向的垂直度误差不应超过限值。

(3) 喷浆装置应良好无堵塞。

(4) 搅拌头直径磨损量不得大于 10mm。

四、起重机安全检查要点

(一) 一般规定

1. 建筑起重机械应当具有：

(1) 特种设备制造许可证、产品合格证；

(2) 制造监督检验证明（自 2014 年 1 月 1 日起，废止《起重机械制造监督检验规则》TSGQ 7001—2016，不再实施起重机械制造监督检验，在起重机械型式试验、安装告知、安装改造重大维修监督检验和定期检验以及监督检查等工作中，各地不应再要求起重机械制造企业提供起重机械制造监督检验证书。故仅 2014 年 1 月 1 日前生产的设备需提供该文件）、备案证明、安装使用说明书和自检合格证明等。

2. 建筑起重机械有下列情形之一时，不得出租和使用：

(1) 属国家明令淘汰或禁止使用的品种、型号；

(2) 超过规定使用年限评估不合格的产品；

(3) 不符合国家现行标准的产品；

(4) 没有完整安全技术档案的产品；

(5) 没有齐全有效的安全保护装置。

3. 起重机械危险部位的安全标志应清晰、醒目、无脱落。

4. 吊钩应符合下列规定：

(1) 起重机械不得使用铸造吊钩；

(2) 吊钩严禁补焊；

(3) 吊钩表面应光洁，不应有剥裂、锐角、毛刺、裂纹；

(4) 吊钩应设有防脱装置；防脱棘爪在吊钩负载时不得张开；

（5）吊钩出现下列情况之一时应报废：

1）表面有裂纹或破口；

2）钩尾和螺纹部分等危险截面及吊钩颈部有永久性变形；

3）挂绳处截面磨损量超过原高度的10%；

4）开口度比原尺寸增加15%；开口扭转变形超过10%。

5. 卷筒和滑轮应符合下列规定：

（1）卷筒两侧边缘的高度应超过最外层钢丝绳，其值不应小于钢丝绳直径的2倍；

（2）卷筒上钢丝绳尾端的固定装置，应有防松或自紧功能；

（3）滑轮槽应光洁平滑，不应有损伤钢丝绳的缺陷；

（4）防止钢丝绳跳出轮槽的装置应完好有效；

（5）当卷筒和滑轮出现下列情况之一时，应予以报废：

1）裂纹或轮缘破损；

2）卷筒壁磨损量达到原壁厚的10%；

3）滑轮槽不均匀磨损量达3mm；

4）滑轮绳槽壁厚磨损量达到原壁厚的20%；

5）滑轮槽底的磨损量超过相应钢丝绳直径的25%；

6）其他能损害钢丝绳的缺陷。

6. 制动器和制动轮应符合下列规定：

（1）制动带摩擦垫片与制动轮的实际接触面积，不应小于理论接触面积的70%。

（2）带式制动器背衬钢带的端部与固定部分应采用铰接。

（3）制动轮的摩擦面，不应有妨碍制动性能的缺陷或油污。

（4）当制动器和制动轮出现下列情况之一时，应予报废：

1）制动轮出现可见裂纹；

2）制动块（带）摩擦衬垫磨损量达原厚度的50%或露出铆钉，应报废更换摩擦衬垫；

3）弹簧出现塑性变形；

4）电磁铁杠杆系统空行程超过额定行程的10%；

5）销轴或轴孔直径磨损达原直径的5%；

6）制动轮轮面凹凸不平度达1.5mm及以上，且不能修复；轮面磨损量达1.5～2.0mm（直径300mm以上的取大值，否则取小值）。

（5）制动片与制动轮之间的接触面应均匀，间隙调整应适宜，制动应平稳可靠。

7. 钢丝绳使用应符合下列规定：

（1）应有钢丝绳制造厂签发的产品技术性能和质量证明文件。

（2）钢丝绳的规格、型号应符合使用说明书要求，并应与滑轮和卷筒相匹配，穿绕正确。

（3）钢丝绳不得有扭结、压扁、弯折、断股、断丝、断芯、笼状畸变等变形。

（4）钢丝绳断丝根数的控制标准应按现行国家标准《起重机钢丝绳保养、维护、检验和报废》GB/T 5972—2016规定执行。

（5）钢丝绳润滑应良好，并应保持清洁。

（6）钢丝绳与卷筒连接应牢固，当吊钩处于最低位置或小车处于起重臂最末端时，卷筒上应保留三圈以上。

（7）钢丝绳采用编结连接时，其编插长度不应小于钢丝绳直径的 20 倍，并且最短编插长度不应小于 300mm。当采用绳卡固接时，绳卡与钢丝绳的直径应匹配。绳卡间距不应小于钢丝绳直径的 6 倍，最后一个绳卡距绳头的长度不应小于 140mm，夹板应在钢丝绳承载时受力的一侧，U 形栓应在钢丝绳的尾端，并不应正反交错。如图 7-1 所示。

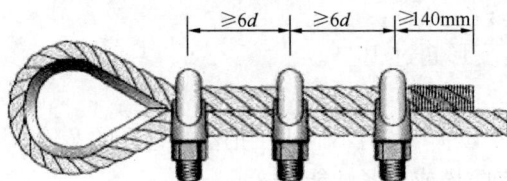

图 7-1　绳卡固接示意

8. 用于轨道式安装的车轮出现下列情况之一时，应予报废：

（1）可见裂纹。

（2）车轮踏面厚度磨损量达原厚度的 15%。

（3）轮缘厚度磨损量达原厚度的 50%；轮缘厚度弯曲变形达原厚度的 20%。

9. 建筑起重机械的安装与拆卸

（1）建筑起重机械在安装、拆卸作业前，安装单位应编制专项施工方案，由安装单位技术负责人批准后实施。

（2）施工现场应提供符合起重机械作业要求的通道和电源等工作场地和作业环境。基础与地基承载力应满足起重机械的安全使用要求。

（3）作业前应对行驶道路、架空电线、建（构）筑物等现场环境以及起吊重物进行全面了解。

（4）作业人员必须体检合格，无妨碍作业的疾病和生理缺陷，经过专业培训、考核合格取得操作证后，并经过安全技术交底，方可持证上岗。

（5）建筑起重机械安装完毕后，安装单位应当按照安全技术标准及安装使用说明书的要求进行自检，并经有相应资质的检验检测机构监督检验，合格后由使用单位组织出租、安装、监理等有关单位进行验收。建筑起重机械经验收合格后方可投入使用，未经验收或者验收不合格的不得使用。

（6）使用单位应当自建筑起重机械安装验收合格之日起 30 日内，将建筑起重机械安装验收资料、建筑起重机械安全管理制度、特种作业人员名单等，向工程所在地县级以上地方人民政府建设主管部门办理建筑起重机械使用登记。登记标志置于或者附着于该设备的显著位置。

10. 建筑起重机械的报废及超龄使用应符合国家现行有关规定：

（1）塔式起重机和施工升降机有下列情况之一的应进行安全评估：

1）塔式起重机：630kN·m 以下（不含 630kN·m）、出厂年限超过 10 年（不含 10 年），630～1250kN·m（不含 1250kN·m）、出厂年限超过 15 年（不含 15 年），1250kN·m 以上（含 1250kN·m）、出厂年限超过 20 年（不含 20 年）。

2）施工升降机：出厂年限超过 8 年（不含 8 年）的 SC 型施工升降机；出厂年限超过 5 年（不含 5 年）的 SS 型施工升降机。

（2）超过使用年限的塔式起重机和施工升降机应进行安全评估，安全评估的最长有效期限应符合下列规定：

1）塔式起重机：630kN·m 以下（不含 630kN·m）评估合格最长有效期限为 1 年，630～1250kN·m（不含 1250kN·m）评估合格最长有效期限为 2 年，1250kN·m 以上（含 1250kN·m）评估合格最长有效期限为 3 年；

2）施工升降机：SC 型评估合格最长有效期限为 2 年，SS 型评估合格最长有效期限为 1 年。

11. 起重机械与架空线路边线最小安全距离应符合表 7-14 的规定。

起重机与架空线路边线最小安全距离表　　　　　　　　表 7-14

电压（kV）作业距离	<1	10	35	110	220	330	500
垂直方向（m）	1.5	3	4	5	6	7	8.5
水平方向（m）	1.5	2	3.5	4	6	7	8.5

注：本表摘自《施工现场临时用电安全技术规范》JGJ 46—2005

（二）履带式起重机

1. 履带式起重机检查表（表 7-15）

履带式起重机检查表　　　　　　　　表 7-15

检查项目	序号	检查内容及要求	检查情况	结果
音响装置	1	喇叭、电铃或汽笛音响清晰		
变幅指示器及限制装置等	※1	起重机设置的重量限制器、力矩限制器、幅度限位器等安全装置工作应可靠、有效		
起重机与架空线路的距离	※1	起重机的任何部位与架空输电线路之间的距离应符合表 7-14 的规定。		
吊钩	1	不得使用铸造的吊钩		
	2	吊钩严禁补焊		
	3	吊钩表面应光洁、不应有剥裂、锐角、毛刺、裂纹		
	※4	应设有防脱钩装置且工作可靠有效		
卷筒与滑轮	1	卷筒两侧边缘的高度应超过最外层钢丝绳，其值不应小于钢丝绳直径的 2 倍		
	2	卷筒上钢丝绳尾端的固定装置，应有防松或自紧性能		
	3	滑轮槽应光洁平滑，不应有损伤钢丝绳的缺陷		
	※4	滑轮应有防止钢丝绳跳出轮槽的装置		

检查项目	序号	检查内容及要求	检查情况	结果
钢丝绳	1	应有钢丝绳制造厂签发的产品技术性能和质量证明文件		
	2	钢丝绳的规格、型号应符合该机说明书要求,并与滑轮和卷筒相匹配,穿绕正确		
	※3	钢丝绳不得有扭结、压扁、弯折、断股、断丝、断芯、笼状畸变等变形		
	4	钢丝绳断丝数不得超过规范规定		
	5	钢丝绳润滑应良好并保持清洁		
	6	卷筒上钢丝绳放出时应保留3圈及以上		
	7	钢丝绳端部固接应达到说明书规定的强度		
柴油机	1	柴油机启动、加速性能应良好、怠速平稳		
	2	运转不应有异响,水温、仪表指示数应准确		
	3	柴油机曲轴箱内机油量宜在机油尺上、下刻度中间稍上位置		
	4	空气、柴油、机油滤清器应保持清洁		
	5	水箱应定期清洗,保持水箱内、外清洁		
	6	风扇皮带松紧应适度		
	7	电气线路、油管管路应排列整齐、卡固牢靠		
	8	柴油机地脚螺栓不应松动、缺损		
油料及水	1	起重机使用的各类油料及水应符合说明书要求		
	2	冬期施工时,应选择符合当地气温牌号的油料		
	3	使用柴油时不应掺入汽油		
	4	不得使用硬水或不洁水		
	※5	冬期未使用防冻液的,每日工作完毕后应将缸体、冷却器和水箱里的水全部放净		
	6	施工现场使用的各类油料应集中存放,分离应彻底		
传动系统	1	离合器接合应平稳、传递动力应有效,分离应彻底		
	2	各传动部件运转不应有冲击、振动、异响及过热		
	3	齿轮箱内齿轮啮合应完好,油量适当		
	4	工作时,齿轮不应有异常声响、振动、发热和漏油		
	5	变速器挡位应正确,换挡应轻便		
	6	联轴器零件不应有缺损,连接不应松动		
	7	卷筒上的钢丝绳排列应整齐		
	8	齿轮箱地脚螺栓、壳体连接螺栓不应有松动、缺损		
	9	减速齿轮箱运行不得有异响		
液压系统	1	液压(气压)仪表应齐全,工作应可靠,指示数据应准确		
	2	液压油箱应保持清洁,应定期更换滤芯		

续表

检查项目	序号	检查内容及要求	检查情况	结果
电气系统	1	电气管线排列应整齐，卡固应牢靠，不应有损伤老化		
	2	电控装置应灵敏，熔断器配置应合理、正确；各电器仪表指示数据应准确，绝缘应良好		
	3	启动装置反应灵敏，与发动机飞轮啮合应良好		
	4	电瓶应清洁、固定应牢靠		
	5	照明装置应齐全、亮度应符合使用要求		
	6	线路应整齐，包扎、卡固应可靠，绝缘应良好		
	7	仪表指示数应正确		
制动机构	※1	制动带摩擦垫片与制动轮的实际接触面积，不应小于理论接触面积的70%		
	2	带式制动器背衬钢带的端部与固定部分应采用铰链		
	※3	制动轮的摩擦面，不应有妨碍制动性能的缺陷或油污		
	※4	制动片与制动轮之间的接触面应均匀，间隙调整应适宜，制动应平稳可靠		
	※5	当制动器和制动轮出现下列情况之一时应予报废： 1）制动轮出现可见裂纹； 2）制动块（带）摩擦衬垫磨损量达原厚度的50%或露出铆钉时，应报废更换摩擦衬垫； 3）弹簧出现塑性变形 4）起升、变幅机构的制动轮缘厚度磨损量达原厚度的40%；其他机构制动轮轮缘厚度磨损量达原厚度的50%； 5）制动轮轮面凹凸不平度达1.5mm，且不能修复；轮面磨损量达1.50~2.00mm（直径300mm以上的取大值，否则取小值）		
风速仪	1	起升高度大于50m的起重机在臂架头部应安装风速仪。当风速大于工作极限速度时，应能发出停止作业警报		
机械清洁	1	起重机内、外应整洁，不应有锈蚀、漏水、漏油、漏气、漏电		
零部件及金属结构	1	各总成、零部件、附件及附属装置应齐全完整		
	2	金属结构件螺栓或铆钉连接不应松动，不应有缺件、损坏等缺陷；高强度螺栓连接的预紧力应符合说明书规定		
	3	整机主要工作性能应能达到额定指标		
润滑	1	各部位润滑装置应齐全，润滑应良好		
回转机构	1	回转机构各部间隙调整应适当，回转时不应有明显晃动或抖动，并具有滑转性能，行走时转台应能锁定		
行走机构	1	行走链条不应有偏磨，损伤		
	2	起重机的行驶跑偏量不应大于25cm		
	3	行走转向应灵活、操作应轻便		

续表

检查项目	序号	检查内容及要求	检查情况	结果
安全装置	1	液压系统中应设有防止过载和液压冲击的安全装置,安全溢流阀的调整压力不得大于系统额定工作压力的110%		
	2	各液压阀不应有内外泄露,工作应可靠有效		
	※3	所有外露的传动部件均应装设防护罩且固定牢靠;制动器应装有防雨罩		
	※4	起重机应设防止起重臂后倾装置且工作可靠有效		
整机检查结论		责任人签字	检查方:　　　年　月　日 受检方:　　　年　月　日	
备注				

注:参考用表

2. 检查要点

(1)起重机械应在平坦坚实的地面上作业、行走、停放。作业时,坡度不得大于3°,起重机械应与沟渠、基坑保持安全距离。

(2)起重机设置的起重量限制器、力矩限制器和高度限位器等安全装置工作应可靠有效。

(3)臂架上安全通道、扶手(安全绳)等安全防护装置应完整无破损,固定应可靠。

(4)起重机安全装置应符合下列规定:

1)液压系统中应设有防止过载和液压冲击的安全装置,安全溢流阀的调整压力不得大于系统额定工作压力的110%;系统的额定工作压力不得大于液压泵的额定压力;

2)液压系统中,限制负载下降速度、保持工作机构平稳下降和微动下降的平衡阀应可靠有效;

3)各液压阀不应有内外泄露,工作应可靠有效;

4)所有外露的传动部件均应装设防护罩,且固定应牢靠,制动器应装有防雨罩;

5)起重机应设幅度限位装置和防止起重臂后倾装置,且工作应可靠有效;

6)变幅限位开关动作应灵敏可靠,防后翻装置结构应无塑性变形,吸能装置应无变化;

7)起重机应装有读数清晰的幅度指示器。

(5)作业时,起重臂的最大仰角不得超过使用规定说明书的规定,当无资料可查时,不得超过78°。

(6)采用双机抬吊作业时,应选用起重量性能相似的起重机进行。抬吊时应统一指挥,动作应配合协调,载荷应分配合理,起吊重量不得超过两台起重机在该工况下允许起重量总合的75%,单机起吊载荷不得超过允许载荷的80%。

(7)作业结束后,起重臂应转至顺风方向,并应降至40°~60°之间,吊钩应提升到接近顶端的位置,关停内燃机,并应将各操作杆放在空挡位置,各制动器应加保险固定,操作室和机棚应关门加锁。

（三）汽车式起重机、轮胎式起重机

1. 汽车式起重机、轮胎式起重机检查表（表7-16）

汽车式起重机、轮胎式起重机检查表　　　　　表 7-16

检查项目	序号	检查内容及要求	检查情况	结果
音响装置	1	喇叭、电铃或汽笛音响清晰		
变幅指示器及限制装置等	※1	变幅指示器各限位装置应完好、齐全、灵敏可靠		
起重机与架空线路的距离	※1	起重机的任何部位与架空输电线路之间的距离应符合表 7-14 规定		
吊钩	1	不得使用铸造的吊钩		
	※2	吊钩严禁补焊		
	3	吊钩表面应光洁、不应有剥裂、锐角、毛刺、裂纹		
	※4	应设有防脱钩装置且工作可靠有效		
卷筒与滑轮	1	卷筒两侧边缘的高度应超过最外层钢丝绳，其值不应小于钢丝绳直径的 2 倍		
	2	卷筒上钢丝绳尾端的固定装置，应有防松或自紧性能		
	3	滑轮槽应光洁平滑，不应有损伤钢丝绳的缺陷		
	※4	滑轮应有防止钢丝绳跳出轮槽的装置		
钢丝绳	1	应有钢丝绳制造厂签发的产品技术性能和质量证明文件		
	2	起重机使用的钢丝绳的规格、型号应符合该机说明书要求，并与滑轮和卷筒相匹配，穿绕正确		
	※3	钢丝绳不得有扭结、压扁、弯折、断股、断丝、断芯、笼状畸变等变形		
	4	钢丝绳断丝数不得超过规范规定		
	5	钢丝绳润滑应良好并保持清洁		
	6	卷筒上钢丝绳放出时应保留 3 圈及以上		
	7	钢丝绳端部固接应达到说明书规定的强度		
柴油机	1	柴油机启动、加速性能应良好、怠速平稳		
	2	运转不应有异响，水温、仪表指示数据应准确		
	3	柴油机曲轴箱内机油量宜在机油尺上、下刻度中间稍上位置		
	4	空气、柴油、机油滤清器应保持清洁		
	5	水箱应定期清洗，保持水箱内、外清洁		
	6	当水温超过规定值时节温装置应能自动打开		
	7	风扇皮带松紧应适度		
	8	电气线路、油管管路应排列整齐、卡固牢靠		
	9	柴油机地脚螺栓不应松动、缺损		

检查项目	序号	检查内容及要求	检查情况	结果
油料及水	1	起重机使用的各类油料及水应符合说明书要求		
	2	冬期施工时，应选择符合当地气温牌号的油料		
	3	使用柴油时不应掺入汽油		
	4	不得使用硬水或不洁水		
	※5	冬期末使用防冻液的，每日工作完毕后应将缸体、油冷却器和水箱里的水全部放净		
	6	施工现场使用的各类油料应集中存放，并应配备相应的灭火器材		
传动系统	1	离合器接合应平稳、传递动力应有效，分离应彻底		
	2	各传动部件运转不应有冲击、振动、异向及过热		
	3	齿轮箱内齿轮啮合应完好，油量适当		
	4	工作时，齿轮箱不应有异常声响、振动、发热和漏油		
	5	变速器挡位应正确，换挡应轻便		
	6	联轴器零件不应有缺损，连接不应松动；运转时不得有剧烈撞击声		
	7	卷筒上的钢丝绳排列应整齐		
	8	齿轮箱地脚螺栓、壳体连接螺栓不应有松动、缺损		
	9	减速齿轮箱运行不得有异响		
液压系统	1	液压（气压）仪表应齐全，工作应可靠，指示数据应准确		
	2	液压油箱应保持清洁，应定期更换滤芯，更换时间应按使用说明书要求执行		
电气系统	1	电器管线排列应整齐，卡固应牢靠，不应有损伤老化		
	2	电控装置应灵敏，熔断器配置应合理、正确；各电器仪表指示数据应准确，绝缘应良好		
	3	启动装置反应灵敏，与发动机飞轮啮合应良好		
	4	电瓶应清洁、固定应牢靠		
	5	照明装置应齐全、亮度应符合使用要求		
	6	线路应整齐，包扎、卡固应可靠，绝缘应良好		
	7	仪表指示数应正确		
制动机构	※1	制动轮的摩擦面，不应有妨碍制动性能的缺陷或油污		
	※2	制动片与制动轮之间的接触面应均匀，间隙调整应适宜，制动应平稳可靠		
风速仪	1	起升高度大于50m的起重机在臂架头部应安装风速仪。当风速大于工作极限速度时，应能发出停止作业警报		
机械清洁	1	起重机内、外应整洁，不应有锈蚀、漏水、漏油、漏气、漏电		

续表

检查项目	序号	检查内容及要求	检查情况	结果
零部件及金属结构	1	各总成、零部件、附件及附属装置应齐全完整		
	2	金属结构件螺栓或铆钉连接不应松动，不应有缺件、损坏等缺陷；高强度螺栓连接的预紧力应符合说明书规定		
	3	整机主要工作性能应能达到额定指标		
润滑	1	各部位润滑装置应齐全，润滑应良好		
操作系统	1	各操作杆动作应灵活、回位应正确		
回转机构	1	回转机构各部间隙调整应适当，回转时不应有明显晃动或抖动，并具有滑转性能，行走时转台应能锁定		
行驶机构	1	行走转向应灵活，不应有阻滞		
	2	转向节及臂、转向横竖拉杆不应有裂纹、损伤，球销不应松旷		
	3	轮胎螺母和半轴螺母应完整、齐全、紧固		
	4	制动应可靠有效，不应跑偏，压印、拖印应符合验车固定；制动踏板自由行程应符合使用说明书规定		
作业要求	1	作业前，应全部伸出支腿，确认地基承载力后在撑脚板下垫方木，保证车架上安装的回转支撑平面处于水平状态，其倾斜角度不应大于 0.5%		
安全装置	1	液压系统中应设有防止过载和液压冲击的安全装置，安全溢流阀的调整压力不得大于系统额定工作压力的 110%		
	2	各液压阀不应有内外泄露，工作应可靠有效		
	※3	所有外露的传动部件均应装设防护罩且固定牢靠；制动器应装有防雨罩		
	※4	起重机应设幅度限位装置和防止起重臂后倾装置且工作可靠有效		
整机检查结论			责任人签字	检查方：　年　月　日　　受检方：　年　月　日
备注				

注：参考用表

2. 检查要点

（1）起重机作业前，必须保证全部伸出支腿，所有轮胎离地，且车架上安装的回转支撑平面倾斜度应符合规范要求。

（2）起重机作业的场地应保持平坦坚实，符合起重时的受力要求；起重机应与沟渠、基坑保持安全距离。

（3）主要工作性能应达到额定指标。

（4）钢丝绳及连接部位应符合规定。

（5）起重机变幅角度不得小于各长度所规定的仰角。

（6）起重机的幅度限制器、力矩限制器、高度限位器等安全装置部件应齐全完整，动作应灵敏可靠。

（四）塔式起重机

1. 塔式起重机检查表（表 7-17）

塔式起重机检查表 表 7-17

序号	检查项目	检查内容及要求	检查情况	结果
1	载荷限制装置	起重量限制器灵敏、有效		
		力矩限制器灵敏、有效		
2	行程限位装置	起升高度限位器灵敏、有效		
		幅度限位器灵敏、有效		
		回转不设集电器的塔式起重机未安装回转限位器或不灵敏		
		行走式塔式起重机未安装行走限位器或不灵敏		
3	保护装置	小车变幅的塔式起重机未安装断绳保护及断轴保护装置或不符合规范要求		
		行走及小车变幅的轨道行程末端未安装缓冲器及止挡装置或不符合规范要求		
		起重臂根部绞点高度大于50m的塔式起重机未安装风速仪或不灵敏		
		塔式起重机顶部高度大于30m且高于周围建筑物未安装障碍指示灯		
4	吊钩、滑轮、卷筒与钢丝绳	吊钩未安装钢丝绳防脱钩装置或不符合规范要求		
		吊钩磨损、变形、疲劳裂纹达到报废标准		
		滑轮、卷筒未安装钢丝绳防脱装置或不符合规范要求		
		滑轮及卷筒的裂纹、磨损达到报废标准		
		钢丝绳磨损、变形、锈蚀达到报废标准		
		钢丝绳的规格、固定、缠绕不符合说明书及规范要求		
5	多塔作业	多塔作业未制定专项施工方案，施工方案未经审批或方案针对性不强		
		任意两台塔式起重机之间的最小架设距离不符合规范要求		
6	安装、拆卸与验收	安装、拆卸单位未取得相应资质		
		未制定安装、拆卸专项方案，方案未经审批或内容不符合规范要求		
		未履行验收程序或验收表未经责任人签字		
		验收表填写不符合规范要求		
		特种作业人员未持证上岗		
		未采取有效联络信号		

续表

序号	检查项目	检查内容及要求	检查情况	结果
7	附着	塔式起重机高度超过规定不安装附着装置		
		附着装置水平距离或间距不满足说明书要求而未进行设计计算和审批的		
		安装内爬式塔式起重机的建筑承载结构未进行受力计算		
		附着装置安装不符合说明书及规范要求		
		附着后塔身垂直度不符合规范要求		
8	基础与轨道	基础未按说明书及有关规定设计、检测、验收		
		基础未设置排水措施		
		路基箱或枕木铺设不符合说明书及规范要求		
		轨道铺设不符合说明书及规范要求		
9	结构设施	主要结构件的变形、开焊、裂纹、锈蚀超过规范要求		
		平台、走道、梯子、栏杆等不符合规范要求		
		主要受力构件高强螺栓使用不符合规范要求		
		销轴连接不符合规范要求		
10	电气安全	未采用 TN-S 接零保护系统供电		
		塔式起重机与架空线路小于安全距离又未采取防护措施		
		防护措施不符合要求		
		防雷保护范围以外未设置避雷装置		
		避雷装置不符合规范要求		
		电缆使用不符合规范要求		

整机检查结论			责任人签字	检查方：　　　　　　　年　月　日
				受检方：　　　　　　　年　月　日
备注				

注：本表摘自《建筑施工安全检查标准》JGJ 59—2011。

2. 检查要点

（1）载荷限制装置：

1）起重量限制器：

当起重量大于最大额定起重量并小于 110% 额定起重量时，应能停止上升方向动作，但应有下降方向动作。

2）起重力矩限制器：

①力矩限制：当起重力矩大于相应工况下额定值并小于额定值的110％时，应切断上升和幅度增加方向的电源，但机构可做下降和减小幅度方向的运动；

②变幅速度限制：对最大变幅速度超过40m/min的起重机，在小车向外运行时，当起重力矩达到额定值的80％时，应自动转换为低速运行。

（2）行程限位装置：

1）起升高度限位器：

①对小车变幅的塔机，吊钩装置顶部升至小车架下端的最小距离为800mm处时，应能立即停止起升运动，但应有下降运动；

②对没有变幅重物平移功能的动臂变幅的塔机，还应同时切断向外变幅控制回路电源，但应有下降和向内变幅运动。

2）幅度限位器：

①对小车变幅的塔机，应设置小车行程限位开关和终端缓冲装置。限位开关动作后应保证小车停车时其端部距终端缓冲装置的最小距离为200mm；

②对动臂变幅的塔吊，应装设幅度指示器，应能正确指示吊具所在的幅度。

③对动臂变幅的塔吊，应设置臂架极限位置的限制装置，防止塔吊倾翻。

3）回转限位器：对回转处不设集电器供电的塔机，应设置正反两个方向回转限位开关，开关动作时臂架旋转角度应不大于±540°。

4）对轨道式行走机构应在每个运行方向设置行程限位开关；在轨道上应安装限位开关碰铁，塔机在与止档装置或与同一轨道上其他塔机相距不应小于1m处时应能完全停住，同时还应安装夹轨器。

（3）保护装置：

1）小车断绳保险装置：对小车变幅塔机应设置双向小车变幅断绳保护装置。

2）小车断轴保护装置：对小车变幅塔机应设置小车断轴保护装置，即使车轮失效小车也不得脱离臂架坠落。

3）风速仪：当风速大于工作允许风速时，应能发出停止作业的警报；对臂架根部绞点处高度超过50m的塔机，应在顶部设置风速仪。

4）障碍灯：塔顶高度大于30m且高于周围建筑物的塔机，应在塔顶和臂架端部安装红色障碍指示灯，该指示灯的供电不应受停机的影响。

（4）吊钩、滑轮、卷筒与钢丝绳

1）钢丝绳防脱装置：吊钩、滑轮、起升卷筒及动臂变幅卷筒均应设有钢丝绳防脱装置，该装置表面与滑轮或卷筒侧板外缘间的间隙不应超过钢丝绳直径的20％，该装置可能与钢丝绳接触的表面不应有棱角。

2）安装与使用符合上文要求。

（5）多塔作业：

1）当同一施工地点有两台以上塔式起重机并可能互相干涉时，应制定群塔作业方案；

2）两台塔机之间的最小架设距离应保证：处于低位的塔机起重臂端部与另一台塔机塔身之间至少有2m的距离；处于高位塔机的最低位置的部件与低位塔机中处于最高位置部件之间的垂直距离不应小于2m。

3）当相邻工地发生多台塔式起重机交叉作业时，应在协调相互作业关系的基础上，编制各自的专项使用方案。

（6）安装、拆卸与验收

1）安装（拆卸）单位应具备相应的起重设备专业承包资质和安全生产许可证，作业人员应取得建设行政主管部门颁发的"建筑施工特种作业操作资格证书"，并在有效期内。

根据住房城乡建设部《关于印发〈建筑业企业资质标准〉的通知》（建市［2014］159号）有关规定，"起重设备安装工程专业承包资质标准"分为一级、二级、三级：

①一级资质可承担塔式起重机、各类施工升降机和门式起重机的安装与拆卸；

②二级资质可承担3150kN·m以下塔式起重机、各类施工升降机和门式起重机的安装与拆卸；

③三级资质可承担800kN·m以下塔式起重机、各类施工升降机和门式起重机的安装与拆卸。

2）安装（拆卸）作业前，安装单位应编制专项施工方案，由安装单位技术负责人批准后实施。

3）安装专项施工方案的内容至少应包括：工程概况；安装位置平面图和立面图；所选用塔式起重机型号及技术性能参数说明；基础和附着装置的设置；加高工况及附着（墙）节点详图；施工设置、顺序和安全质量要求；设备主要安装部件的重量和吊点位置；施工吊装辅助设备的型号、性能及位置（须附平面图和立面图）；电源的设置；施工人员配置及岗位职责；吊索具和专用工具的配备；设备施工工艺流程及具体步骤内容、工艺、流程图；详细吊装（卸）图文说明；安全装置调试；施工安全注意事项；重大危险源和安全技术措施；应急预案等。

4）拆卸专项施工方案的内容至少应包括：工程概况；塔吊位置的平面图和立面图；拆卸顺序；部件的重量和吊点位置；施工吊装辅助设备的型号、性能及位置（须附平面图和立面图）；电源的设置；施工人员配置及岗位职责；吊索具和专用工具的配备；施工安全注意事项；重大危险源和安全技术措施；应急预案等。

5）验收

塔式起重机安装完毕后，安装单位应对安装质量进行自检，自检合格后委托有相应资质的检验检测机构进行检测，检测机构应出具检验报告书；检测合格后应由总承包单位组织出租、安装、使用、监理等单位进行验收；验收表格应由责任人签字确认。

6）安装（拆卸）作业人员及司机、指挥应持有效证件上岗。

（7）附着

1）附着的建筑物，其锚固点的受力强度应满足塔吊设计要求。附着杆系的布置方式、相互间距、附着距离等，应按出厂使用说明书规定执行；当不满足使用说明书要求时，应进行设计计算、绘制图纸和编写相关说明。

2）附着装置的构件和预埋件应由原制造厂家或具有相应能力的企业制作。

3）附着杆件与附着支座的连接应采用铰接（销轴连接）方式。

4）在附着框架和附着支座布设时，附着杆竖向倾斜角不得超过10°。

5）附着框架宜设置在塔身标准节连接处，箍紧塔身。塔架对角处在无斜撑时应加固。

6）拆卸起重机时，应随着降落塔身的进程拆卸相应的附着装置。严禁在落塔之前先拆附着装置。

7）当风速大于 8m/s 时，严禁进行附着和升降作业。

8）内爬升塔式起重机的附着应符合以下要求：

①内爬升过程中，严禁进行塔式起重机的起升、回转、变幅等各项动作；

②内爬升塔式起重机的塔身固定间距应符合使用说明书的要求；

③应对设置内爬升框架的建筑结构进行承载力复核，并应根据计算结果采取相应的加固措施。

9）附着前后塔身垂直度应符合以下要求：

①在无荷载的情况下，塔身和基础平面的允许偏差为 4‰；

②装设附着框架和附着杆件，应采用经纬仪测量塔身垂直度，并应采用附着杆进行调整，在最高锚固点以下垂直度允许偏差为 2‰。

（8）基础与轨道

1）塔式起重机按使用说明书要求设计的基础不能满足地基承载力的要求，应进行基础变更设计，并应经技术负责人审核后实施。

2）塔式起重机基础的验收应包括施工总承包单位、基础施工单位、安装单位、监理单位等。

3）混凝土基础应符合下列要求：

①混凝土基础应符合使用说明书和现行行业标准《塔式起重机混凝土基础工程技术规程》JGJ/T 187—2009 的规定；

②基础表面平整度允许偏差为 1‰；

③预埋件的位置、标高和垂直度以及施工工艺符合使用说明书要求；

④基础应设置排水设施，排水设施应与基坑保持安全距离；

⑤采用塔机原制造商推荐的混凝土基础，固定支腿、预埋节和地脚螺栓应按原制造商规定的方法使用。

⑥基础混凝土施工中，在基础顶面四角应做好沉降及位移观测点，并做好原始记录。混凝土基础的沉降量不得大于 50mm，倾斜率不得大于 0.001。

4）轨道基础应符合下列要求：

①路基承载能力应满足塔式起重机使用说明书要求；

②每间隔 6m 应设轨距拉杆一个，轨距允许偏差为公称值的 1‰；

③在纵横方向上，钢轨顶面的倾斜度不得大于 1‰；塔机安装后，轨道顶面纵、横方向上的倾斜度，对于上回转塔机应不大于 3‰；对于下回转塔机应不大于 5‰，在轨道全程中，轨道顶面任意两点的高差应小于 100mm；

④钢轨接头间隙不得大于 4mm，并应与另一侧轨道接头错开，错开距离不得小于 1.5m，接头处应架在轨枕上，两轨顶高度差不得大于 2mm；

⑤距轨道终端 1m 处应设置缓冲止挡器，其高度不应小于行走轮的半径。

（9）结构设施

1）高强度连接螺栓应由专业厂家制造，并应有合格证明。高强度螺栓严禁焊接，采用专用工具拧紧到说明书规定的力矩；

2）连接件及其防松防脱件严禁用其他代用品代用。连接件及其防松防脱件应使用力矩扳手或专用工具紧固连接螺栓；

3）金属结构部分应完好，无裂纹、脱焊、破损和严重变形；

4）爬梯、休息平台、护栏及结构连接均符合产品说明书和规范要求；

5）配重的配置应符合产品说明书的规定。

（10）电气安全

1）与架空线路的安全距离应符合表7-18的规定。

2）塔式起重机金属结构、轨道应有可靠的接地装置，接地电阻不应大于4Ω，重复接地电阻不应大于10Ω；

3）联动台操作手柄零位保护装置：联动控制台应具有零位自锁和自动复位功能。主要作用是防止手柄在非零位置（即工作挡位）上工作时突然停电，操作人员离开操作台时忘了将手柄拉回零位，当起重机恢复供电时，可能造成的起重机自行起动的事故。

4）在电气线路中，失压保护、零位保护、电源错相及断相应齐全灵敏有效。

（五）桅杆式起重机

1. 桅杆式起重机检查表

桅杆式起重机检查表

表 7-18

检查项目	序号	检查内容及要求	检查情况	结果
作业环境	※1	起重机的任何部位与架空输电线路之间的距离应符合表7-14规定，否则应采取有效的安全防护措施		
吊钩	※1	不得使用铸造的吊钩		
	2	吊钩严禁补焊		
	3	吊钩表面应光洁，不应有剥裂、锐角、毛刺、裂纹		
	4	应设有防脱钩装置且工作可靠有效		
卷扬机	※1	卷扬机不得用于运送人员		
	2	露天作业的卷扬机应有防雨措施		
	3	卷扬机安装地点应平整，与基础或底架的连接应牢固，并应符合使用说明书的规定		
	4	对于光卷筒，从卷筒中心到导向轮的距离不应小于卷筒长的20倍；对于有槽卷筒，从卷筒中心到导向轮的距离不应小于卷筒长的15倍		
	※5	卷扬机用于起吊重物时，应安装上升行程限位开关且灵敏可靠。根据施工情况，如使用超载保护、超速保护、下降行程限位开关时，应保证其灵敏可靠		
	6	外露传动部位防护罩应齐全完好		
	7	短路和过载保护、失压保护、零位保护装置工作应灵敏可靠		
	8	滑轮与钢丝绳应匹配		

检查项目	序号	检查内容及要求	检查情况	结果
卷扬机	9	齿轮箱润滑良好，不得有异响、振动		
	10	设备清洁、不应漏油		
	※11	漏电保护器安装正确、参数匹配		
	※12	严禁使用倒顺开关作为卷扬机的控制开关		
	13	卷筒和滑轮应符合下列规定： 1）卷筒两侧边缘的高度应超过最外层钢丝绳，其值不应小于钢丝绳直径的 2 倍 2）卷筒上钢丝绳尾端的固定装置，应有防松或自紧性能 3）滑轮槽应光洁平滑，不应有损伤钢丝绳的缺陷		
	※14	滑轮应有防止钢丝绳跳出轮槽的装置		
钢丝绳	1	应有钢丝绳制造厂签发的产品技术性能和质量证明文件		
	2	钢丝绳的规格、型号应符合该机说明书要求，并与滑轮和卷筒相匹配，穿绕正确		
	※3	钢丝绳不得有扭结、压扁、弯折、断股、断丝、断芯、笼状畸变等变形		
	4	钢丝绳断丝数不得超过规范规定		
	5	钢丝绳润滑应良好并保持清洁		
	6	卷筒上钢丝绳放出时应保留 3 圈及以上		
	7	钢丝绳端部固接应达到说明书规定的强度		
电气系统	1	电气管线排列应整齐，卡固应牢靠，不应有损伤老化		
	2	各电器仪表指示数据应准确，绝缘应良好		
	3	线路应整齐，包扎、卡固应可靠；绝缘应良好		
	4	电气元件性能应良好，动作应灵敏可靠，集电环集电性能良好		
	5	仪表指示数应正确		
	6	电机运行不应有异响，温升应正常		
制动机构	1	带式制动器背衬钢带的端部与固定部分应采用铰接		
	※2	制动轮的摩擦面，不应有妨碍制动性能的缺陷或油污		
	※3	制动片与制动轮之间的接触面应均匀，间隙调整应适宜，制动应平稳可靠		
	4	制动器和制动轮出现下列情况之一时应予报废：1）当制动轮出现可见裂纹；2）制动块（带）摩擦衬垫磨损量达原厚度的 50% 或露出铆钉时，应报废更换摩擦衬垫；3）弹簧出现塑性变形；4）起升、变幅机构的制动轮轮缘厚度磨损量达原厚度的 40%；其他机构制动轮轮缘厚度磨损量达原厚度的 50%		

续表

检查项目	序号	检查内容及要求	检查情况	结果
金属结构	1	主要承载结构件，由于腐蚀而使结构的计算应力提高，当超过原计算应力的15%时或无计算条件的，当腐蚀深度达原厚度的10%时应予报废		
	2	主要承载结构件产生无法消除裂纹影响的不得使用		
安装	1	组装桅杆的连接螺栓应紧固可靠，应满足使用要求		
	2	桅杆的基础应平整坚实，不应有下沉、积水		
	3	桅杆连接板、桅杆头部和回转部分不应有永久的变形、锈蚀		
	4	新桅杆组装时，中心线偏差应不大于总支承长度的1‰；多次使用过的桅杆，在重新组装时，每5m长度内中心线与局部塑性变形允许偏差值不应大于40mm；在桅杆全长内，中心线与总支承长度的允许偏差应为0.5%		
缆风绳	1	缆风绳宜采用4~8根，布置应合理，松紧应均匀		
	※2	缆风绳的规格、数量及地锚的拉力、埋设深度等，应按照起重机性能经计算确定，缆风绳与地面夹角应在30°~45°之间，缆风绳与桅杆和地锚的连接应牢固。如越过公路或街道时，架空高度不应小于7m		
	3	地锚的埋设，应与现场的土质情况和地锚的受力情况相适应，缆风绳地锚的埋设应经设计，当无设计规定时，地锚应采用不少于2根钢管（$\phi48$~$\phi53$）并排设置（与钢丝绳受力垂直），其间距应小于0.50m，打入深度应不小于1.70m，桩顶应有钢丝绳防滑措施		
	4	缆风绳的架设应避开架空线路。在靠近电线附近，应装有绝缘材料制作的线架		
整机检查结论			责任人签字	检查方：　年　月　日 受检方：　年　月　日
备注				

注：参考用表

2. 检查要点

（1）桅杆式起重机专项方案必须按规定程序审批，并应经专家论证后实施。施工单位必须指定安全技术人员对桅杆式起重机的安装、使用和拆卸进行现场监督和监测。

（2）桅杆式起重机的安装和拆卸应划出警戒区，清楚周围的障碍物，在专人统一指挥下，应按使用说明书、安装和拆卸方案进行。

（3）桅杆式起重机的基础应符合专项方案的要求。

（4）缆风绳的规格、数量及地锚的拉力、埋设深度等应按照起重机性能经过计算确定，缆风绳与地面的夹角不得大于 60°，缆风绳与桅杆和地锚的连接应牢固。地锚不得使用膨胀螺栓、定滑轮。

（5）桅杆式起重机安装后应进行试运转，使用前应组织验收。

（6）在起吊额定起重量的 90% 及以上重物前，应安排专人检查地锚的牢固程度。起吊时，缆风绳应受力均匀，主杆应保持直立状态。

（六）桥（门）式起重机

1. 桥（门）式起重机检查表（表 7-19）

桥（门）式起重机检查表 表 7-19

序号	项类	项目编号	检查内容及要求	检查结果	结论
※1		主要受力构件	起重机主要受力构件（主梁、端梁、平衡梁、支腿、小车架等）应无裂纹、无永久变形；主要受力构件母材不应出现严重锈蚀或磨损		
※2		焊缝质量	主要受力构件焊缝不得有目测可见的裂纹		
3		护栏	在起重机上的以下部位应装设栏杆：（1）用于进行起重机安装、拆卸、试验、维修和保养的，且高于2m的工作部位；（2）通往离地面高度2m以上的操作室、检修保养部位的通道；（3）存在跌落高度大于1m的危险通道及平台		
4	结构	梯子	司机维修及调整时必须经过的通道，应设安全、方便的梯凳。梯子宜用斜梯，梯、凳面应具有防滑性能，采用直梯时，当高度大于10m时应在每隔6～8m处设休息平台，当高度大于5m时，应从2m起装设护圈		
5		检修吊笼	采用裸滑线供电的桥式起重机，在司机室对面靠近滑线的一端，应装设检修吊笼		
6		钢丝绳防脱装置	滑轮应设有防止钢丝绳脱出绳槽的装置或结构。在滑轮罩的侧板和圆弧顶板等处与滑轮体的间隙不宜超过钢丝绳直径的20%		
7		防护罩	起重机上外露的、有伤人可能的旋转零部件，如开式齿轮、联轴器、传动轴等，均应装设防护罩		
8		防雨措施	露天工作的起重机，其电气设备应装设防雨罩或采取其他防雨措施		
9	司机室	配置	司机室应配有灭火器和绝缘地板		

序号	项类	项目编号	检查内容及要求	检查结果	结论
10	电气控制操纵及保护	司机室操纵	司机室操纵应采用联动控制台，联动控制台应具有零位自锁和自动复位功能		
※11		操作系统联锁保护	可在两处或多处操作的起重机，应有联锁保护，以保证只能在一处操作，防止两处或多处同时都能操作		
※12		紧急断电开关	对每一种操纵方式，均应在司机操作方便的地方设置在紧急情况下可迅速断开总动力电源的红色、非自动复位式的紧急断电开关		
※13		失压保护	起重机必须设有失压保护，当供电电源中断后，各用电设备均应处于断电状态，避免恢复供电后用电设备自动启动		
※14		零位保护	起重机传动机构必须设有零位保护。运行中因故障或失压停止运行后，重新恢复供电时，机构不得自行动作，应人为将控制器置回零位后，机构才能重新起动		
※15	作业环境	与输电线的安全距离	起重机上任何部件与高压输电线的最小距离应符合表7-14的规定		
16	轨道	轨道基础	起重机轨道的选用和铺设应符合使用说明书或安装方案的要求		
17			路基两侧及中间应设排水措施，保证路基无积水		
18		轨道固定	固定轨道的螺栓和压板应齐全，且固定牢固可靠		
		轨道缺陷	轨道不应有裂纹、严重磨损等影响安全运行的缺陷		
※19	结构安装与连接	螺栓、销轴连接应符合说明书要求	主要受力构件的螺栓连接部位应采用高强度螺栓，高强度螺栓应有性能等级标志，其型号、规格及数量应符合起重机使用说明书的要求，且无缺件、裂纹等缺陷。高强度螺栓连接时，应用双螺母或采取其他能防止螺母松动的有效措施，并用扭矩扳手或专用扳手按装配技术要求拧紧，螺杆螺纹应露出1～3个螺距		
※20		司机室安装固定	司机室与起重机的连接必须安全可靠		
※21	吊钩与钢丝绳	吊钩缺陷	吊钩严禁补焊，不得使用铸造吊钩，吊钩不得存有下列缺陷：（1）表面有裂纹；（2）钩尾和螺纹部分等危险截面或钩筋有永久性变形；（3）挂绳处截面磨损量超过原高度的5%；（4）开口度比原尺寸增加10%；（5）钩身扭转变形超过10°；（6）心轴磨损量超过其直径的5%		
22		钢丝绳型号规格	钢丝绳的型号规格应符合设计要求和GB 8918的规定，并有产品出厂合格证		
23		钢丝绳端部固定	卷筒上钢丝绳尾端固定装置应有防松或自紧的性能		
			卷筒上钢丝绳尾端采用压板固定时，压板不得少于2个（电动葫芦不少于3个），且应相互分开并可靠固定		
			钢丝绳端部采用楔形接头固定时，楔套不应有裂纹，楔块不应松动，紧固件齐全		
			钢丝绳端部采用金属压制接头固定时，接头不应有裂纹		

序号	项类	项目编号	检查内容及要求	检查结果	结论
24	机构及零部件	钢丝绳安装	多层缠绕的卷筒，端部应有凸缘，凸缘应比最外层钢丝绳（或链条）高出 2 倍的钢丝绳直径（或链条宽度） 钢丝绳在卷筒上应能按顺序整齐排列 当吊钩处于工作位置最低点时，钢丝绳在卷筒上的缠绕，除固定绳尾的圈数外，必须不少于 2 圈		
25		钢丝绳使用	钢丝绳应润滑良好，不应与金属结构摩擦，且不得编结接长使用		
※26		钢丝绳缺陷	钢丝绳不得出现下列缺陷：（1）绳股断裂；（2）扭结；（3）压扁；（4）弯折；（5）波浪形变形；（6）笼状畸变；（7）绳股挤出；（8）钢丝挤出；（9）绳径局部增大；（10）绳径减小，钢丝绳直径相对公称直径减小 3%（对于抗扭钢丝绳）或减小 10%（对于其他钢丝绳）时；（11）外部腐蚀；（12）严重断丝，绳端断丝，断丝的局部聚集		
27		卷筒缺陷	卷筒不得出现下列缺陷：（1）裂纹；（2）轮缘破损；（3）卷筒壁过度磨损		
28		滑轮缺陷	滑轮应转动良好，不得出现下列缺陷：（1）裂纹；（2）轮缘破损；（3）绳槽壁厚过度磨损；（4）滑轮槽底过度磨损		
※29		制动器设置	起升机构、小车运行机构、大车运行机构应装设常闭制动器。制动器应调整适宜，制动平稳可靠		
※30		制动器缺陷	制动器零部件不得出现下列缺陷：（1）缺件；（2）可见裂纹；（3）制动片过度磨损；（4）制动轮表面过度磨损，凸凹不平度达 1.5mm；（5）弹簧出现塑性变形；（6）液压制动器或制动器的推动器漏油		
31		车轮缺陷	车轮不得出现下列缺陷：（1）可见裂纹（2）踏面厚度磨损量达原厚度的 15%；（3）轮缘厚度磨损量达原厚度的 50%		
32	电源及电缆敷设、接地、照明	供电系统	起重机供电应采用 TN-S 接零保护系统，供电线路的零线应与起重机的接地线严格分开		
33		配电开关	在起重机的专用开关箱内应装设隔离开关、断路器或熔断器，以及漏电保护器，且动作正常、可靠		
34	电源及电缆敷设、接地、照明	电缆敷设	电源电缆应采用五芯电缆。电缆可直接敷设，但在有机械损伤、化学腐蚀、油污侵蚀的地方应有防护措施		
※35		接地保护	起重机本体的金属结构、轨道、电机机座和所有电气设备的金属外壳、导线的金属保护管、安全照明的变压器低压侧等均应可靠接地。接地电阻应≤4Ω；采用多处重复接地时，其接地电阻应≤10Ω		

序号	项类	项目编号	检查内容及要求	检查结果	结论
※36	安全装置及其性能	起重量限制器	起重机应装设起重量限制器，且动作准确、可靠		
※37		起升高度限位器	起升机构应装设起升高度限位器，必须保证当吊钩起升到极限位置时自动切断起升机构电路		
38		下极限限位器	当有下极限限位要求时，应装设下极限限位器。当吊具下降到下极限位置时，能自动切断下降方向的动力电源，保证钢丝绳在卷筒上缠绕所需的安全圈数		
※39		大车行程限位装置	起重机大车运行机构应设置运行行程限位装置，包括行程限位开关、缓冲器和止挡装置。限位开关动作有效、可靠运作；止挡装置应牢固		
※40		小车行程限位装置	起重机小车运行机构应设置缓冲器及止挡装置，止挡装置应牢固		
			当运行小车的运行速度大于25m/min时，也应设置运行行程限位开关，且动作有效、可靠		
※41		防风装置	起重机应装设可靠的手动或电动防风装置及锚定装置，其零件应无缺损，且工作有效、可靠。当采用电动夹轨器时，宜同时设置手动功能，或另加辅助手动防风装置。电动防风装置与大车运行机构间应设有联锁保护		
42		防碰撞装置	当两台或两台以上的起重机或起重小车运行在同一轨道上时，应装设防碰撞装置		
43		扫轨板	当物料有可能积存在轨道上成为运行的障碍时，在起重机的台车架和小车架下面应装设扫轨板，扫板板底面与轨道顶面之间的间隙应为5～10mm		
※44		电气开关联锁保护	进入起重机的门和司机室到桥架上的门，必须设有电气联锁保护装置，当任何一个门打开时，起重机所有机构均不能工作		
			司机室设在起重机的运动部分上时，进入司机室的通道口应联锁保护装置，当通道口的门打开时，应断开由于机构动作可能对人员造成危险的机构的电源		
45		防倾翻安全钩	在主梁一侧落钩的单主梁起重机，应装设防倾翻安全钩		
46		风速报警装置	对门式起重机，起升高度大于12m时		
47		偏斜调整装置	对门式起重机，当其跨度 $S \geqslant 40m$ 时，应装设偏斜调整装置		
整机检查结论		责任人签字	检查方：　　　年 月 日　　受检方：　　　年 月 日		
备注					

注：参考用表

2. 检查要点

（1）基础

1）与架空线路的安全距离应符合表 7-14 的要求；

2）运行区域内起重机构与周边固定障碍物间的最小距离不得小于 0.1m，与人员通道最小距离不得小于 0.5m；

3）地基承载力、轨道平面度、平行度、高差及间距误差应符合说明书要求，轨道接地电阻不得大于 4Ω；

4）轨道端部机械止挡装置固定应牢固可靠；

5）轨道应平直，鱼尾板连接螺栓不得松动，轨道和起重机运行范围内不得有障碍物；

6）基础应设置排水措施，且应验收合格后方可使用。

（2）安装与拆卸

1）安装（拆除）作业前，应编制专项施工方案，并经过单位技术负责人审批；

2）安装前，安装负责人应依据专项方案对安装作业人员进行安全技术交底；

3）起重机主梁、端梁、平衡梁（支腿）、小车架不应有可见裂纹和塑性变形；当腐蚀超过原厚度的 10% 时，应予报废；

4）起重机主梁、端梁、平衡梁（支腿）、小车架、行走台车等部件连接件应无缺失，销轴轴端定位及螺栓紧固力矩应符合使用说明书的要求；

5）抗风、防滑装置应完整，无裂纹、塑性变形等影响性能缺陷；

6）门式起重机的电缆应设有电缆卷筒，配电箱应设置在轨道中部；

7）用滑线供电的起重机应在滑线的两端标有鲜明的颜色，滑线应设置防护装置，防止人员及吊具钢丝绳与滑线意外接触；

8）现场供电安装应符合现行行业标准《施工现场临时用电安全技术规范》JGJ 46—2005 的规定，供电容量应符合产品说明书的要求；

9）操作室内应垫木板或绝缘板，接通电源后应采用试电笔测试金属结构部分，确认无漏电方可上机，上、下操纵室应使用专用扶梯。

（3）使用

1）吊运路线不得从人员、设备上面通过；空车行走时，吊钩应离地面 2m 以上；

2）两台起重机同时作业时，应保持 5m 以上距离，不得用一台起重机推顶另一台起重机；

3）门式、桥式起重机的主梁挠度超过规定值时，必须修复后方可使用；

4）运行机构扫轨器应完好，扫轨板底面与轨顶间隙宜为 5～10mm。

5）抗风防滑装置应完整，无裂纹、塑性变形等影响性能的缺陷。

6）作业后，门式起重机应停放在停机线上，用夹轨器锁紧；桥式起重机应将小车停放在两条轨道中间，吊钩提升到上部位置。吊钩上不得悬挂重物。

（4）安全防护装置

1）起重量限制器

当实际起重量超过 95% 的额定起重量时，起重量限制器发出报警信号；当实际起重量在 100%～110% 的额定起重量之间时，起重量限制器起作用，此时应自动切断起升动力源，但允许机构作下降动作。

2）起升高度限位器

当取物装置上升到设计规定的上极限位置时，应能立即切断起升动力源。需要时，还应设下降深度限位器；当取物装置下降到设计规定的下极限位置时，应能立即切断下降动力源。

3）运行行程限位器

起重机和起重小车应在每个运行方向装设运行行程限位器，在达到设计规定的极限位置时自动切断前进方向的动力源。在运行速度大于 100m/min 或停车定位要求较严的情况下，宜根据需要装设两级运行行程限位器，第一级发出减速信号并按规定要求减速，第二级自行断电并停车。

4）联锁保护装置

进入桥（门）式起重机的门和从司机室登上桥架的舱口门，应能联锁保护，当门打开时，应断开由于机构动作可能对人员造成危险的机构电源。

司机室与进入通道有相对运动时，进入司机室的通道口，应设联锁保护，当通道口的门打开时，应断开由于机构动作可能对人员造成危险的机构电源。

可在两处或多处操作的起重机，应有联锁保护，以保证只能在一处操作，防止两处或多处同时操作。

当既可以电动，也可以手动驱动时，相互间的操作转换应有联锁保护。

夹轨器等制动装置和锚定装置应能与运行机构联锁。

对小车在可俯仰的悬臂上运行的起重机，悬臂俯仰机构与小车运行机构应能联锁，使俯仰悬臂放平后小车方能运行。

5）超速保护

对于电控调速（包括可控硅定子调压、涡流制动、能耗制动、可控硅供电、直流机组供电等）的起升机构均应设超速保护，其设定值一般为额定速度的 1.25～1.4 倍。

6）安全防护装置在桥（门）式起重机上的设置要求见表 7-20。

安全防护装置设置表　　　　　　　　　　　表 7-20

序号	安全装置名称	通用桥式起重机		通用门式起重机	
		程度要求	要求范围	程度要求	要求范围
1	起重量限制器	应装	动力驱动的	应装	动力驱动的
2	起升高度限制器	应装	动力驱动的	应装	动力驱动的
3	下降深度限制器	应装	根据需要	应装	根据需要
4	运行行程限位器	应装	动力驱动的并且在大车和小车运行的极限位置	应装	动力驱动的并且在大车和小车运行的极限位置
5	偏斜指示器	—		宜装	跨度大于 40m 时
6	超速保护	应装		应装	
7	联锁保护安全装置	应装		应装	
8	缓冲器	应装	在大车、小车运行机构或轨道端部	应装	在大车、小车运行机构或轨道端部

续表

序号	安全装置名称	通用桥式起重机		通用门式起重机	
		程度要求	要求范围	程度要求	要求范围
9	抗风防滑装置	应装	室外作业的	应装	室外作业的
10	风速风级报警器	—		应装	起升高度大于12m时
11	小车防倾翻安全钩	—		应装	
12	轨道清扫器	应装	动力驱动的大车运行机构上	应装	在大车运行机构上
13	端部止挡	应装	在运行机构	应装	在运行机构
14	导电滑线防护板	应装		—	
15	作业报警装置	—		应装	
16	暴露的活动零部件防护罩	应装	有伤人可能的	应装	有伤人可能的
17	电气设备防雨罩	应装	室外工作的防护等级不能满足要求时	应装	室外工作的防护等级不能满足要求时
18	防碰撞装置	应装	在同一轨道运行工作的两台或两台以上的	应装	在同一轨道运行工作的两台或两台以上的

注：参考用表

（七）电动卷扬机

1. 电动卷扬机检查表（表7-21）

电动卷扬机检查表   表7-21

检查项目	序号	检查内容及要求	检查情况	结果
安装	1	安装地点应平整，与基础或底架的连接应牢固并符合说明书规定		
	2	光卷筒从卷筒中心到导向轮（地轮）的距离不应小于卷筒长度的20倍；有槽卷筒从卷筒中心到导向轮的距离不应小于卷筒长度的15倍		
传动系统	1	主轴、传动轴运转不应有振动、跳动、冲击、异响、漏油、发热；油量、油质、润滑油的规格型号应符合说明书规定		
	2	联轴器连接牢固，零件部应缺损，运转时不应有剧烈撞击声		
	3	减速箱内齿轮啮合应平稳，不应有异响、振动、漏油、发热；油量、油质、润滑油的规格型号应符合说明书规定		
	4	离合器应接合平稳、传递动力有效、分离彻底		
	5	卷筒两侧边缘的高度应超过最外层钢丝绳，其值不应小于钢丝绳直径的2倍；卷筒上钢丝绳尾端的固定装置应有防松和自紧性能；筒壁磨损达到原壁厚的10%应予报废		
	6	滑轮轮槽应光洁平滑，不应有损伤钢丝绳的缺陷；应有防止钢丝绳脱槽的装置；下列情况应报废：轮槽不均匀磨损达3mm、轮槽壁厚磨损达到原壁厚的20%、轮槽底部直径的磨损量超过相应钢丝绳直径的25%		

续表

检查项目	序号	检查内容及要求	检查情况	结果
制动系统	1	必须设置制动器或具有同等功能的装置，对于电力驱动的起重机在产生大的压降或在电气保护元件动作时，不允许导致制动机构动作失控		
	※2	手动卷扬机的棘轮、棘爪不应损坏，制动有效、可靠		
	※3	对于制动带摩擦片的磨损应有补偿能力；制动带摩擦片与制动轮的实际接触面积不应小于理论接触面积的70%；带式制动器背衬钢带的端部与固定部分应采取铰接；制动轮的摩擦面不应有妨碍动性能的缺陷或油污		
	4	制动块（带）摩擦片磨损量达到原厚度的50%或露出铆钉；弹簧出现塑性变形；电磁铁杠杆系统空行程超过额定行程的10%；制动轮轮缘厚度磨损量达到原厚度的40%；制动轮轮面凹凸不平度达1.5mm且不能修复；轮面磨损量达1.5~2mm，出现上述情况之一时，应予报废		
钢丝绳	1	钢丝绳的规格、型号应符合该机说明书规定，排列整齐，与卷筒和滑轮匹配，穿绕正确，不得有扭结、压扁、弯折、断股、断丝、断芯、笼状畸变等变形；钢丝绳断丝根数的控制标准和钢丝绳端部固接要求应符合规范要求；钢丝绳放出时，在卷筒上最少应保留3圈，跨路面的钢丝绳应做保护		
电气	1	电控箱的指示灯、短路、过载、失压、零位保护应齐全、工作灵敏、有效		
安全装置	1	外露传动部位的防护罩（盖）应齐全、完好		
	※2	应设置上行程限位开关，且灵敏、可靠；如果使用超载、超速保护的应设置下行程限位开关，且灵敏、可靠		
	3	各楼层标识醒目；上、下联络信号明确清晰；停层安全装置可靠、有效		
	※4	卷扬机不得运送人员		

整机检查结论			责任人签字	检查方：年 月 日 受检方：年 月 日
备注				

注：参考用表

2. 检查要点

1）卷扬机地基与基础应平整、坚实，场地应排水畅通，地锚应设置可靠。卷扬机应搭设防护棚。

2）操作人员的位置应设在安全区域，视线应良好。

3）卷扬机卷筒中心线与导向滑轮的轴线应垂直，且导向滑轮的轴线应在卷筒的中心位置，从卷筒中心到导向轮的距离不应小于卷筒长度的20倍，钢丝绳的出绳偏角应符合表7-22的规定。

卷扬机钢丝绳出绳偏角限值 表 7-22

排绳方式	槽面卷筒	光面卷筒	
		自然排绳	排绳器排绳
出绳偏角	≤4°	≤2°	≤4°

注：本表摘自《建筑机械使用安全技术规程》JGJ 33—2012

4）卷扬机的传动部分及外露运动部件应设防护罩。

5）钢丝绳卷绕在卷筒上的安全圈数不得少于 3 圈，钢丝绳末端应固定可靠，不得用手拉钢丝绳的方法卷绕钢丝绳。

6）钢丝绳不得与机架、地面摩擦，通过道路时，应设过路保护装置，建筑施工现场不得使用摩擦式卷扬机，卷筒上的钢丝绳应排列整齐，当重叠或斜绕时，应停机重新排列，不得在转动过程中用手拉或脚踩钢丝绳。

7）卷扬机接地电阻不应大于 4Ω。

8）卷扬机用于起吊重物时，应安装上升行程限位开关，且应灵敏可靠。根据施工情况，当使用超载保护器、超速保护、下降行程限位开关时，应保证其灵敏可靠。

9）短路和过载保护、失压保护、零位保护装置工作应灵敏可靠。

（八）施工升降机

1. 施工升降机检查表（表 7-23）

施工升降机检查表 表 7-23

序号	检查项目	检查内容及要求	检查情况	结果
1	安全装置	起重量限制器		
		渐进式防坠安全器		
		防坠安全器超过有效标定期限		
		对重钢丝绳未安装防松绳装置或不灵敏		
		未安装急停开关，急停开关不符合规范要求		
		未安装吊笼和对重用的缓冲器		
		未安装安全钩扣		
2	限位装置	未安装极限开关或极限开关不灵敏		
		未安装上限位开关或上限位开关不灵敏		
		未安装下限位开关或下限位开关不灵敏		
		极限开关与上限位开关安全越程不符合规范要求的		
		极限限位器与上、下限位开关共用一个触发元件		
		未安装吊笼门机电连锁装置或不灵敏		
		未安装吊笼顶窗电气安全开关或不灵敏		
3	防护设施	未设置防护围栏或设置不符合规范要求		
		未安装防护围栏门连锁保护装置或连锁保护装置不灵敏		
		未设置出入口防护棚或设置不符合规范要求		
		停层平台搭设不符合规范要求		
		未安装平台门或平台门不起作用，平台门不符合规范要求、未达到定型化		

续表

序号	检查项目	检查内容及要求	检查情况	结果
4	附着	附墙架未采用配套标准产品		
		附墙架与建筑结构连接方式、角度不符合说明书要求		
		附墙架间距、最高附着点以上导轨架的自由高度超过说明书要求		
5	钢丝绳、滑轮与对重	对重钢丝绳数少于2根或未相对独立		
		钢丝绳磨损、变形、锈蚀达到报废标准		
		钢丝绳的规格、固定、缠绕不符合说明书及规范要求		
		滑轮未安装钢丝绳防脱装置或不符合规范要求		
		对重重量、固定、导轨不符合说明书及规范要求		
		对重未安装防脱轨保护装置		
6	安装、拆卸与验收	安装、拆卸单位无资质		
		未制定安装、拆卸专项方案，方案未审批或内容不符合规范要求		
		未履行验收程序或验收表无责任人签字		
		验收表填写不符合每一项规范要求		
		特种作业人员未持证上岗		
7	导轨架	导轨架垂直度不符合规范要求		
		标准节腐蚀、磨损、开焊、变形超过说明书及规范要求		
		标准节结合面偏差不符合规范要求		
		齿条结合面偏差不符合规范要求		
8	基础	基础制作、验收不符合说明书及规范要求		
		特殊基础未编制制作方案及验收		
		基础未设置排水设施		
9	电气安全	施工升降机与架空线路小于安全距离又未采取防护措施		
		防护措施不符合要求		
		电缆使用不符合规范要求		
		电缆导向架未按规定设置		
		防雷保护范围以外未设置避雷装置		
		避雷装置不符合规范要求		
10	通信装置	未安装楼层联络信号		
		楼层联络信号不灵敏		

整机检查结论		责任人签字	检查方： 年 月 日 受检方： 年 月 日
备注			

注：本表摘自《建筑施工安全检查标准》JGJ 59—2011

2. 检查要点

(1) 安全装置

1) 起重量限制器

① 超载保护装置应在载荷达到额定载重量的 90% 时给出清晰的报警信号；并在载荷达到额定载重量的 110% 前终止吊笼起动；

② 施工升降机每 3 个月应进行 1 次 1.25 倍额定重量的超载试验，确保制动器性能安全可靠；

2) 防坠安全器

① 施工升降机每个吊笼上均应安装渐进式防坠安全器，严禁采用瞬时式防坠安全器；

② 防坠安全器必须在有效的标定期限内使用，有效标定期限不应超过一年。防坠安全器无论使用与否，在有效检验期满后都必须重新进行检验标定；

③ 施工升降机防坠安全器的寿命为 5 年。为确保施工升降机的安全使用，施工升降机应每 3 个月做一次坠落试验。

3) 急停开关

应安装非自动复位型的急停开关，任何时候均可切断控制电路停止吊笼运行。

4) 吊笼和对重缓冲器

底架应安装吊笼和对重缓冲器，缓冲器应符合规范要求。

5) 安全钩

齿轮齿条式升降机应安装一对以上的安全钩。

(2) 限位装置

1) 极限开关

① 施工升降机必须设置极限开关，吊笼越程超出限位开关后，极限开关必须切断总电源使吊笼停车。极限开关为非自动复位型的，其动作后必须手动复位。在正常工作状态下，下极限开关的安装位置应保证吊笼碰到缓冲器之前，下极限开关首先动作。

② 上限位和上极限开关之间的越程距离：齿轮齿条式为 0.15m，钢丝绳式为 0.5m。

③ 极限开关、限位开关应设置独立的触发元件。

2) 上、下限位与触发元件

① 施工升降机必须设置自动复位型的上、下行程限位开关。

② 上限位的安装位置：提升速度 <0.8m/s 时，上部安全距离应≥1.8m；提升速度≥0.8m/s 时，上部安全距离应≥$1.8+v^2$（"v"为提升速度）。

③ 下限位的安装位置：安装位置应保证吊笼制动时，距下极限开关保留一定的距离。

④ 严禁用行程限位开关作为停止运行的控制开关。

3) 吊笼门机电联锁装置

吊笼门及顶部紧急出口应安装机电连锁装置，当吊笼门或顶部紧急出口处于开启状态时，吊笼不能启动。

4) 吊笼顶窗电气安全开关

吊笼顶窗应安装电气安全开关并应灵敏可靠。

(3) 防护设施

1) 地面防护围栏

基础上吊笼和对重升降通道周围应设置地面防护围栏，高度≥1.8m。

2）围栏门联锁保护装置

围栏门应安装机械锁止装置和电气安全开关，使吊笼只有位于底部规定位置时，围栏门才能开启，且在开启后吊笼不能启动。

3）出入口防护棚

当建筑物超过2层时，施工升降机地面通道上方应搭设防护棚。当建筑物高度超过24m时，应设置双层防护棚。

首层进料口防护棚搭设长3~6m，宽度不小于吊笼宽度；棚顶用50mm厚脚手板、上拉大眼安全网防护；棚两侧防护栏杆用密目网封闭。

4）停层平台

停层平台两侧应设置防护栏杆和挡脚板，上栏杆设置高度应为1.2m，中间栏杆设置高度为600mm，挡脚板高度不应小于180mm。

5）层门

楼层平台侧面防护装置与吊笼或层门之间的任何开口的间距不应大于150mm。吊笼门框外缘与层站之间的距离不应大于50mm。层门关闭时，门下间隙不应大于35mm。各楼层应设置楼层标识，夜间应有照明。

（4）附着

1）附墙架应采用配套标准产品，当附墙架不能满足施工现场要求时，应对附墙架另行设计，附墙架的设计应满足构件刚度、强度、稳定性等要求，制作应满足设计要求。设计计算书应由制作单位技术负责人审批，且经制作单位质量部门检测合格。

2）施工升降机的附墙架形式、附着高度、垂直间距、附着点水平距离、导轨架自由端高度和导轨架与主体结构间水平距离等均应符合使用说明书的要求。

3）结构应无塑性变形，锈蚀深度不得超出原壁厚的10%。

4）附墙架不得与外脚手架连接，各处连接应紧固无松动。

5）附墙架的最大水平倾角不得大于±8°。

（5）钢丝绳、滑轮与对重

1）防松绳装置

对重钢丝绳或提升钢丝绳的绳数不少于2条且相互独立时，在钢丝绳的一端应设置张力均衡装置，并装有由相对伸长量控制的非自动复位型防松绳开关，当一条钢丝绳出现相对伸长量超过允许值或断绳时，该开关能切断电路，吊笼停止运行。

2）对重应设有防脱轨保护装置。

（6）安装、拆除与验收

1）安装（拆卸）单位应具备相应的起重设备专业承包资质和安全生产许可证，作业人员应取得建设行政主管部门颁发的"建筑施工特种作业操作资格证书"，并在有效期内。

2）施工升降机安装作业前，安装单位应编制施工升降机安装、拆卸工程专项施工方案，由安装单位技术负责人批准后，报送施工总承包单位或使用单位、监理单位审核。

3）施工升降机安装、拆卸工程专项施工方案应包括下列主要内容：工程概况；编制依据；作业人员组织和职责；施工升降机安装位置平面、立面图和安装作业范围平面图；施工升降机技术参数、主要零部件外形尺寸和重量；辅助起重设备的种类、型号、性能及位置安排；吊索具的配置、安装与拆卸工具及仪器；安装、拆卸步骤与方法；安全技术措施；安全应急预案。

4）验收

① 施工升降机安装完毕且经调试后，安装单位应对安装质量进行自检，并应向使用单位进行安全使用说明。

② 安装单位自检合格后，应经由具有相应资质的检验检测机构监督检验。

③ 检验合格后，使用单位应组织租赁单位、安装单位和监理单位等进行验收。实行施工总承包的，应由施工总承包单位组织验收。

④ 各责任人签字齐全。

（7）导轨架

1）导轨架安装垂直度偏差应符合表 7-24 的要求

导轨架安装垂直度偏差 表 7-24

导轨架架设高度 （m）	$h\leqslant70$	$70<h\leqslant100$	$100<h\leqslant150$	$150<h\leqslant200$	$h>200$
垂直度偏差（mm）	不大于导轨架架设高度的 1‰	$\leqslant70$	$\leqslant90$	$\leqslant110$	$\leqslant130$

注：本表摘自《施工升降机安全规程》GB 10055—2007

2）标准节无明显腐蚀、磨损、开裂、开焊、变形。

3）标准节应保证互换性，拼接时，相邻标准节的立柱结合面对接应平直，相互错位形成的阶差应控制在 0.8mm 以内。

4）相邻两齿条的对接处沿齿高方向的阶差应≤0.3mm，沿长度的齿差应≤0.6mm，齿条应有 90％以上的计算宽度参与啮合，且与齿轮的啮合侧隙应为 0.2～0.5mm。

（8）基础

1）地基承载力、基础制作及验收应符合产品说明书及现行行业标准《建筑施工升降机安装、使用、拆卸安全技术过程》JGJ 215—2010 的规定；

2）对基础设置在地下室顶板、楼面或其他悬空结构上的施工升降机，应对基础支撑结构进行承载力验算。

3）施工升降机金属结构和电气设备金属外壳均应接地，接地电阻不得大于 4Ω。

4）施工升降机基础的验收应包括施工总承包单位、使用单位、安装单位、监理单位等。

5）基础表面平整度、预埋螺栓、预埋件的位置偏差应符合说明书的要求。

6）基础周边应设有排水措施，基础的承载力应大于 150kPa。

（9）电气安全

1）施工升降机最外侧边缘与架空线路的安全距离符合表 7-25 的要求：

施工升降机最外侧边缘与架空线路的安全距离 表 7-25

外电线电路电压 （kV）	<1	1～10	35～110	220	330～500
最小安全操作距离 （m）	4	6	8	10	15

注：本表摘自《施工升降机安装、使用、拆卸安全技术规程》JGJ 215—2010

2）拖行电缆应外表应无机械损伤；端头应固定可靠，电缆拉力不应作用到芯线上，且不应造成电缆弯折损伤；相间绝缘电阻不应小于1MΩ。

3）应按规定搭设人员到达围栏门的安全防护棚。

4）电缆导架应符合下列规定：

① 安装位置、间距应符合使用说明书规定；

② 应无影响电缆或电缆滑车运行的变形；

③ 封口弹性元件应无缺失。

5）施工升降机的金属结构和电气设备的金属外壳均应接地，接地电阻不得大于4Ω。

（10）通信装置

应安装楼层信号联络装置，并应清晰有效。

（九）物料提升机

1. 物料提升机检查表（表7-26）

物料提升机检查表

表7-26

序号	检查项目	检查内容与要求	检查情况	结果
1	安全装置	未安装起重量限制器、防坠安全器		
		起重量限制器、防坠安全器不灵敏		
		安全停层装置不符合规范要求，未达到定型化		
		未安装上限位开关		
		上限位开关不灵敏、安全越程不符合规范要求		
		物料提升机安装高度超过30m，未安装渐进式防坠安全器、自动停层、语音及影像信号装置		
2	防护设施	未设置防护围栏或设置不符合规范要求		
		未设置进料口防护棚或设置不符合规范要求		
		停层平台两侧未设置防护栏杆、挡脚板，设置不符合规范要求		
		停层平台脚手板铺设不严、不牢		
		未安装平台门或平台门不起作用，平台门安装不符合规范要求、未达到定型化		
		吊笼门不符合规范要求		
3	附墙架与缆风绳	附墙架结构、材质、间距不符合规范要求		
		附墙架未与建筑结构连接或附墙架与脚手架连接		
		缆风绳设置数量、位置不符合规范		
		缆风绳未使用钢丝绳或未与地锚连接		
		钢丝绳直径小于8mm，角度不符合45°~60°要求		
		安装高度30m的物料提升机使用缆风绳		
		地锚设置不符合规范要求		
4	钢丝绳	钢丝绳磨损、变形、锈蚀达到报废标准		
		钢丝绳夹设置不符合规范要求		
		吊笼处于最低位置，卷筒上钢丝绳少于3圈		
		未设置钢丝绳过路保护或钢丝绳拖地		

续表

序号	检查项目	检查内容与要求	检查情况	结果
5	安装与验收	安装单位未取得相应资质或特种作业人员未持证上岗		
		未制定安装（拆卸）安全专项方案，内容不符合规范要求		
		未履行验收程序或验收表未经责任人签字		
		验收表填写不符合规范要求		
6	导轨架	基础设置不符合规范		
		导轨架垂直度偏差大于 0.15%		
		导轨结合面阶差大于 1.5mm		
		井架停层平台通道处未进行结构加强		
7	动力与传动	卷扬机、曳引机安装不牢固		
		卷筒与导轨架底部导向轮的距离小于 20 倍卷筒宽度，未设置排绳器		
		钢丝绳在卷筒上排列不整齐		
		滑轮与导轨架、吊笼未采用刚性连接		
		滑轮与钢丝绳不匹配		
		卷筒、滑轮未设置防止钢丝绳脱出装置		
		曳引钢丝绳为 2 根及以上时，未设置曳引力平衡装置		
8	通信装置	未按规范要求设置通信装置		
		通信装置未设置语音和影像显示		
9	卷扬机操作棚	卷扬机未设置操作棚		
		操作棚不符合规范要求		
10	避雷装置	防雷保护范围以外未设置避雷装置		
		避雷装置不符合规范要求		
整机检查结论			责任人签字	检查方：　　年　月　日 受检方：　　年　月　日
备注				

注：本表摘自《建筑施工安全检查标准》JGJ 59—2011。

2. 检查要点

（1）安全装置

1）起重量限制器如图 7-2 所示，当荷载达到额定起重量的 90% 时，起重量限制器应发出警示信号；当荷载达到额定起重量的 110% 时，起重量限制器应切断上升主电路电源。

2）防坠安全器如图 7-3 所示，当吊笼钢丝绳断绳时，防坠安全器应使带有额定起重量的吊笼制动，且不应造成结构损坏。自升平台应采用渐进式防坠安全器。

3）安全停层装置如图 7-4 所示，安全停层装置应为刚性机构，吊笼停层时，安全停层装置应能可靠承担吊笼自重、额定荷载及运料人员等全部工作荷载。吊笼停层后底板与停层平台的垂直偏差不应大于 50mm。

图 7-2　起重量限制器

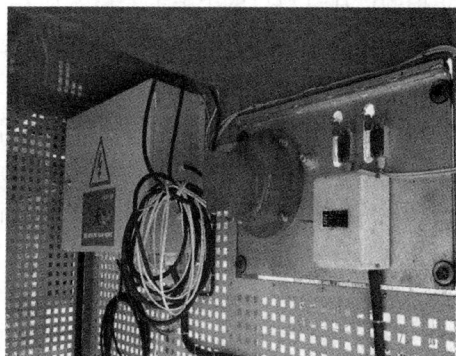

图 7-3　防坠安全器

图 7-4　安全停层装置

4）限位装置

① 上限位开关：当吊笼上升至限定位置时，触发限位开关，吊笼制动，上部越程距离不应小于 3m；

② 下限位开关：当吊笼下降至限定位置时，触发限位开关，吊笼制动。

紧急断电开关应为非自动复位型，任何情况下均可切断主电路停止吊笼运行。紧急断电开关应设在便于司机操作的位置。缓冲器应承受吊笼及对重下降时相应冲击荷载。当物料提升机安装高度超过 30m 时，物料提升机除应具有起重量限制、防坠保护、停层及限位功能外，尚应符合下列规定：

1）吊笼应有自动停层功能，停层后吊笼底板与停层平台的垂直高度偏差不应超过 30mm；

2）防坠安全器应为渐进式；

3）应具有自升降安拆功能；

4）应具有语音及影像信号。操作室与各停层平台有清晰的双向对讲功能，监视器能清晰观察吊笼内及吊笼所处平层的楼层。

（2）安全防护设施

1）防护围栏

物料提升机地面进料口应设置防护围栏；围栏高度不应小于 1.8m，围栏立面可采用网板结构，网板孔径应小于 25mm。

2）防护棚

防护棚设在进料口的上方的长度不应小于 3m，宽度应大于吊笼宽度，顶部可采用厚度不小于 50mm 的木板搭设。当建筑主体结构高度大于 24m 时，防护棚顶部应采用双层防护。

3）停层平台

① 停层平台外边缘与吊笼门外缘的水平距离不宜大于 100mm，与外脚手架外侧立杆（当无外脚手架时与建筑结构外墙）的水平距离不宜小于 1m。

② 平台四周应设置防护栏杆，上栏杆高度宜为 1.0～1.2m，下栏杆高度宜为 0.5～0.6m，挡脚板高度不应小于 180mm，且宜采用厚度不小于 1.5mm 的冷轧钢板。

4）平台门

① 平台门应采用工具式、定型化，高度不宜小于 1.8m，宽度与吊笼门宽度差不应大于 200mm，并应安装在台口外边缘处，与台口外边缘的水平距离不应大于 200mm；

② 平台门应向停层平台内侧开启，并应处于常闭状态。固定模式应采用螺栓连接，严禁焊接固定。

5）吊笼门

吊笼门及两侧立面宜采用网板结构，孔径应小于 25mm。吊笼门的开启高度不应低于 1.8m；其任意 500mm^2 的面积上作用 300N 的力，在边框任意一点作用 1kN 的力时，不应产生永久变形。

（3）附墙架与缆风绳

附墙架的结构、材质、间距应符合产品说明书的要求。当导轨架的安装高度超过设计的最大独立高度时，必须安装附墙架。宜采用制造商提供的标准附墙架，当标准附墙架结构尺寸不能满足要求时，可经设计计算采用非标准附墙架，并应符合下列规定：

1）附墙架的材质应与导轨架相一致；

2）附墙架与导轨架及建筑结构采用刚性连接，不得与脚手架连接；

3）附墙架间距、自由端高度不应大于使用说明书的规定值；

当物料提升机安装条件受到限制不能使用附墙架时，可采用缆风绳，缆风绳设置应符合说明书要求，并应符合下列规定：

1）每一组四根缆风绳与导轨架的连接点应在同一水平高度，且应对称设置；缆风绳与导轨架连接处应采取防止钢丝绳受剪破坏的措施；

2）缆风绳宜设在导轨架的顶部；当中间设置缆风绳时，应采取增加导轨架高度的措施；

3）缆风绳应使用钢丝绳与地锚连接，钢丝绳直径不小于 8mm，缆风绳与水平面夹角宜在 45°～60°之间，并应采用与缆风绳等强度的花篮螺栓与地锚连接如图 7-5 所示。

4）安装高度超过 30m 时，不得使用缆风绳。

（4）地锚

地锚应根据导轨架的安装高度及土质情况，经设计计算确定。

30m 以下物料提升机可采用桩式地锚。当采用钢管（48mm×3.5mm）或角钢（75mm×6mm）时，不应少于 2 根；应并排设置，间距不应小于 0.5m，打入深度不应小于 1.7m；顶部应设有防止缆风绳滑脱的装置。如图 7-6 所示。

3. 安装、验收与使用

（1）安装

图 7-5　缆风绳连接

1）安装（拆卸）单位应具备相应的起重设备专业承包资质和安全生产许可证，作业人员应取得建设行政主管部门颁发的"建筑施工特种作业操作资格证书"，并在有效期内。

2）安装（拆除）作业前，应编制专项施工方案，并经过单位技术负责人审批。

3）物料提升机安装前，安装负责人应依据专项方案对安装作业人员进行安全技术交底；

4）应确认物料提升机的结构、零部件和安全装置经出厂检验，并符合要求；

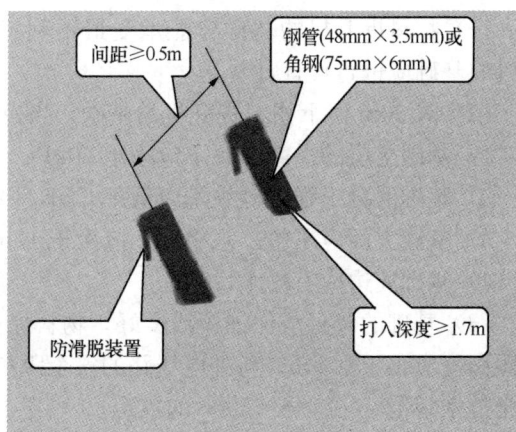

图 7-6　地锚

5）应确认物料提升机的基础已验收，并符合要求。

（2）验收

1）安装完毕后，应由工程负责人组织安装单位、使用单位、租赁单位和监理单位等对物料提升机安装质量进行验收，验收必须有文字记录，签字齐全；

2）物料提升机验收合格后，应在导轨架明显处悬挂验收合格标志牌。

（3）使用

1）物料提升机严禁载人，吊篮下方不得有人员停留或通过。

2）在任何情况下不得使用限位开关代替控制开关运行。

3）物料应在吊笼内均匀分布，不应过度偏载。

4）不得装载超出吊笼空间的超长物料，不得超载运行。

5）物料提升机在大雨、大雾、风速 13m/s 及以上大风等恶劣天气时，必须停止运行。

6）钢丝绳在卷筒上应整齐排列，端部应与卷筒压紧装置连接牢固，卷筒、滑轮应设置防止钢丝绳脱出装置。当吊笼处于最低位置时，卷筒上的钢丝绳不应少于 3 圈。

7）物料提升机严禁使用摩擦式卷扬机。

8）当提升高度超过相邻建筑物避雷装置的保护范围时，应设置避雷装置，所连接 PE 线应做重复接地，其接地电阻不应大于 10Ω。

9）滑轮应与钢丝绳相匹配，卷筒、滑轮应设置防止钢丝绳脱出的装置。

10）提升机架体地面进料口处应搭设防护棚。

11）作业前按规定进行例行检查，并填写检查记录。

12）物料提升机有下列情况之一时，应进行使用过程检验：

① 正常工作状态下的物料提升机作业周期超过 1 年；

② 物料提升机闲置时间超过 6 个月；

③ 经过大修、技术改进及新安装的物料提升机交付使用前；

④ 经过暴风、地震及机械事故，物料提升机结构的刚度、稳定性及安全装置的功能受到损害的。

4. 基础与导轨架

（1）物料提升机的基础应能承受最不利工作条件下的全部荷载，30m 及以上物料提升机的基础应进行设计计算。

（2）对 30m 以下物料提升机的基础，当设计无要求时，应符合下列规定：

1）基础土层的承载力，不应小于 80kPa；

2）基础混凝土强度等级不应低于 C20，厚度不应小于 300mm；

3）基础表面应平整，水平度不应大于 10mm；

4）基础周边应有排水设施。

（3）基础的位置应保证视线良好，物料提升机任意部位与建筑物或其他施工设备的安全距离不应小于 0.6m；与外电线路的安全距离应符合现行行业标准《施工现场临时用电安全技术规范》JGJ 46—2005 的规定；

（4）导轨架的轴心线对水平基准面的垂直度偏差不应大于导轨架高度的 1.5‰，导轨对接阶差不超过 1.5mm。

（5）井架停层平台通道处应在设计制作过程中采取加强措施，架体在与各停层平台相连接的开口处与任一层停层平台相连接的开口不得超过一处。

5. 动力与传动

图 7-7 曳引力平衡装置

（1）卷扬机的安装位置宜远离危险区，操作棚应符合要求；

（2）卷扬机卷筒的轴线应与导轨架底部导向轮的中线垂直，垂直度偏差不宜大于 2°，其垂直距离不宜小于 20 倍卷筒宽度；当不能满足条件时，应设排绳器；

（3）卷扬机宜采用地脚螺栓与基础固定牢固；当采用地锚固定时，卷扬机前段应设置固定挡板；

（4）曳引钢丝绳为 2 根及以上时，应设置曳引力平衡装置如图 7-7 所示。

6．避雷装置

（1）物料提升机未在其他防雷保护范围内时，应设置避雷装置。

（2）避雷装置设置应符合以下几个要求：

1）接闪器，接闪器安装在架体顶部，长 1～2m，直径为 25～32mm 的镀锌钢管或直径不小于 12mm 的镀锌钢筋；

2）专用引雷线（不能用架体，主要是导电性不良）；

3）接地电阻不大于 10Ω。

五、高处作业设备安全检查要点

（一）一般规定

1．各总成件、零部件、附件及附属装置应齐全完整，安装应牢固。

2．各行程限位开关和保护装置应完好齐全，灵敏可靠，不得随意调整或拆卸。

（二）高处作业吊篮

1．高处作业吊篮检查表（表 7-27）

高处作业吊篮检查表

表 7-27

序号		检查内容及要求	检查情况	结果
1	施工方案	未编制专项施工方案或未对吊篮支架支撑处结构的承载力进行验算； 专项施工方案未按规定审核、审批		
2	安全装置	未安装安全锁或安全锁失灵； 安全锁超过标定期限仍在使用； 未设置挂设安全带专用安全绳及安全锁扣，或安全绳未固定在建筑物可靠位置； 吊篮未安装上限位装置或限位装置失灵		
3	悬挂机构	悬挂机构前支架支撑在建筑物女儿墙上或挑檐边缘； 前梁外伸长度不符合产品说明书规定； 前支架与支撑面不垂直或脚轮受力； 前支架调节杆未固定在上支架与悬挑梁连接的结点处； 使用破损的配重件或采用其他替代物； 配重件的重量不符合设计规定		
4	钢丝绳	钢丝绳磨损、断丝、变形、锈蚀达到报废标准； 安全绳规格、型号与工作钢丝绳不相同或未独立悬挂； 安全绳不悬垂； 利用吊篮进行电焊作业未对钢丝绳采取保护措施		
5	安装	使用未经检测或检测不合格的提升机； 吊篮平台组装长度不符合规范要求； 吊篮组装的构配件不是同一生产厂家的产品		

续表

序号		检查内容及要求	检查情况	结果
6	升降操作	操作升降人员未经培训合格； 吊篮内作业人员数量超过 2 人； 吊篮内作业人员未将安全带使用安全锁扣正确挂置在独立设置的专用安全绳上； 吊篮正常使用，人员未从地面进入篮内		
7	交底与验收	未履行验收程序或验收表未经责任人签字； 每天班前、班后未进行检查； 吊篮安装、使用前未进行交底		
8	防护	吊篮平台周边的防护栏杆或挡脚板的设置不符合规范要求； 多层作业未设置防护顶板		
9	吊篮稳定	吊篮作业未采取防摆动措施； 吊篮钢丝绳不垂直或吊篮距建筑物空隙过大		
10	荷载	施工荷载超过设计规定； 荷载堆放不均匀； 利用吊篮作为垂直运输设备		
整机检查结论			责任人签字	检查方： 年 月 日 受检方： 年 月 日
备注				

注：本表摘自《建筑施工安全检查标准》JGJ 59—2011

2. 检查要点

（1）安全装置

1）安全锁

① 安全锁套在钢丝绳上，当吊篮正常升降时，安全锁可以随着电动吊篮沿着钢丝绳移动，一旦吊篮掉落，它可以自动将吊篮锁在钢丝绳上，阻止吊篮继续坠落；

② 检测方法为：用手轻提安全钢丝绳，应能缓慢移动。以较快而猛的速度向上提拉安全钢丝绳，安全锁应能锁住。安全锁必须具备出场合格证书，并在规定的安全期限内试用。安全锁如果出现故障，可送制造厂维修，严禁用户自行拆卸修理。

2）安全绳

① 应设置为作业人员挂设安全带专用的安全绳和安全锁扣；

② 安全绳应固定在建筑物可靠位置，不得与吊篮上的任何部位连接；

③ 安全绳不得有松散、断股、打结现象。

3）上限位

吊篮应安装防止在上升过程中冒顶的上限位。

（2）悬挂机构

悬挂机构是架设于建筑物作业面的顶部支承处，通过钢丝绳来承受悬吊平台、额定载重量等重量的钢结构架。悬挂机构施加于建筑物或构筑物支承面上的作用力应符合建筑结构的承载要求。

1）悬挂机构宜采用刚性联结方式进行联结固定，前支架严禁支撑在女儿墙上、女儿墙外及建筑物外挑檐边缘；

2）前梁外伸长度应符合产品说明书的规定；

3）悬挑横梁前高后低，前后水平高差不应大于横梁长度的 2%；

4）悬挂机构前支架应与支撑面保持垂直，脚轮不得受力；

5）配重块应固定牢靠，重量应符合产品说明书的要求，不得使用破损的配重块或其他替代物；

（3）钢丝绳

1）安全钢丝绳应单独设置，型号、规格应与工作钢丝绳一致；

2）在吊篮内进行电焊作业时，应对吊篮设备、钢丝绳、电缆采取保护措施，不得将电焊机放置在吊篮内，电焊缆线不得与吊篮任何部位接触，电焊钳不得搭挂在吊篮上。

（4）安装

1）安装作业前，应划定安全区域，并应排除作业障碍。安装应在专业人员的指导下实施；

2）吊篮平台的组装长度应符合产品说明书的要求和规范要求；

3）吊篮悬挂高度在 60m 及以下的，宜选用长边不大于 7.5m 的吊篮平台，悬挂高度在 100m 及以下的，宜选用长边不大于 5.5m 的吊篮平台，吊篮悬挂高度在 100m 以上的，宜选用长边不大于 2.5m 的吊篮平台；

4）吊篮的构配件应为同一厂家产品；

5）高处作业吊篮安装和使用时，在 10m 范围内如有高压输电线路，应采取隔离措施。

（三）附着式整体升降脚手架升降动力设备

检查要点

升降动力设备应符合下列规定：

1）升降动力设备应满足升降脚手架工作性能的要求；

2）各机构运转、制动应可靠，不应有下滑；

3）电动环链葫芦的链条不应有卡阻和扭曲；

4）同时使用的升降动力设备应采用同一厂家、同一规格型号的产品；

5）升降动力设备应具有防雨、防尘等防护措施；

6）主要升降承力构件不应有扭曲、变形、裂纹和严重锈蚀等缺陷，焊口不应有裂纹；

7）拉杆不应有弯曲，螺纹应完好，不应锈蚀；

8）穿墙螺栓应采用双螺母固定，螺纹应露出螺母 0～3 牙；垫板规格不应小于 100mm×100mm×100mm。

（四）自行式高空作业平台

1. 检查要点

（1）各种警示、警告、操作标识、标牌等应齐全并清晰。

（2）各类自行式高空作业平台的喇叭、汽笛、警示灯等信号装置应信号清晰，机油、液压油、燃油、蓄电池电解液等不应存在渗漏现象。

（3）移动式升降作业平台的力矩限制器、荷载限制器、倾斜报警装置以及各种行程限位开关等安全保护装置应完好齐全，灵敏可靠，不得随意调整或拆卸。

（4）地基承载能力，地面的坡度、平整度不应低于使用说明的要求。

（5）移动式升降作业平台的主要承载结构应无裂缝、损伤及永久变形。

（6）金属结构件螺栓或铆钉连接的预紧力应符合使用说明书规定；零部件连接应可靠，不得松动。

（7）各运动机构应符合下列规定：

1）转向应灵活、操作应轻便，不应有阻滞；

2）转向连杆不应有裂纹、损伤；

3）臂架的起升、伸缩及回转不应有爬行、冲击、抖动；

4）移动式升降作业平台的支腿、伸缩轴等稳定器应能伸展、锁定可靠；

5）各部位润滑装置应齐全，润滑应良好。

（8）控制系统应符合下列规定：

1）互锁控制和急停功能应灵敏可靠；

2）脚踏开关应没有被改动、关闭或阻拦，动作开关或控制手柄、杆均可自动返回空挡位置；

3）平台控制、地面控制模式切换功能应灵敏可靠；

4）设备互锁控制和作业幅度范围控制系统应工作正常；

5）紧急下降功能应可靠有效。

（9）制动系统各管路、部件连接应可靠；运行制动和停车制动应可靠有效。

六、混凝土机械安全检查要点

（一）一般规定

（1）混凝土机械应安放在平坦坚实的地坪上，地基承载力应能承受工作荷载和振动荷载，场地周围应有良好的排水、供水、供电条件，道路应畅通。

（2）混凝土机械在生产过程中产生的噪声应控制在允许范围内。

（3）整机应符合下列规定：

1）主要工作性能应达到使用说明书规定的额定指标；

2）金属结构不应有开焊、裂纹、变形、严重锈蚀，各连接螺栓应紧固；

3）工作装置性能应可靠，附件应齐全完整；

4）整机应清洁，应无漏油、漏气、漏水现象。

（4）混凝土机械的内燃机、电动机、空气压缩机应符合相关规定。

（二）混凝土搅拌机

1. 混凝土搅拌机检查表（表 7-28）

混凝土搅拌机检查表　　　　　　　　　　表 7-28

检查项目	序号	检查内容及要求	检查情况	结果
安装	1	整机应停放在平整、坚硬的地坪上，应能承受工作荷载和振动荷载		
	2	应搭设能防雨、防砸、保温的机棚，机棚面积应能满足简单维修、保养作业；机棚周围 5m 范围内应不堆放杂物		
	3	机棚周围应设有排水沟、沉淀池、渗水井，做到达标排放		
传动系统	1	传动皮带松紧度宜在 10～20mm，且受力均匀		
	2	链轮、链条不应有异响和咬齿		
	3	大、小齿轮（圈）啮合应良好，径向间隙不应大于 4～6mm，侧向间隙不应大于 1.5～3mm；大齿轮（圈）径向跳动不应大于 0.05mm		
	4	JZM 型的橡胶托轮与滚道应接触良好，运转时不应有跳动、跑偏；托轮和滚道的磨损量不应超过原厚度的 30%		
	5	减速箱运转不应有异响，密封良好，不应有漏油；油型号、油量、油质应符合说明书规定		
	6	轮胎气压应符合规定，固定螺栓齐全、紧固		
搅拌系统	1	JZ 型搅拌筒与托轮不应跑偏、窜动，磨损量应符合说明书规定		
	2	JS 型搅拌筒内铲臂紧固不应松动，刮板与衬板间隙、磨损量应符合说明书规定		
	※3	搅拌筒两侧壁、搅拌刀片不应有积灰块，不应变形，轴端不应漏浆		
供水系统	1	供水水表计量应准确，且在检定有效期内		
	2	供水管路不应有锈垢和泄漏		
	3	冬季现场施工应有供应热水的措施		
安全装置	※1	上料斗应能保证在任意位置可靠制动，料斗不应下滑；上、下限位装置动作应灵敏可靠		
	※2	料斗的安全挂钩和轨道上的安全插销应齐全、有效		
	※3	开式齿轮和皮带的防护罩应齐全、完好		
	※4	漏电保护器应参数匹配、安装正确、动作灵敏、可靠		
电气系统	1	供配电电源的架设应符合国家现行标准《施工现场临时用电安全技术规范》JGJ 46—2012 的有关规定		
	2	控制箱（柜）的仪表、按钮、指示灯应齐全、有效，箱（柜）内整洁，并加门锁		
	※3	接地电阻不应大于 4Ω		
	4	电机温度不应超过 60～80℃		
整机检查结论			责任人签字	检查方：　年　月　日 受检方：　年　月　日
备注				

注：参考用表

2. 检查要点

(1) 料斗提升时，人员严禁在料斗下停留或通过；当需在料斗下方进行清理或检修时，应将料斗提升至上止点，并必须用保险销锁牢或用保险链挂牢。

(2) 作业区应排水畅通，并应设置沉淀池及防尘设施。

(3) 搅拌机运转时，不得进行维修、清理工作，当作业人员需要进入搅拌筒内作业时，应先切断电源，锁好开关箱，悬挂"禁止合闸"的警示牌，并应派专人监护。

(4) 传动系统应符合下列规定：

1) 传动装置运转应平稳，各部件连接应可靠；

2) 皮带松紧应适宜，受力应均匀，不应有断裂；链条和链轮不应有咬齿。

(5) 搅拌系统、供水系统应符合规范要求。

(6) 搅拌机作业中产生的污水循环利用、再利用应通过设置沉淀池，经沉淀达标后排放。

(7) 制动及安全装置应符合下列规定：

1) 上料斗应能在任意位置可靠制动，料斗不应下滑；上下限位装置动作应灵敏可靠；

2) 开式齿轮及皮带的安全防护罩应齐全完好，上料斗安全挂钩及轨道上的安全插销应完好齐全；

3) 皮带式传送上料系统应设置紧急制动开关，且应灵敏可靠；

4) 漏电保护器参数应匹配，安装应正确，动作应灵敏可靠。

(8) 搅拌机开关箱应设置在距搅拌机 5m 范围内。

（三）混凝土喷射机组

检查要点

(1) 管道安装应正确，连接处应紧固密封。当管道通过道路时，管道应有保护措施。

(2) 下列项目应符合相应要求：

1) 安全阀应灵敏可靠；

2) 电源线应无破损现象，接线应牢靠；

3) 各部密封件应密封良好，橡胶结合板和旋转板上出现的明显沟槽应及时修复；

4) 压力表指针应正常。应根据输送距离，及时调整风压的上限值；

5) 喷枪水环管应保持畅通。

(3) 机械操作人员和喷射作业人员应有信号联系，喷嘴前方不得有人。

(4) 发生堵管时，应停止喂料，按规定方法进行处理后方可继续作业。

（四）混凝土输送泵

1. 混凝土输送泵检查表（表 7-29）

混凝土输送泵检查表 表 7-29

检查项目	序号	检查内容及要求	检查情况	结果
安装固定	1	固定式混凝土拖泵应停放在坚硬、平整的混凝土基础上，混凝土基础的厚度不应小于 100mm，混凝土强度等级应在 C35 以上		

检查项目	序号	检查内容及要求	检查情况	结果
安装固定	2	混凝土基础两边应有排水沟,周围应有两个以上的沉淀池		
	3	应搭设能防雨、防砸、保温的机棚		
	4	车载泵应停放在平坦、坚实的地上,其地基承载力应能承受工作荷载和振动荷载		
整机	1	混凝土输送拖泵(车载泵)各仪表指示正常,各滤清器清洁、有效,液压油指示器在绿区范围内		
	2	蓄能器压力应符合说明书规定		
	3	水泵工作应正常,不应漏水		
内燃式	1	发动机和散热器上应清洁,不应有杂物		
	※2	柴油机启动、加速性能良好,怠速平稳,各仪表指示正常		
	3	风扇传动轴承润滑良好;皮带不应开裂,松紧度应符合说明书规定		
	4	机油量宜控制在油尺上、下刻度中间略偏上位置		
	5	空气、柴油、机油滤清器应清洁,滤芯清洗或更换时间应符合说明书规定		
	6	电瓶应清洁、固定牢靠,电解液面应高于极板 10~15mm,免维护电瓶标志应符合规定		
	7	水箱内外清洁,散热片应无严重变形、灰垢,无渗漏现象		
	※8	与液压泵结合迅速,运转平稳		
电动式	※1	应配置一机、一闸、一漏的专用配电箱;从电源到泵机电控箱的电缆的截面积不应小于50mm²;(电源距离较远的应适当增加电缆的截面积)供电电压在380V±5%范围内供电容量,接零或接地保护应符合说明书规定,接地电阻值不应大于4Ω		
	2	主电机的转动方向应符合说明书规定,电机温升不应超过60~80℃		
液压系统	※1	液压油泵应达到额定工作压力,运转平稳,不应有泄漏		
	※2	阀组动作应灵敏,不应有中位;系统工作压力应符合说明书规定		
	※3	液压油缸的活塞行程应到位,不应有泄漏;调节阀、溢流阀工作有效		
	※4	高、低压油管连接正确、牢固,不应漏油		
	5	液压油箱清洁,散热良好,油箱底不应积水		
	6	液压油的型号、油质、油量应符合说明书规定,油温不应超过80℃		
混凝土输送系统	※1	输送混凝土的缸筒和活塞行程应符合说明书规定;不应漏浆,漂洗箱中的冷却水不应浑浊		
	2	输送混凝土的活塞行程应符合说明书规定,行程到位		
	※3	分配阀与眼镜板之间的调整间隙应符合说明书规定;分配阀应摆动到位,泵送、回抽有力,不应滞后		
	※4	切割环(条)磨损量应符合说明书规定,超出范围应及时更换		
	※5	活塞连接杆的连接螺栓应齐全、紧固力矩应均匀		

续表

检查项目	序号	检查内容及要求	检查情况	结果
搅拌系统	1	料斗上的隔栅应齐全、有效		
	※2	混凝土搅拌装置的绞刀与料斗之间的间隙应符合说明书规定；料斗的筒壁、搅拌轴轴端不应有漏浆		
润滑	1	润滑油泵工作有效，润滑油脂用量、工作压力应符合说明书规定		
	2	各润滑部位清洁，润滑油脂充足		
安全装置	※1	液压系统中防止过载和冲击的安全装置应齐全、灵敏、有效；安全阀的调整压力不得大于系统额定工作压力的110％		
	※2	料斗上的安全联锁装置应齐全、有效		
	3	压力表应在检定有效期内		
管路铺设	※1	输送管距泵机出口15～20m范围内必须设置输送管固定墩，并将输送管牢固地固定在墩上		
	※2	距泵机出口的第一个弯管的半径不应小于1m		
	※3	输送管在铺设中应单独支承，不应放在钢筋上，一般距工作面10cm高度为宜		
	※4	高层泵送应在“Y”形管出口3～6m处安装截止阀		
	※5	向下泵送，水平布管的距离应是泵送深度的5倍或布置成“S”形（特殊场地应在第一个弯管处加设放气阀）		
	※6	在整个输送管路中，所变换的管径不应大于泵机的出口管径；软管只许用在输送管路末端		
	※7	管卡连接应牢固，密封好，不应漏浆；输送管应固定牢靠，并便于拆装		
	※8	输送泵管磨损超过原厚度1/2应予报废		
整机检查结论		责任人签字	检查方：　年　月　日 受检方：　年　月　日	
备注				

注：参考用表

2. 检查要点

（1）混凝土输送泵应安放在平整、坚实的地面上，周围不得有障碍物，支腿应支设牢固，机身应保持水平和稳定，轮胎应揳紧。

（2）混凝土输送管应符合现行国家标准《无缝钢管尺寸、外形、质量及允许偏差》GB/T 17395的要求，输送管强度应与泵送条件相适应，不得有龟裂、孔洞、凹凸和弯折等缺陷；其接头应密封良好，应具有足够强度，并应能快速拆装。

（3）泵送系统、液压系统、搅拌系统等应符合相关规定。

（4）安全装置符合下列规定：

1）液压系统应设有防止过载和液压冲击的安全装置；安全溢流阀的调整压力不得大

于系统额定工作压力的110%；系统的额定工作压力不得大于液压泵的额定压力。

2）安全阀及过载保护装置应齐全、灵敏、有效；压力表应在有效检定期内使用。

3）漏电保护器应匹配，安装应正确，动作应灵敏可靠；各电路保险片规格应符合说明书有关规定。

4）料斗应安装连锁安全装置，且上部隔板应完好。

5）在泵机出口或有人员经过之处的管段，应增设安全防护结构。

（5）泵送管道的敷设应符合下列规定：

1）水平泵送管道宜直线敷设。

2）敷设垂直向上的管道时，垂直管不得直接与泵的输出口连接，应在泵与垂直管之间敷设长度符合规范要求的水平管，并加装逆止阀。

3）敷设向下倾斜的管道时，应在泵与斜管之间敷设长度不小于5倍落差的水平管。当倾斜度较大时，应加装排气阀。

4）泵送管道应有支承固定，在管道和固定物之间应设置木垫，不得直接与钢筋或模板相连，管道与管道之间应连接牢靠；管道接头和卡箍应扣牢密封，不得漏浆；不得将已磨损管道装在后端高压区。

5）泵送管道敷设后，应进行耐压试验。

（五）混凝土输送泵车检查要点

（1）混凝土输送泵车应停放在平整坚实的地方，与沟槽和基坑的安全距离应符合说明书的要求。臂架回转范围内不得有障碍物，与输电线路的安全距离应符合现行行业标准《施工现场临时用电安全技术规范》JGJ 46—2012的有关规定。

（2）混凝土输送泵车作业前，支腿应打开，并应采用垫木垫平，车身的倾斜度不应大于3°。

（3）当布料杆处于全伸状态时，不得移动车身。

（4）布料杆前段接软管处应有安全连接保护。

（5）回转布料系统、安全装置、整机结构应符合规范要求。

（六）混凝土振捣器检查要点

（1）振捣器不得在初凝的混凝土、楼板脚手架、道路和干硬的地面上进行试振，当检修或作业间断时，应切断电源。

（2）振捣器应清洁，不得有混凝土粘结在电动机外壳上。当发现温度过高时，应停歇降温后方可使用。

（七）混凝土布料机检查要点

（1）混凝土布料机任一部位与其他设备及构筑物的安全距离不应小于0.6m。

（2）手动式混凝土布料机应有可靠的防倾覆措施。

（3）混凝土布料机下列项目应符合相应要求：

1）支腿应打开垫实，并应锁紧；

2）塔架的垂直度应符合说明书要求；

3）配重块应与臂架安装长度相匹配；

4）臂架回转机构润滑应充足，转动应灵活；

5）机动混凝土布料机的动力装置、传动装置、安全及制动装置应符合相应要求。

（4）输送管出料口与混凝土浇筑面宜保持1m的距离，不得被混凝土掩埋。

（5）手持混凝土布料机回转速度应缓慢均匀，牵引绳长度应满足安全距离的要求。

（6）人员不得在臂架下方停留。

（7）当风度达到10.8m/s及以上或大雨、大雾等恶劣天气应停止作业。

（八）混凝土真空吸水机检查要点

（1）真空泵不应有损坏、漏气、阻塞等现象。

（2）真空吸水系统的设备不宜少于2套。

（3）各阀门、胶管接头、真空吸水垫四周不应漏气。

（4）低温下的真空吸水施工应采取防止结冰损坏吸水系统的措施。

（5）当真空吸水垫存放和搬运时，应避免与带尖角的硬物接触。

（6）每班施工完毕，应将真空吸水垫洗净，并应冲洗真空吸水系统内的沉淀物，排净存水。

（九）水磨石机检查要点

1. 动力传动装置应符合下列规定：

（1）减速器运转应平稳，不应渗漏，噪声不应超标。

（2）各销轴不应缺失，润滑应良好，油路应畅通。

2. 工作装置应符合下列规定：

（1）磨石不应有裂纹、破损。

（2）冷却水管不应有破损、老化、渗漏。

（3）磨石夹具不应有缺陷，夹持应牢固。

（4）磨石机的质量应与本机型工作能力匹配。

七、焊接机械安全检查要点

1. 一般规定

（1）现场使用的电焊机，应设有防雨、防潮、防晒、防砸的机棚，并应装设相应的消防器材。

（2）焊接区域及焊渣飞溅范围内不得有易燃易爆物品。

（3）电焊机导线应具有良好的绝缘，绝缘电阻不得小于0.5MΩ，接地线接地电阻不得大于4Ω；接线部分不得有腐蚀和受潮。

（4）电焊钳应有良好的绝缘和隔热性能；电焊钳握柄绝缘应良好，握柄和导线连接应牢靠，接触应良好。

（5）电焊机的二次线应采用防水橡皮护套铜芯软电缆，电缆长度不宜大于30m，一次线长度不宜大于5m，电焊机必须设单独的电源开关和自动断电装置，应配装二次侧空载降压器。两侧接线应压接牢固，必须安装可靠防护罩。

（6）在负荷运行中，电焊机的温升值应在 60～80℃ 范围内。

（7）安全防护装置应齐全有效；漏电保护器参数应匹配，安装应正确，动作应灵敏可靠；接零应良好。

（8）各气体瓶压力表应在有效检定期内。

（9）各类电焊机的整机应符合下列规定：

1）焊机内外应整洁，不应有明显锈蚀；

2）各部件连接螺栓应紧固牢靠，不应有缺损；

3）机架、机壳、盖罩不应有变形、开焊和开裂；

4）行走轮及牵引件应完整，行走轮润滑应良好；

5）焊接机械的零部件应完整，不应有缺损。

2. 焊接机械通用检查表

焊接机械通用检查表　　　　　　　　　表 7-30

序号	检查内容	检查情况	结果
1	产品认证标志（合格证，3C 标志等）		
2	专用开关箱（控制箱）		
3	电焊机电源开关操作灵活好用，保护动作正确		
4	电源线长度不超过 5m，截面积满足电焊机容量，无老化、龟裂和破皮		
5	电源接线端子完好，有防护罩，电缆固定卡子		
6	电源线使用带 PE 线的电缆（□四芯□三芯）PE 线连接牢固可靠		
7	电源插头完好		
8	电焊机外壳完好，清洁，固定螺丝齐全		
9	电焊机二次侧接线端子完好，无过热烧损		
10	二次侧接线端子有防护罩		
11	二次线长度不超过 30m，接头不超过 1 处，采用压接方式，接头不裸露能防水		
12	电流调节开关灵活好用，接线正确，接头牢固可靠，无过热		
13	各种表计完好，显示正确		
14	信号线插座（头）完好		
15	一、二次线圈绝缘电阻不少于 $1M\Omega$		
16	焊钳导体不外露，钳柄屏护良好，焊钳与导线应连接可靠，手柄隔热层完整		
17	有专用接地夹钳		
18	气体保护焊有高频引弧装置的焊接电缆应采用屏蔽焊接电缆，其屏蔽层应与 PE 线连接；电加热器采用 36V 安全电压		
19	电极、喷嘴等完好，供气、供水严密不漏		
20	送丝机构有防护措施		
21	其他电气开关元件完好，动作正确可靠		
22	二次断电保护装置		
23	其他检查项		
整机 检查 结论		责任人 签字	检查方：　　年　月　日 受检方：　　年　月　日
备注			

注：参考用表

(一) 交流电焊机

1. 交流电焊机检查表
参照表 7-30。

2. 检查要点：

(1) 接线装置应符合下列规定：

1) 一次接线和二次接线保护板应完好，接线柱表面应平整，不应有烧灼和破裂；

2) 接线柱的螺母、铜垫圈和母线应紧固，螺母不应有破损、烧蚀和松动，接线柱防护罩应无破损；

3) 接线保护应完好。

(2) 电焊机罩壳应能防雨、防尘、防潮。

(3) 一次线长度不得超过 5m，应穿管保护。

(4) 应设置二次空载降压保护装置，且应灵敏有效。

(二) 直流电焊机

1. 直流电焊机检查表
参照表 7-30。

2. 检查要点：

(1) 分级变阻器应符合下列规定：

1) 变阻器各触点不应烧损，接触应良好，滑动触点转动应灵活有效；

2) 输入线和输出线的接线板应完好，接线柱不应烧损和松动，接头垫圈应齐全。

(2) 安全防护应符合下列规定：

1) 各线路均应绝缘良好，输入线应符合接电要求，输出线断面应大于输入线断面的 40%以上；

2) 接地电阻值不应大于 4Ω。

3) 接线板护罩和开关的消弧罩应完整。

(三) 钢筋点焊机

1. 钢筋点焊机检查表
参照表 7-30。

2. 检查要点：

(1) 气动装置及各种阀门均应灵活可靠，润滑应良好，管路应畅通，不应漏气。

(2) 冷却装置水路应畅通，不应漏水。

(3) 电气系统应符合下列规定：

1) 线路接头应牢靠，各种开关箱和控制箱应完好；

2) 接线柱不应有烧损，接线板不应有裂纹；

3) 变压器防护罩应可靠、清洁，其绝缘电阻不应小于 $1M\Omega$；

4) 操作、控制等装置应齐全、灵敏、可靠。

（四）钢筋对焊机

1. 钢筋对焊机检查表

参照表 7-30。

2. 检查要点：

（1）工作装置应符合下列规定：

1）活动横梁移动应平稳，焊机钳口不应有油污；

2）正负电极接触面烧损面积不应超过 2/3；

3）夹具螺杆与螺母之间的游移间隙不应大于 0.4mm，内螺母磨损量不应超过螺纹高度的 30%。

（2）冷却装置水路应通畅，不应漏水。

（3）变压器一次线圈绝缘应良好，并应有安全保护接地；

（4）闪光区应设置挡板。

（五）竖向钢筋电渣压力焊机

1. 竖向钢筋电渣压力焊机

参照表 7-30。

2. 检查要点：

（1）接电源应符合下列规定：

1）焊接电压、电流、焊接时间应调节方便、灵敏；

2）电源电压应稳定，波动值应在 380±5V 范围内。

（2）焊接机头应符合下列规定：

1）上夹头升降不应有卡滞；

2）夹头定位应准确，对中应迅速；

3）电极钳口和夹具不应有磨损和变形。

（3）焊剂填装盒不应有破损、变形；规格尺寸应与钢筋直径匹配。

（4）电气系统应符合下列规定：

1）焊接导线长度不应大于 30m，截面积不应小于 50mm²；

2）电源及控制电路应正常，定时应准确；

3）电源电缆和控制电缆连接应正确、牢固，控制箱的外壳应可靠接零。

（六）埋弧焊机

1. 埋弧焊机检查表

参照表 7-30。

2. 检查要点：

（1）电气系统应符合下列规定：

1）焊接导线长度不应大于 30m，截面积不应小于 50mm²；

2）电源及控制电路定时应准确，允许误差不应大于 5%；

3）电源电缆和控制电缆连接应正确、牢固；控制箱的外壳应可靠接地；控制箱的外壳和接线板上的罩壳应盖好。

（2）作业时，应及时排走焊接中产生的有害气体，在通风不良的室内或容器内作业时，应安装通风设备。

（七）氩弧焊机

1. 氩弧焊机检查表

参照表 7-30。

2. 检查要点：

（1）氩弧焊工作场地必须空气流通。氧气瓶与焊接地点不应靠得太近，并应直立固定放置，不得倒放。应远离明火。

（2）氧气和水源必须畅通，气管和水管不得受外压且无外漏。

（3）高频引弧的焊机应符合下列规定：

1）高频防护装置应良好，亦可通过降低频率进行防护；

2）振荡器电源线路中的连锁开关严禁分接。

（4）安装的氧气减压阀和管接头不得沾有油脂，并应确认无障碍和漏气。

（八）气体保护焊机

1. 气体保护焊机检查表

参照表 7-30。

2. 检查要点：

（1）整机应具备防尘、防水、防烟雾等功能。气体瓶宜放在阴凉处，并应放置牢靠，不得靠近热源。

（2）减速机传动应平稳，送丝应匀速，电弧燃烧应稳定。

（3）电压、电流调节装置、熔滴和熔池短路过渡应良好。

（4）焊丝的进给机构、电线的连接部分、气体的供应系统及冷却水循环系统符合使用说明书要求，焊枪冷却水系统不得漏水。

（九）气焊（割）设备

1. 气焊（割）设备检查表

参照表 7-30。

2. 检查要点：

（1）空压机、气瓶、焊接架应符合相应检验技术要求。

（2）冷却、散热、通风系统应齐全、完整，效果应良好。

（3）气瓶与焊炬相互间的距离不应小于 10m，两瓶间距不应小于 5m。乙炔使用时必须装设专用减压器，减压器与瓶阀的连接应可靠，不得漏气。

（4）严禁使用未安装减压器的氧气瓶，减压器应在检定有效期内。

（5）气瓶防振圈、安全帽应齐全良好。

八、钢筋加工机械安全检查要点

（一）一般规定

（1）机械的安装应坚实稳固。固定式机械应有可靠的基础，移动式机械作业时应揳紧行走轮。

（2）手持式钢筋加工机械作业时，应佩戴绝缘手套等防护用品。

（3）加工较长的钢筋时，应有专人帮扶。帮扶人员应听从机械操作人员指挥，不得任意推拉。

（4）整机应符合下列规定：

1）机身不应有破损、断裂及变形；

2）金属结构不应有开焊、裂纹；

3）各部件连接应牢固；

4）零部件应完整，随机附件应齐全；

5）外观应清洁，不应有油垢和锈蚀；

6）操作系统应灵敏可靠，各仪表指示数据应准确；

7）传动系统运转应平稳，不应有异常冲击、振动、爬行、窜动、噪声、超温、超压。

（5）安全防护应符合下列规定：

1）安全防护装置应齐全可靠，防护罩或防护板安装应牢固，不应有破损；

2）接零应符合用电规定；

3）漏电保护器参数应匹配，安装应正确，动作应灵敏可靠；电气保护装置应齐全有效；

4）机械齿轮、皮带轮等高速运转部分，必须安装防护罩或防护板。

（二）钢筋加工机械通用检查表

钢筋加工机械通用检查表　　　　　　　　　　　　表 7-31

序号	检查内容及要求	检查情况	结果
1	每台钢筋机械应一机一闸一保护		
2	机械的安装应坚实稳固，保持水平位置		
3	金属结构不应有开焊、裂纹		
4	外观应清洁，不应有油垢和锈蚀，机身不应有破损、断裂及变形		
5	机座、电机、轴承座和调直筒等连接应牢固，各轴、销应齐全完好		
6	操作系统应灵敏可靠		
7	传动系统运转应平稳，不应有异响		
8	机械防护装置完好，明露机械传动部位防护罩齐全		
9	固定式基础可靠，移动式揳紧行走轮		
10	室外作业设防雨棚或准备苫布		

续表

序号	检查内容及要求	检查情况	结果
11	转动部分灵活		
12	安全防护装置及限位应齐全、灵敏可靠，防护罩、板安装应牢固，不应破损		
13	接地（接零）应符合用电规定，接地电阻不应大于4Ω		
14	漏电保护器参数应匹配，安装应正确，动作应灵敏可靠；电气保护应齐全有效		

整机检查结论		责任人签字	检查方：　　　年　月　日
			受检方：　　　年　月　日
备注			

注：参考用表

（三）钢筋调直机

1. 钢筋调直机检查表

参照表 7-31。

2. 检查要点：

（1）传动系统应符合下列规定：

1）传动机构运转应平稳，不应有异响，传动齿轮及花键轴不应有断齿、啃齿、裂纹及表面脱落；

2）传动皮带数量应齐全，不应有破损、断裂，松紧度应适宜。

（2）调直系统及牵引和落料机构应符合下列规定：

1）调直筒、轴不应有弯曲、裂纹和轴销磨损等，料架槽应平直，应对准导向筒、调直筒和下刀切孔的中心线；

2）自动落料机构开闭应灵活，落料应准确，落料架各部件连接应牢固；

3）牵引轮工作应有效，调节机构应灵敏，滑块移动不应有卡阻；

4）调节螺母、回位弹簧及链轮机构应灵敏可靠。

（3）机座、电机、轴承和调直筒等连接应牢固，各轴、销应齐全完好。

（四）钢筋切断机

1. 钢筋切断机检查表

参照表 7-31。

2. 检查要点：

（1）机械运转时，不得用手直接清除切刀附近的断头和杂物。在钢筋摆动范围和机械周围，非操作人员不得停留。

（2）传动机构应运转平稳，不应有异响，曲轴、连杆不应有裂纹、扭曲。

（3）刀具安装牢固不应松动；刀口不应有缺损、裂纹，衬刀和冲切间隙应正常，剪切刀具与被剪材料应匹配。

（4）接送料的工作台面应和切刀下部保持水平。

（5）液压传动式切断机作业前，应检查并确认液压油位及电动机旋转方向符合要求，防护罩应无破损。

（五）钢筋弯曲机

1. 钢筋弯曲机检查表
参照表7-31。
2. 检查要点：
（1）弯曲作业时不得更换轴芯、销子和变换角度及调速，不得进行清扫和加油。
（2）对超过机械铭牌规定直径的钢筋不得进行弯曲。在弯曲未经冷拉或带有锈皮的钢筋时，应戴防护镜。
（3）工作台和弯曲机台面应保持水平；传动齿轮啮合应良好，位置不应偏移。
（4）芯轴和成型轴、挡铁轴的规格与加工钢筋的直径和弯曲半径应相适应；芯轴直径应为钢筋直径的 2.5 倍；挡铁轴应有轴套。
（5）芯轴、挡铁轴、转盘等不应有裂纹和损伤，防护罩应坚固可靠。

（六）数控钢筋弯箍机

1. 数控钢筋弯箍机检查表
参照表7-31。
2. 检查要点：
（1）电气线路应无破损、断裂、脱落、短路等现象。
（2）切刀应完好；弹簧、弹簧张紧螺母、电磁体和可移动制动器应有效；
（3）压紧轮的固定螺栓应无松动。

（七）钢筋笼自动焊接机

1. 钢筋笼自动焊接机检查表
参照表7-31。
2. 检查要点：
（1）焊接变压器至焊接轮、导电轮之间的导电铜带端头螺栓应紧固。
（2）各定长、定位无触点开关应紧固。

（八）钢筋冷拉机

1. 钢筋冷拉机检查表
参照表7-31。
2. 检查要点：
（1）卷扬机与冷拉中心线距离不得小于5m。
（2）冷拉场地应设置警戒区，并应安装防护栏及警告标志。非操作人员不得进入警戒区。作业时，操作人员与受拉钢筋的距离应大于2m。
（3）采用配重控制的冷拉机应有指示起落的记号或专人指挥。冷拉机的滑轮、钢丝绳应相匹配。配重提起时，配重离地高度应小于300mm。配重架四周应设置防护栏杆及警告标志。

（4）拉钩、地锚及防护装置应齐全牢固。

（5）采用延伸率控制的冷拉机，应设置明显的限位标志，并应有专人负责指挥。

（6）照明设施宜设置在张拉警戒区外。当需设置在警戒区内时，照明设施安装高度应大于 5m，并应有防护罩。

（7）作业后，应放松卷扬钢丝绳，落下配重，切断电源，并锁好开关箱。

（九）钢筋冷拔机

1. 钢筋冷拔机检查表

参照表 7-31。

2. 检查要点：

（1）作业时，操作人员的手与轧辊应保持 300～500mm 的距离。不得用手直接接触钢筋和滚筒。

（2）传动机工作装置应符合下列规定：

1）传动齿轮啮合应良好，弹性联轴节不应松旷；

2）模具不应有裂纹，扎头和模具的规格应配套。

（3）冷却与通风装置应符合下列规定：

1）冷却水应畅通，流量应适宜；

2）风道应畅通，风量应合适。

（十）钢筋套筒冷挤压连接机

1. 钢筋套筒冷挤压连接机检查表

参照表 7-31。

2. 检查要点：

（1）钢筋运转过程中，不得清扫刀片上面的积屑杂物和进行检修。

（2）加工时，钢筋应夹持牢固。

（3）整机不应漏油，对因制造缺陷引起的漏油应采取回流措施。

（4）机架应有足够的刚度和强度，不应有明显的翘曲和变形。

（5）传动系统和冷却系统应符合相关规定。

（十一）钢筋直螺纹成型机

1. 钢筋直螺纹成型机检查表

参照表 7-31。

2. 检查要点：

（1）钢筋运转过程中，不得清扫刀片上面的积屑杂物和进行检修。

（2）加工时，钢筋应夹持牢固。

（3）整机不应漏油，对因制造缺陷引起的漏油应采取回流措施。

（4）机架应有足够的刚度和强度，不应有明显的翘曲和变形。

（5）传动系统和冷却系统应符合相关规定。

九、木工机械安全检查要点

(一) 一般规定

(1) 机械应使用单向开关，不得使用倒顺双向开关。

(2) 机械安全装置应齐全有效，传动部位应安装防护罩，各部件应连接紧固。

(3) 机械作业场所应配备齐全可靠的消防器材。在工作场所，不得吸烟和动火，并不得混放其他易燃易爆品。

(4) 工作场所应保持清洁，木料应码放整齐，通道应畅通，工作台不得放置杂物。

(5) 机械运行过程中，不得测量工件尺寸和清理木屑、刨花和杂物。

(6) 机械噪声不应超过建筑施工场界噪声限值；当机械噪声超过限值时，应采取降噪措施。机械操作人员应按规定佩戴个人防护用品。

(7) 整机应符合下列规定：

1) 机械安装应坚实稳固，保持水平位置；

2) 金属结构不应有开焊、裂纹、变形；

3) 机构应完整，零部件应齐全，连接应可靠；

4) 操作系统应灵敏可靠，配置操作按钮、手轮、手柄应齐全，反应应灵敏；各仪表指示数据应准确；

5) 刀具安装应牢固，定位应准确有效。

(8) 安全防护装置应符合下列规定：

1) 接零保护设置应正确，接地电阻应符合用电规定；

2) 短路保护、过载保护、失压保护装置动作应灵敏有效；

3) 漏电保护器参数应匹配，安装应正确，动作应灵敏可靠；

4) 防护压板、护罩等安全防护装置应齐全、可靠、有效，指示标志应醒目。

(9) 不得使用同台电机驱动多种刀具、钻具的多功能木工机具。

(二) 木工机械通用检查表

木工机械通用检查表　　　　表 7-32

序号	检查项目	检查内容	检查情况	结果
1	限位及联锁装置	1) 限位装置齐全完好，灵敏可靠，能切实起到限位保安作用		
		2) 吊截、横截锯锯片移动距离限制在锯割木料宽度内		
※2	防护装置	各旋转部位的防护装置应齐全完好，作用可靠		
3	夹紧和锁紧装置	1) 夹紧装置完好，装夹方便，作用可靠，运行中不得有松脱现象		
		2) 各锁紧机构完好，锁紧可靠，运行中不得有松动现象		
4	锯条、锯片、砂轮	应有检验合格证明，无裂纹、破损、变形现象；锯条焊接部位厚度相等，表面光滑，全锯条接头不得多于3个，接头间距离大于锯条长度1/4		

续表

序号	检查项目	检查内容	检查情况	结果
※5	PE线	1）PE线完好，有足够强度和截面，固定牢靠		
		2）控制电器负荷匹配，线路连接规范，有防过载和短路保护装置且完好有效，本体上电器密闭		
※6	防护栏	跑车等设备两端应设防护栏，且保持完好，固定牢靠		
7	安全装置	安全装置应齐全、完好、可靠		
※8	平刨开口度	平刨台面应平滑、光洁，台面开口度应不小于55mm＋最大刨削厚度		

整机检查结论		责任人签字	检查方：	年　月　日
			受检方：	年　月　日
备注				

注：参考用表

（三）木工平刨机

1. 木工平刨机检查表

参照表 7-32。

2. 检查要点：

（1）工作台升降应灵活。

（2）平刨应安装安全护手装置。

（3）必须设置可靠的安全防护装置，紧固刀片的螺栓应嵌入槽内，且距离刀背不得小于10mm。

（四）木工压刨机

1. 木工压刨机检查表

参照表 7-32。

2. 检查要点：

（1）工作台升降应灵活。

（2）送料装置应灵敏可靠，压紧回弹装置应完整齐全。

（五）立式榫槽机

1. 立式榫槽机检查表

参照表 7-32。

2. 检查要点：

（1）工作机构应符合下列规定：

1）工作台往复运行应平稳，不应有明显爬行，行程调节应灵活，定位应准确；

2）刀具安装应牢固，安全可靠，调节应方便。

（2）液压系统应符合下列规定：

1）各液压元件固定应牢固，油管及密封圈不应有渗漏；

2）压力表配置应齐全，指示应灵敏；

3）溢流阀的设定压力不应超过液压系统的最高压力；

4）液压油油质、油量应符合说明书要求，油温应正常。

（六）圆盘锯

1. 圆盘锯检查表

参照表 7-32。

2. 检查要点：

（1）锯片不得有裂口和裂纹，不得有两个及以上连续缺齿，圆盘锯应装设分料器，锯片上方应有防护罩。

（2）作业时，操作人员应戴防护眼镜，手臂不得跨越锯片，人员不得站在锯片的旋转方向。

（3）应采用单向控制按钮开关，不得使用倒顺开关。

（4）锯片旋转方向应正确，转速应稳定。

十、砂浆机械安全检查要点

（一）一般规定

（1）砂浆机械应有良好的设备基础，移动式砂浆机械应安放在平坦坚实的地坪上。

（2）砂浆机械在生产过程中产生的噪声应控制在现行国家标准《建筑施工场界环境噪声排放标准》GB 12523—2011 范围内，其粉尘和固体废弃物排放应符合国家现行相关标准的规定。

（3）在任何供料形式的工作状态下，距干混砂浆生产线主机粉尘源头下风口 50m、高 1.7m 的粉尘浓度不得大于 $10mg/m^3$。

（4）整机应符合下列规定：

1）主要工作性能应达到使用说明书规定的额定指标；

2）金属结构不应有开焊、裂纹、变形和严重锈蚀，各连接螺栓应紧固；

3）工作装置性能应可靠，附件应齐全完整。

（5）电动机的碳刷与滑环接触应良好，转动中不应有异响、漏电，绝缘性能应符合使用说明书规定，其绝缘电阻值不应小于 0.5MΩ。在运转中电动机轴承允许最高温度取值应为：滑动轴承 80℃，滚动轴承 95℃；正常温度取值应为：滑动轴承 40℃，滚动轴承 55℃。

（二）砂浆混合机

检查要点

（1）传动系统应符合下列规定：

1）传动装置运转应平稳，各部件连接应可靠，对采用齿轮传动方式的传动装置，其齿轮啮合应良好；

2）皮带松紧应适宜，受力应均匀，不应有断裂，链条和链轮不应咬齿；

3）上料斗的滚轮、托轮应完好；

4）减速箱运转不应有异响，密封应良好，不应有漏油。

（2）搅拌系统应符合下列规定：

1）卧式无重力混合机、卧式犁刀混合机的拌筒内铲臂紧固不应松动，刮板与衬板间隙应符合使用说明书规定，磨损不应超过使用说明书规定；

2）卧式螺带混合机的叶片不应松动和变形；

3）连续混浆机必须具备连续喂料、干温混合腔、水控制、计量、电气控制等主要部件，并灵敏有效。

（3）操作控制柜面板上的仪表、指示灯、按钮应齐全完好。

（4）制动及安全装置应符合下列规定：

1）上料斗应能保证在任意位置可靠制动，料斗不应下滑，上下限位装置动作应灵敏可靠；

2）漏电保护器参数应匹配，安装应正确，动作应灵敏可靠；

3）主机传动系统的裸露部件应有防护罩和安全检修保护装置。主机的检修盖与启动电源应有连锁装置。

（三）砂浆搅拌机

检查要点

（1）搅拌系统应符合下列规定：

1）拌筒与托轮接触应良好，不应有跑偏、窜动，磨损不应超过使用说明书规定；

2）拌筒内铲臂紧固不应松动，刮板与衬板间隙应符合使用说明书要求，磨损不应超过使用说明书规定。

（2）搅拌机作业中产生污水循环利用、再利用应设置沉淀池，经沉淀后达标排放

（四）砂浆输送泵

检查要点

（1）砂浆泵送系统应符合下列规定：

1）输浆管应耐磨耐压，其额定工作压力与砂浆输送泵之比不应小于2；

2）砂浆泵活塞的行程应符合使用说明书的规定；

3）砂浆泵的活塞与缸筒的间隙符合使用说明书规定；不应漏浆；泵送、回抽应有力，不应滞后。

（2）安全装置应符合下列规定：

1）砂浆输送泵宜配备手动卸料装置或具备反泵功能，并应具备安全保护功能，在输送装置超压时，应能自动卸料减压或自动停机；

2）液压系统中应设有过载和液压冲击的安全装置；安全溢流阀的调整压力不得大于系统规定工作压力的110%；系统的工作压力不得大于液压泵的额定压力；

3）安全阀及过载保护装置应齐全、灵敏、有效，压力表应有效且在定检期内；

4）漏电保护器参数应匹配，安装应正确，动作应灵敏可靠。

（五）砂浆喷射机组

检查要点

（1）传动系统应符合下列规定：

1）主电机与机架连接应紧固，工作时不应有异响，温升应正常；

2）砂浆料斗应配备砂浆搅拌功能，密封应良好，并应设有过滤装置，过滤网孔径边长不应大于 4.75mm。

（2）气压系统应符合下列规定：

1）送风空压机作业时储气罐压力不应超过铭牌额定压力，进气阀、排气阀、轴承及各部件不应有异响、过热；

2）电动空压机的压力调节器、减荷阀和机动空压机的额定载荷调节器工作应有效可靠，在各气动部件分别或同时工作时，工作压力应符合使用说明书规定；

3）电磁阀及气压元件应符合使用说明书规定，且动作应灵敏可靠，气动传输管道路应完好，不应漏气；

4）喷枪上应设置空气流量调节阀

（3）供水系统工作不应有破损、泄露。

（4）工作装置应符合下列规定：

1）工作场地应坚实平整，泵体应固定牢靠，安放应平稳；

2）输气管应采用耐压胶管，气管阀门及各连接处应密封可靠，不得漏气。

（5）安全装置应符合下列规定：

1）空压机的安全阀应灵敏可靠，压力应符合使用说明书要求；

2）各安全限位装置应齐全，完好有效；

3）报警提示装置应完好有效。

（六）砂浆抹光机

检查要点

（1）传动系统应符合下列规定：

1）传动系统应运转灵活，不得有异响；减速器不得渗油；

2）当采用皮带传动时，传动应平稳，不应有明显的跳动；

3）离合器接合应平稳可靠，分离彻底。正常工作时不得产生打滑和过热现象。

（2）操作系统应符合下列规定：

1）电动机开关控制应准确可靠；内始机应易于启动，操作方便；

2）抹光机应备有搬运手柄；

3）抹光机的操作扶手位置应能调节，除去内燃机的启动装置外，其他所有控制装置都应安装在容易操作的位置、操作扶手装置在尺寸过大时应能折叠或伸缩。

（3）安全防护装置应符合下列规定：

1）抹盘罩壳应具有足够的强度，能有效地起到防护作用；

2) 动力驱动的齿轮、皮带等，应有防护罩或其他附加装置进行防护；

3) 当采用内燃机作动力时，动力排气管口不得指向操作人员。

十一、非开挖机械安全检查要点

（一）一般规定

（1）非开挖机械应按使用说明书规定的技术性能和使用条件合理使用，严禁任意扩大使用范围。

（2）非开挖机械的选用应与周围岩土条件相适应。

（3）隧道施工应选用特殊构造的加强型电器或高等级绝缘电器；在隧道施工中，电器防爆等级应与作业环境相适应。高海拔地区应选用高原电器。

（4）整机应符合下列规定：

1) 外观应清洁，警示标志应明显；所有指示灯应正常；

2) 各总成件、零部件及附属装置应齐全、完整；试运转时不得有漏油、异响和过热现象；

3) 钢结构不应有明显变形，主要受力构件焊缝不应有开焊、裂纹，螺栓、销连接应牢靠；

4) 主要工作性能应达到额定指标。

（二）顶管机检查要点

（1）空载试运转，控制面板显示各工作系统运转应正常，应无故障报警显示。

（2）旋转挖掘系统应符合下列规定：

1) 旋转挖掘系统切削刀头、超挖刀、仿形刀等磨损应在允许范围内；

2) 切削刀盘的扭矩输出应正常，土砂密封件应完好，各部轴承的润滑应良好；

3) 纠偏系统溢流阀、电磁换向阀、纠偏液压缸不应有内泄。

（3）主顶液压推进系统应符合下列规定：

1) 液压泵工作应正常，液压系统应能达到规定压力；

2) 主顶液压泵、主顶液压缸不应有内泄和爬行现象；

3) 溢流阀工作应正常，不应有失灵现象。

（4）泥土输送系统应符合下列规定：

1) 螺旋轴轴径密封应完好；

2) 螺旋泥土输送机土压不应大于减速器箱体内压力；

3) 主顶顶进过程中，主顶动力站各油管接头、电磁阀应良好，后顶压力应正常，应无漏油现象。

（5）泥土平衡式顶管机泥水处理装置应符合下列规定：

1) 进回水管、压浆管道应完好，工作坑内的进回水阀、压浆阀工作应正常；

2) 机头和操作台之间的指令和信号传输应正常；

3) 当启动进水泵或回水泵时，回水管出水应正常，机头内回水压力应平稳；

4）当打开截止阀、关闭旁通阀时，应查看压力表读数，打通回路后，检查泥水仓压力应正常。

（6）注浆系统应符合下列规定：

1）注浆管路上的控制阀响应应灵敏，注浆材料不应凝固堵塞控制阀，空气驱动阀的供给空气压力及流量应正常；

2）注浆压力值应正常，注浆材料余量应充足，不得凝固、堵塞注浆管路；

3）注浆泵应运转正常，注浆泵内部注浆材料不应凝固；

4）集中润滑给脂压力应正常，各部位润滑应良好。

（三）盾构机

1. 盾构机检查表（表 7-33）

盾构机检查表

表 7-33

检查项目	序号	检查内容及要求	检查情况	结果
整机	1	外观应清洁，警示标记应明显		
	2	主要工作性能应达到额定指标		
	3	各总成、零部件及附属装置应齐全、完整		
	4	试运转时，不得有漏油、异响、发热		
	※5	钢结构不应有变形，主要受力构件的焊缝不应开焊、裂纹，螺栓连接及销连接应可靠		
电气系统	1	高压电缆外表皮不应有破损、老化，电缆卷筒侧盖密封应良好，电缆敷设卡固牢靠		
	2	变压器密封应良好，不应有泄漏		
	3	配电柜内电缆连接应牢固，温度应正常		
	※4	电气设备应保证控制性能准确可靠，在紧急情况下应能切断总控制电源，安全停车，各工作部分应立即停止在安全位置		
	5	电气连接应牢固，不应松脱；导线、线束卡固应牢靠		
	6	保护零线和接地线应分开，并不应做载流回路。每个回路在导电部分与大地之间的绝缘电阻值应符合说明书规定		
	7	各种仪表、照明、信号、喇叭、音响应齐全有效		
	※8	数据采集系统工作应正常，传感器接线应可靠，表面不应有污水和污渍，应有防护措施		
	9	控制面板应始终正确显示出各设备的运行状态，发生异常，应能清楚显示出其信息；面板上按钮与旋钮动作应灵敏可靠		
	※10	各项检测设备工作应正确		
液压系统	1	各部液压元件应齐全完好		
	※2	系统应设有防止过载和液压冲击的安全装置，溢流阀工作应可靠，系统工作压力不应大于液压泵的额定压力		
	※3	液压缸应设有的平衡阀和液压锁工作应安全可靠		
	4	管路连接可靠，不应渗漏		
	5	液压系统运行应平稳，工作应可靠		
	6	液压油型号、油质及油量应符合要求，油压、油温应正常		

续表

检查项目	序号	检查内容及要求		检查情况	结果
壳体	※1	盾构内径、外径尺寸应在允许范围内，各部位钢结构厚度、强度应符合说明书要求			
	※2	盾尾密封油脂注入系统工作应正常，盾尾止水带密封良好；各种管道应完好，不应阻塞			
	※3	壁厚注浆设备功能应正常，注浆管路内不应固结			
开挖系统	※1	刀盘开口度应符合说明书规定的允许范围，刀盘密封油脂密封应良好			
	※2	刀具不应偏磨、崩刃，磨损应在允许范围内；各刀体应能自由转动，刀具与刀座连接应牢固，刀座与刀盘焊缝不应有缺陷			
	※3	刀盘驱动系统正转、反转、速度调节等功能应正常			
	4	压力仓上的开口、盾壳上的阀门等不应有阻塞、缺损			
	※5	超挖装置调整应方便、可靠，应能准确控制超挖量，超挖范围			
	※6	发泡装置工作应正常			
	※7	当为土压平衡盾构机时：螺旋输送机运转正常，伸缩机构工作应良好，观测窗口不应有堵塞，卸土门在动力失去时应能紧急关闭，土压力传感器显示应准确			
推进系统	※1	各推进油缸安装应牢固可靠，推进速度、行程、压力应达到说明书要求			
	※2	铰接系统伸出、缩回动作应符合说明书规定，行程显示正确			
	※3	主轴承润滑油脂系统工作应正常；轴承止水带安装应牢固，密封应良好			
管片安装机构	※1	管片安装机构前后运动、回旋、伸缩等动作应灵敏；推压力、旋转速度、前后滑动距离应符合说明书规定			
	2	真圆保持器工作应正常			
	3	管片贮运装置运转应完好			
渣土排出设备	土压平衡 ※1	传送带驱动马达性能应良好，张紧装置工作应能适合规定的曲线工作			
	泥水加压 ※2	泥水循环及泥水处理系统工作正常			
	※3	送泥水管、排泥浆管管道密封应良好，不应有严重磨损			
	※4	泥浆泵、分离机、振动筛性能应良好，工作压力应正常			
	※5	砾石破碎设备性能应符合说明书要求，流量监控装置性能应良好			
	※6	泥浆设备与泥水分离系统运转应正常			
后续台车	1	台车专用轨道铺设应牢固，轨距应符合说明书的要求			
	2	各台车运转应平稳，制动应良好			
导向装置	※1	定期对导向系统的数据进行复核，包括系统的测量结果、测点坐标等，复核结果应符合施工要求			
	2	系统的测站点和后视点安装在隧道管片的固定支架上，支架应稳固，不应晃动			

检查项目	序号	检查内容及要求	检查情况	结果
人仓	1	密封面应干净，不应有损害		
	※2	人仓所有部件（显示仪、条形记录器、热系统、时钟、温度计、密封阀）的功能应正常，电话和紧急电话设备应能按照规定要求工作，条形记录器供纸应充足		
后配套管线	1	水管卷筒应能正常转动，并应有足够的存贮量		
	2	电缆卷筒应可靠牢固，防止其被突出物损坏，应有足够的存贮量		
	3	盾构机本体与台车之间的软管、电线连接应正常		
通风设备	※1	通风管道安装应牢固，不应有破损，连接处密封应良好		
	※2	送风量应符合说明书规定，消音器工作正常		
给排水设备	1	水泵、阀门等性能应良好，管道不应破损		
	2	备用设备性能应良好		
气路系统	1	应设有安全阀和油水分离装置，系统最低压力不应低于说明书要求，安全阀压力应按要求调整		
	2	电磁阀动作应灵敏、可靠，不应漏气		
	3	贮气筒及气压元件性能应符合说明书要求		
润滑系统	1	润滑装置应齐全完整，油路应畅通		
	2	各润滑部位润滑应良好，润滑油型号、油质及油量应符合说明书的规定		
安全装置	1	供紧急情况使用的通信联络设备，避难用设备器具，急救设备、器材，应急医疗设备等应齐全，并在有效期内		
	2	消防、防火设备应齐全，并在有效期内		
	※3	有害气体测量、记录、报警装置工作应正常		
	4	安全通道扶手应牢固，升降装置应安全可靠		
整机检查结论		责任人签字	检查方：　　年　月　日 受检方：　　年　月　日	
备注				

注：参考用表

2. 检查要点

（1）变压器应符合下列规定：

1）高压电缆外表不得有破损、老化，电缆敷设卡固应牢靠，电缆侧盖密封应良好；

2）变压器接零和密封应良好，不得泄露。

（2）电气系统应符合下列规定：

1）数据采集系统工作应正常，各部位传感器应灵敏可靠；

2）所有回路与大地间绝缘电阻值应符合使用说明书规定。

（3）壳体应符合下列规定：

1）盾体内径、外径尺寸应在允许范围内，各部位钢结构厚度应符合使用说明书规定；

2）盾尾止水带应密封良好；盾尾密封油质注入系统工作应正常；各管道和阀门应完好，不得堵塞；

3）注浆设备功能应正常，注浆管路内不得固结。

（4）导向装置应符合下列规定：

1）导向装置性能应良好，定位应准确，并应在检定有效期内使用；

2）应定期用人工测量方法对导向系统数据进行复核；

3）系统测站点和后视点的支架应稳固，不应晃动。

（5）开挖系统应符合下列规定：

1）刀盘开口度应符合使用说明书规定的允许范围，刀盘密封油脂性能良好；

2）刀具不应偏磨、崩刃，磨损应符合生产厂家规定的允许范围，刀体应能自由转动，刀具与刀座连接应牢固，刀座与刀盘焊缝不应有缺陷及开裂；

3）驱动系统正转、反转、速度调节等功能应正常；

4）压力舱开口、盾壳阀门等不应缺损或堵塞；

5）超挖装置调整应灵敏可靠，应能准确控制超挖量和超挖范围；

6）发泡装置工作应正常。

（6）推进系统应符合下列规定：

1）各推进油缸安装应牢固，推进速度、行程、压力应达到使用说明书规定要求；

2）铰接系统伸出、缩回动作行程应显示正确，应符合生产厂家规定要求；

3）主轴承润滑油脂系统工作应正常；轴承止水带安装应牢固，密封应良好。

（7）管片安装机构应符合下列规定：

1）管片安装机构前后运动、回旋、伸缩等动作应灵活，推压力、旋转速度、前后滑动距离应符合使用说明书规定；

2）真圆度保持器工作应正常；

3）管片储存装置运转应正常。

（8）人仓应符合下列规定：

1）密封面应完整，密封应良好；

2）显示仪、条形记录仪、热系统、温度计、密封阀等所有部件功能应正常；时钟、电话和紧急电话应能正常工作。

（9）后续台车应符合下列规定：

1）台车专用轨道铺设应平顺、牢固，轨距应符合台车运转要求，轨道上应无障碍；

2）各台车工作性能、制动性能应良好，应能平稳运转。

（10）后配套管线应符合下列规定：

1）电缆位置应合理可靠，应能防止被突出物损坏；电缆应有足够的存储量；

2）掘进机与台车之间软管、电线连接应正常；

3）水管卷筒应能正常工作，且有足够存储量。

（11）通风、给水排水设备应符合下列规定：

1）通风管道安装应牢固，不应有破损；连接处密封应良好；

2）送风量应符合设计规定要求，消声器应能正常工作；

3）给水排水设备水泵、阀门等性能应良好，管道不得有破损；

4）应有性能良好的备用设备，并定期检查。

（12）气路系统应符合下列规定：

1）安全阀和油水分离装置工作应正常，安全阀压力应按要求调整，系统最低压力不应低于使用说明书规定要求；

2）控制阀动作灵敏、可靠，不应漏气；

3）储气筒及气压元件应符合生产厂家规定要求。

（13）安全保护装置应符合下列规定：

1）防护设施、供紧急情况使用的避险、避难设备器具、急救设备器材、应急医疗设备应齐全，且应在有效期内，并应定期检查和及时维修更换；

2）消防、防火设备应齐全且在有效期内，并定期检查，及时维修更换；

3）瓦斯等有害气体监测、记录、报警装置应能正常工作；

4）升降装置、安全扶手应安全可靠。

（14）土压平衡盾构机应符合下列规定：

1）传送带驱动马达性能应良好，张紧装置应能适合规定的曲线；

2）螺旋输送机运转应正常，伸缩机构工作应正常，观测窗口不应堵塞；

3）压力传感器显示应正常；

4）卸土门在动力失去时应能紧急关闭。

（15）泥水加压盾构机应符合下列规定：

1）泥水循环机泥水处理系统工作应正常；

2）泥浆设备与泥水分离系统运转应正常，泥浆泵、分离机、振动筛性能应良好，工作压力应正常；

3）送泥水管、排泥水管管道密封性能良好，不应有严重磨损或堵塞；

4）砾石破碎设备性能应良好，应符合使用说明书规定要求；

5）流量监控装置性能良好。

（16）硬岩隧道掘进机应符合下列规定：

1）应有完善的设备管理体系和状态监测、故障诊断手段；施工中每天必须进行定时保养；

2）激光定位系统、刀具、主轴承、推进系统、支撑系统、皮带输送机、溜碴槽、水供应系统、机械、液压、电气系统等应无故障作业；

3）刀盘、主机系统和设备桥焊缝应无裂纹和断裂情况，刀具、电机、除尘风机等连接应牢固；

4）电器系统、控制系统等防潮措施应完善，不应使用滑轨接触式电源，并应加强对相关部位绝缘的测量；

5）应对主轴承润滑油进行油样分析或采用内窥镜监视、涡流监测，主轴承工作应可靠；

6）应对驱动电机采用红外线测温、电流和振动监测，工作应可靠；

7）硬度液压泵站系统的压力、流量、温度、噪声等监测，宜对液压油进行油样监测；

8）应检查皮带机驱动滚筒轴承座的温升、噪声及驱动原件，皮带机应无跑偏现象，被动滚筒和带面应完好，刮板与带面贴合性应良好；

9）吊机、风机、除尘、混凝土系统工作性能应良好；

10）锚杆钻机、混凝土泵、仰拱块吊机等辅助系统的故障，应及时排除。

（四）凿岩台车

1. 凿岩台车检查表（表 7-34）

凿岩台车检查表　　　　　　　　　　　　　　表 7-34

检查项目	序号	检查内容及要求	检查情况	结果
整机	1	外观应清洁，警示标记应明显		
	2	主要工作性能应达到额定指标		
	3	各总成、零部件及附属装置应齐全、完整；试运转时，不得有漏油、异响		
	※4	钢结构不应有变形，主要受力构件的焊缝不应开焊、裂纹，螺栓连接及销连接应牢靠		
动力系统	※1	柴油机启动、加速性能良好，息速平稳		
	2	运转不应有异响，油压宜为 0.15～0.30MPa，水温、仪表指示数据应准确，符合说明书规定		
	3	柴油机曲轴箱内机油量不应过高或过低，宜在机油尺上、下刻度中间稍上位置		
	4	空气、柴油、机油滤清器应清洁，更换滤芯的时间应符合说明书规定		
	5	水箱内外清洁，并定期清洗		
	6	当水温超过固定值时，节温装置应能自动打开		
	7	风扇皮带松紧应适度		
	8	电气线路、油管管路排列整齐，卡固牢靠		
	9	柴油机负荷调节器（调速器）配合合理；配置电动机运行应正常，不应有异响及过热		
液压系统	1	各部液压元件应齐全完好		
	※2	系统应设有防止过载和液压冲击的安全装置，溢流阀工作应可靠，系统工作压力不应大于液压泵的额定压力		
	3	液压缸设有的平衡阀或液压锁应工作可靠		
	※4	液压管路连接可靠，不应渗漏		
	5	液压油的型号、油质及油量应符合要求，油压、油温应正常		
电气装置	1	配电柜内电缆连接应牢靠，工作时温度应正常		
	※2	电气设备应保证控制准确可靠。在紧急情况下应能切断电源，安全停车，各工作部分应立即停止工作并停止在安全位置		
	3	电气连接应牢靠，不应松脱；导线、线束卡固应牢靠		
	4	各种仪表、照明、信号、喇叭、音响应齐全有效		
	5	电瓶应清洁，固定应牢靠。免维护电瓶的标志应符合要求		

续表

检查项目	序号	检查内容及要求	检查情况	结果
电气装置	※6	传感器接线应可靠，表面不应有污水和污渍，防护措施应完好		
	7	控制面板应始终正确显示出设备的运行状态，发生异常时，应能清楚显示出其信息。面板上的按钮与旋钮动作应灵敏可靠		
	※8	各项检测设备工作应正常		
凿岩机	※1	各螺栓连接（凿岩机拉紧螺栓和安装螺栓，蓄能器螺栓，阀盖螺栓等）应牢靠紧固，不应有松动		
	2	各软管接头连接应牢固，不应泄漏		
	3	冲洗水压和润滑空气压力应正常		
	4	润滑器应有足够的润滑油，供油量应适量		
	※5	钎尾接头应完好，不应断裂		
	※6	蓄能器充气压力应符合说明书的要求，隔膜不应破损		
推进器	※1	凿岩机在滑架上应能沿推进器的全长滑动，润滑应良好		
	2	推进器延伸油缸动作应准确，快慢应适度，不应有泄漏		
	※3	钻杆衬套磨损应符合规定，支架连接应紧固，钻杆不应有弯曲变形。螺纹不应有严重磨损。工作时导向良好，不应摆动		
	※4	推进机构使用的钢丝绳应符合规范要求		
	5	软管不应有老化、破损		
钻臂	※1	液压缸不应跳动		
	2	液压泵不应有噪声、跳动		
	※3	钻臂应保持垂直面内的平行度		
	4	钻臂工作应平稳，各项动作应灵敏准确		
行走机构	1	对于轮胎式，轮不应有裂纹、变形；轮毂转动应灵活，不应有异响。轮胎气压应符合说明书规定，轮胎螺栓和螺母应齐全、紧固		
	2	行走时车轮不应有偏摆		
	3	工作时支腿稳定可靠		
	4	运行速度符合要求		
	5	对于轮轨式，轨道铺设应平稳、线路应平顺，铺设的钢轨型号应与台车行走机构匹配，且止轮设施齐全		

整机检查结论　　　　责任人签字　检查方：　年　月　日　受检方：　年　月　日

备注

注：参考用表

2. 检查要点
整机应符合下列规定：

1) 工作时支腿应稳定可靠；电动机运转应正常，应无过热及异响；轮胎应无破裂及严重磨损；轮轨式轨道铺设线路应平稳平顺，且止轮设施应齐全；

2）凿岩机拉近螺栓、安装螺栓、蓄能器螺栓和阀盖螺栓等应紧固牢靠，不应有松动；各软管接头应牢靠，应无泄漏；

3）凿岩机蓄能器充气压力应符合使用说明书要求，隔膜不得破裂；

4）凿岩机冲洗水压和润滑空气压力应正常，润滑器应保持适量的润滑油；

5）凿岩机在滑架上应能沿推进器全长滑动；推进器延伸油缸动作应准确，快慢应适度；

6）钻臂应保持垂直面内的平行度，工作应平稳，动作应灵敏准确；

7）电气系统配电箱和控制盘应有防水装置，漏电保护器动作应灵敏可靠；

8）钻杆衬套不得有明显磨损，钻杆不得有弯曲变形，导向应良好，无摆动现象；钎尾接头应完好，不得破裂。

第八章　建筑施工机械安全应急管理

建筑施工机械事故应急与管理的重点是生产安全事故应急救援预案管理。施工机械的安装、使用及施工总承包单位应当按照《建筑起重机械安全监督管理规定》（中华人民共和国建设部令第166号），严格履行各自的安全职责。

一、应　急　准　备

应急准备是应急管理工作中的一个关键环节。应急准备是指为有效应对突发事件而事先采取的各种措施的总称，包括意识、组织、机制、预案、队伍、资源、培训演练等各种准备。

（一）应急组织

应急组织是安全生产应急管理体系的基础，主要包括应急管理的领导决策层、管理与协调指挥系统以及应急救援队伍。应急救援体系组织体制建设中的管理机构是指维持应急日常管理的责任部门；功能部门包括与应急活动有关的各类组织机构，如消防、医疗机构等；应急指挥是在应急预案启动后，负责应急救援活动场外与场内指挥系统；而救援队伍则由专业和志愿人员组成。

建立完善突发事故应急准备及响应管理小组，并以主要领导为组长，全员参与，各司其职。

1. 组长职责：

（1）决定是否存在或可能存在重大紧急事故，要求应急服务机构提供帮助并实施场外应急计划，在不受事故影响的地方进行直接控制。

（2）复查和评估事故（事件）可能发展的方向，确定其可能的发展过程。

（3）指导设施的部分停工，并与领导小组成员的关键人员配合指挥现场人员撤离，并确保任何伤害者都能得到足够的重视。

（4）与场外应急机构取得联系及对紧急情况的处理做出安排。

（5）在场（设施）内实行交通管制，协助场外应急机构开展服务工作。

（6）在紧急状态结束后，控制受影响地点的恢复，并组织人员参加事故的分析和处理。

2. 副组长（现场管理者）职责：

（1）评估事故的规模和发展态势，建立应急步骤，确保员工的安全并减少设施和财产损失。

（2）如有必要，在救援服务机构到来之前直接参与救护活动。

（3）安排寻找受伤者及安排非重要人员撤离到集中地带。

（4）设立与应急中心的通信联络，为应急服务机构提供建议和信息。

3. 组员职责：

在组长、副组长的带领指挥下对事故进行救援抢救。

（二）应急预案

1. 应急预案的编制

生产安全事故应急救援预案是针对具体设备、设施、场所和环境，在安全评价的基础上，为降低事故造成的人身、财产损失与环境危害，就事故发生后的应急救援机构和人员，应急救援的设备、设施、条件和环境，行动的步骤和纲领，控制事故发展的方法和程序等，预先做出的科学而有效的计划和安排。

（1）应急预案编制的基本要求

编制应急预案必须以客观的态度，在全面调查的基础上，以各相关方共同参与的方式，开展科学分析和论证，按照科学的编制程序，扎实开展应急预案编制工作，使应急预案中的内容符合客观情况，为应急预案的落实和有效应用奠定基础。

2006 年 9 月 20 日国家安全生产监督管理总局颁布了《生产经营单位安全生产事故应急预案编制导则》AQ/29002—2006，并于 2006 年 11 月 1 日实施。该导则明确了应急预案应包含的内容和编制要求，为应急预案的规范化建设提供了依据。根据有关法规及该导则的要求，编制应急预案时应进行合理策划，做到重点突出，反映主要的重大事故风险，并避免预案相互孤立、交叉和矛盾。

2016 年 7 月 1 日，修订后的《生产安全事故应急预案管理办法》颁布实施，其中第八条规定，应急预案的编制应当符合下列基本要求：

1）有关法律、法规、规章和标准的规定；

2）本地区、本部门、本单位的安全生产实际情况；

3）本地区、本部门、本单位的危险性分析情况；

4）应急组织和人员的职责分工明确，并有具体的落实措施；

5）有明确、具体的应急程序和处置措施，并与其应急能力相适应；

6）有明确的应急保障措施，满足本地区、本部门、本单位的应急工作需要；

7）应急预案基本要素齐全、完整，应急预案附件提供的信息准确；

8）应急预案内容与相关应急预案相互衔接。

（2）应急预案编制程序

《生产经营单位安全生产事故应急预案编制导则》AQ/T 9002—2006 中规定了生产经营单位编制安全生产事故应急预案的程序。下面以生产经营单位安全生产事故应急预案编制为例，阐述应急预案的编制。

应急预案的编制包括下面 6 个步骤：

1）成立工作组。结合本单位部门职能分工，成立以单位主要负责人为领导的应急预案编制工作组，明确编制任务、职责分工、制定工作计划。

2）资料收集。收集应急预案编制所需的各种资料（相关法律法规、应急预案、技术标准、国内外同行业事故案例分析、本单位技术资料等）。

3）危险源与风险分析。在危险因素分析及事故隐患排查、治理的基础上，确定本单位的危险源、可能发生事故的类型和后果，进行事故风险分析并指出事故可能产生的次生衍生事故，形成分析报告，分析结果作为应急预案的编制依据。

4）应急能力评估。对本单位应急装备、应急队伍等应急能力进行评估，并结合本单位实际，加强应急能力建设。

5）应急预案编制。针对可能发生的事故，按照有关规定和要求编制应急预案。应急预案编制过程中，应注重全体人员的参与和培训，使所有与事故有关人员均掌握危险源的危险性、应急处置方案和技能。应急预案应充分利用社会应急资源，与地方政府预案、上级主管单位以及相关部门的预案相衔接。

6）应急预案的评审与发布。评审由本单位主要负责人组织有关部门和人员进行。外部评审由上级主管部门或地方政府负责安全管理的部门组织审查。评审后，按规定报有关部门备案，并经生产经营单位主要负责人签署发布。

需要指出的是，应急预案的改进是预案管理工作的重要内容，与以上 6 项工作共同构成一个工作循环，通过这个循环可以持续改进预案的编制工作，完善预案体系。

（3）建筑施工机械应急预案主要内容

应急预案是整个应急管理体系的反映，它不仅包括事故发生过程中的应急响应和救援措施，而且还应包括事故发生前的各种应急准备和事故发生后的短期恢复，以及预案的管理与更新等。《生产经营单位安全生产事故应急预案编制导则》AQ/T 9002—2006 第五条至第八条详细规定了综合预案、专项预案和现场处置方案的主要内容。

通常建筑起重机械安装、拆卸工程生产安全事故应急救援预案和建筑起重机械生产安全事故应急救援预案应包括以下内容。

1）工程概况。

对建筑施工机械所在的工程进行简要介绍，即在施工程项目的基本情况。其主要内容包括：工程名称、规模、性质、用途、对于资金来源、投资额、开竣工日期、建设单位、设计单位、监理单位、施工单位、工程地点、工程总造价、施工条件、建筑面积、结构形式、图纸设计完成情况、承包合同等。并对现场建筑施工机械的分布、数量、型号、使用情况进行详细的描述

2）编制目的。

为加强对建筑施工机械安全事故的防范，及时做好安全事故发生后的救援处置工作，最大限度地减少事故造成的损失，维护正常的社会秩序和工作秩序，根据《特种设备安全监察条例》的要求，结合在建工程实际，制定适合本单位、本项目的建筑施工机械安全事故应急救援预案。

3）编制依据：

《中华人民共和国安全生产法》；

《中华人民共和国建筑法》；

《建设工程安全生产管理条例》；

《建筑起重机械安全监督管理规定》（中华人民共和国建设部令第 166 号）

地方政府安全管理要求；

企业《应急预案》和《事故现场救治办法》；

建筑工程安全质量监督站安全管理要求；

批准的建筑起重机械安拆专项方案；

批准的安全文明施工专项方案；

批准的现场临时用电专项方案；

建筑施工机械使用说明书。

4）建筑施工机械事故风险评估

事故风险评估，是指针对不同事故种类及特点，识别存在的危险危害因素，分析事故可能产生的直接后果以及次生、衍生后果，评估各种后果的危害程度和影响范围，提出防范和控制事故风险措施的过程。

主要内容包括：

① 分析生产经营单位存在的危险因素，确定事故危险源；

② 分析可能发生的事故类型及后果，并指出可能产生的次生、衍生事故；

③ 评估事故的危害程度和影响范围，提出风险防控措施。

5）应急处置基本原则

① 结合实际、合理定位。紧密结合应急管理工作实际，明确演练目的，根据资源条件确定演练方式和规模。

② 着眼实战、讲求实效。以提高应急指挥人员的指挥协调能力、应急队伍的实战能力为着眼点。重视对演练效果及组织工作的评估、考核，总结推广好经验，及时整改存在问题。

③ 精心组织、确保安全。围绕演练目的，精心策划演练内容，科学设计演练方案，周密组织演练活动，制定并严格遵守有关安全措施，确保演练参与人员及演练装备设施的安全。

④ 统筹规划、厉行节约。统筹规划应急演练活动，适当开展跨地区、跨部门、跨行业的综合性演练，充分利用现有资源，努力提高应急演练效益。

6）预防与预警

建立健全工程项目重大危险源信息监控方法与程序，完善危险源辨识工作，对危险源进行识别和评估。在技术和管理措施上加强重大事故危险的监控，防止重、特大事故发生。对危险设备的危险区域予以明显标识，实现规范化、标准化管理。

如遇意外建筑施工机械事故时，在现场的项目管理人员要立即向应急小组组长汇报险情。小组长应立即召集副组长及抢救指挥组其他成员，抢救、救护、防护组成员携带着各自的抢险工具，赶赴出事现场。

项目部办公室接到报告后，应迅速通知全体指挥中心成员，单位负责人接到报告后，应当在1小时内向事故发生地有关部门逐级上报。报告内容包括：发生事故的时间、地点、单位、联系电话、报告人、伤亡人数等简要情况。

7）应急处置

为确保正常施工，预防突发事件以及某些预想不到的、不可抗拒的事件发生，事前应有充足的技术措施准备、抢险物资的储备，最大限度地减少人员伤亡、国家财产和经济损失，且必须进行风险分析和采取有效的预防措施。根据在建工程特点，在辨识、分析评价施工中危险因素和风险的基础上，确定本工程重大危险因素。根据不同的危险因素确定不同的响应分级。

施工过程中施工现场或驻地发生无法预料的需要紧急抢救处理的危险时，应迅速逐级上报，次序为现场、项目部。由项目部质安部收集、记录、整理紧急情况信息并向小组及时传递，由小组组长或副组长主持紧急情况处理会议，协调、派遣和统一指挥所有车辆、设备、人员、物资等实施紧急抢救和向上级汇报。事故处理根据事故大小情况来确定，如果事故特别小，根据上级指示可由施工单位自行直接进行处理。如果事故较大或施工单位处理不了则由施工单位向建设单位主管部门或工地所在地方政府部门进行请示，请求启动建设单位的救援预案，建设单位的救援预案仍不能进行处理，则由建设单位的安全管理部门向建管局安监站或政府部门请示启动上一级救援预案。

指挥与控制。抢救组到达出事地点，在应急组长指挥下分头进行工作。

8）应急物资与装备保障

应急资源的准备是应急救援工作的重要保障，项目部应根据潜在事故的性质和后果分析，配备应急救援中所需救援机械和设备、交通工具、医疗设备和药品、生活保障物资。

2. 应急预案的演练

应急演练是应急管理的重要环节，在应急管理工作中有着十分重要的作用。通过开展应急演练，可以实现评估应急准备状态，发现并及时修改应急预案、执行程序等相关工作的缺陷和不足；评估突发公共事件应急能力，识别资源需求，澄清相关机构、组织和人员的职责，改善不同机构、组织和人员之间的协调问题；检验应急响应人员对应急预案、执行程序的了解程度和实际操作技能，评估应急培训效果，分析培训需求。同时，作为一种培训手段，通过调整演练难度，可以进一步提高应急响应人员的业务素质和能力。

（1）应急演练的定义、目的

应急演练是指各级政府部门、企事业单位、社会团体，组织相关应急人员与群众，针对待定的突发事件假想情景，按照应急预案所规定的职责和程序，在特定的时间和地域，执行应急响应任务的训练活动。

应急演练的目的是通过开展应急演练，查找应急预案中存在的问题，进而完善应急预案，提高应急预案的实用性和可操作性；检查应对突发事件所需应急队伍、物资、装备、技术等方面的准备情况，发现不足及时予以调整补充，做好应急准备工作；增强演练组织单位、参与单位和人员等对应急预案的熟悉程度，提高其应急处置能力；进一步明确相关单位和人员的职责任务，理顺工作关系，完善应急机制；普及应急知识，提高公众风险防范意识和自救互救等灾害应对能力。

（2）应急演练的类型

根据应急演练的组织方式、演练内容和演练目的、作用等，可以对应急演练进行分类，目的是便于演练的组织管理和经验交流。

1）按组织方式分类

应急演练按照组织方式及目标重点的不同，可以分为桌面演练和实战等。

① 桌面演练。桌面演练是一种圆桌讨论或演习活动；其目的是使各级应急部门、组织和个人在较轻松的环境下，明确和熟悉应急预案中所规定的职责和程序，提高协调配合及解决问题的能力。桌面演练的情景和问题通常以口头或书面叙述的方式呈现，也可以使用地图、沙盘、计算机模拟、视频会议等辅助手段，有时被分别称为图上演练、沙盘演练、计算机模拟演练、视频会议演练等。

② 实战演练是以现场实战操作的形式开展的演练活动。参演人员在贴近实际状况和高度紧张的环境下，根据演练情景的要求，通过实际操作完成应急响应任务，以检验和提高相关应急人员的组织指挥、应急处置以及后勤保障等综合应急能力。

2）按演练内容分类

应急演练按其内容，可以分为单项演练和综合演练两类：

① 单项演练。单项演练是指只涉及应急预案中特定应急响应功能或现场处置方案中一系列应急响应功能的演练活动。注重针对一个或少数几个参与单位（岗位）的特定环节和功能进行检验。

② 综合演练。综合演练是指涉及应急预案中多项或全部应急响应功能的演练活动。注重对多个环节和功能进行检验，特别是对不同单位之间应急机制和联合应对能力的检验。

3）按演练目的和作用分类

应急演练按其目的与作用，可以分为检验性演练、示范性演练和研究性演练。

① 检验性演练。主要是指为了检验应急预案的可行性及应急准备的充分性而组织的演练。

② 示范性演练。主要是指为了向参观、学习人员提供示范，为普及宣传应急知识而组织的观摩性演练。

③ 研究型演练。主要是为了研究突发事件应急处置的有效方法，试验应急技术、设施和设备，探索存在问题的解决方案等而组织的演练。

不同演练组织形式、内容及目的的交叉组合，可以形成多种多样的演练方式，如单项桌面演练、综合桌面演练、单项实战演练、综合实战演练、单项示范演练、综合示范演练等。

（3）应急演练的组织与实施

一次完整的应急演练活动要包括计划、准备、实施、评估总结和改进等五个阶段。

计划阶段的主要任务：明确演练需求，提出演练的基本构想和初步安排。

准备阶段的主要任务：完成演练策划，编制演练总体方案及其附件，进行必要的培训和预演，做好各项保障工作安排。

实施阶段的主要任务：按照演练总体方案完成各项演练活动，为演练评估总结收集信息。

评估总结阶段的主要任务：评估总结演练参与单位在应急准备方面的问题和不足，明确改进的重点，提出改进计划。

改进阶段的主要任务：按照改进计划，由相关单位实施落实，并对改进效果进行监督检查。

3. 应急预案编制范本

（1）应急策划

1）应急预案工作流程图

根据工程的特点及施工工艺的实际情况，认真组织对危险源和环境因素的识别和评价，制定本项目发生紧急情况或事故的应急措施，开展应急知识教育和应急演练，提高现场操作人员应急能力，减少突发事件造成的损害和不良环境影响。其应急准备和响应工作程序如图 8-1 所示。

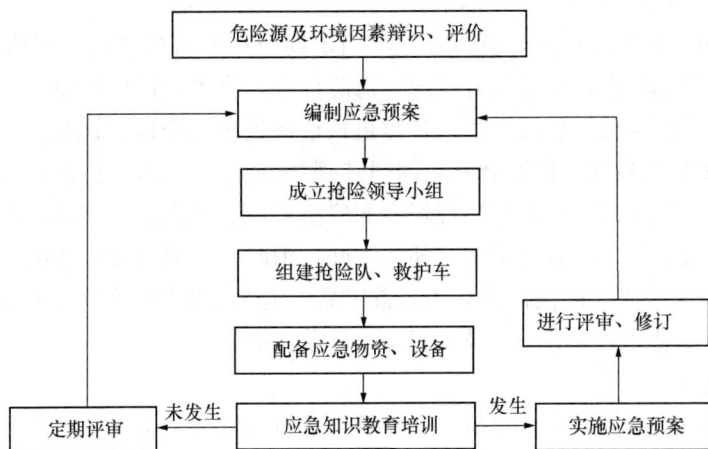

图 8-1　应急预案工作流程图

2）可能发生的重大事故（危险）发展过程及分析

塔式起重机、施工升降机、汽车吊等机械设备在作业过程中突然倾覆或吊物坠落；

基础严重下沉或在外力作用下机械设备发生倾覆等；

整体倒塌及作业发生人员伤亡事故；

自然灾害（如雷电、沙尘暴、地震强风、强降雨、暴风雪等）对设备的严重损坏；

运行中的电气设备故障或线路发生严重漏电；

其他作业可能发生的重大事故（高处坠落、物体打击、起重伤害、触电、机械伤害等）造成的人员伤亡、财产损失、环境破坏。

3）突发事件风险分析和预防

为确保正常施工，预防突发事件以及某些预想不到的、不可抗拒的事件发生，事前有充足的技术措施准备、抢险物资的储备，最大限度地减少人员伤亡、国家财产和经济损失，必须进行风险分析和采取有效的预防措施。

突发事件、紧急情况及风险分析：根据本工程特点，在辨识、分析评价施工中危险因素和风险的基础上，确定本工程重大危险因素是塔式起重机倾覆、汽车吊倾覆、升降机导轨架倾覆、吊笼坠落、物体打击、高处坠落、触电、火灾等。在工地已采取机电管理、安全管理各种防范措施的基础上，还需要制定相应的应急方案。

① 突发事件及风险预防措施：从以上风险情况的分析看，如果不采取相应有效的预防措施，不仅给工程施工造成很大影响，而且对施工人员的安全造成威胁。为此我们应着重从以下各个方面进行预防和布控：

② 教育培训措施。对各类机械操作手加强机械常识、安全操作堆积知识的教育培训，提高安全生产技能和安全自我防护意识。教育培训可采用培训班、宣传栏、知识竞赛、安全会议、班前会等形式。对各类机械操作手，特别是特种作业操作手，按国家有关法律法规要求组织培训，达到全部持证上岗的要求。

③ 加强机械设备维修保养。各级各使用单位、部门定期对机械设备进行维修保养，

完善各类安全部件，对国家强制要求检测的设备经权威部门检测，对外严格检查检测合格证，从本质上消除机械安全隐患。

④ 做好机械设备专项检查，设备管理部门定期对所有机械进行专项检查，重点检查设备安全部件、检测情况，设备完好状况，清除国家明令禁止使用的设备，对查出设备安全隐患督促有关部门维修、整改、力求各类机械设备处于安全运行状态。

⑤ 加强现场监督检查。各安全职能部门和现场安全员加强施工现场机械设备使用的监督检查，安全职能部门定期检查，现场专职安全员应有专人日常巡查，发现设备事故隐患，立即制定整改措施，定人定责确定整改时间，消除一切设备安全隐患。

⑥ 施工现场配备必要的消毒药品和急救用品，确保发生机械伤害事故时应急所需。

（2）成立项目经理部应急小组及职能组，并落实职责。

1）机构与职责

一旦机械设备发生重大安全事故，项目领导及有关部门负责人必须立即赶赴现场，组织指挥应急处理，成立项目应急领导小组及职能组。

2）项目应急领导小组：

组　　长：×××

副组长：×××

成　　员：×××

3）职能组：

通讯联络组　组长：×××　组员：×××

技术支持组　组长：×××　组员：×××

抢险抢修组　组长：×××　组员：×××

医疗救护组　组长：×××　组员：×××

后勤保障组　组长：×××　组员：×××

物资保障组　组长：×××　组员：×××

安全保卫组　组长：×××　组员：×××

4）相关单位电话，见表8-1。

相关单位电话表　　　　　　　　　　　　　　　　表8-1

序号	单　　位	联系人	电　话	备注
1	急救电话			
2	火警		119	
3	公安		110	
4	市特种设备检测站			
5	市安全监督检验站			
6	项目应急领导小组组长			
7	项目应急领导小组副组长			
8	项目应急领导小组成员			
9	项目应急领导小组成员			
10	项目应急领导小组成员			

续表

序号	单 位	联系人	电 话	备注
11	项目应急领导小组成员			
12	项目应急领导小组成员			
13	项目应急领导小组成员			

5) 应急领导小组职责及分工

组长职责：

① 决定是否存在或可能存在重大紧急事故，要求应急服务机构提供帮助并实施场外应急计划，在不受事故影响的地方进行直接控制；

② 复查和评估事故（事件）可能发展的方向，确定其可能的发展过程；

③ 指导设施的部分停工，并与领导小组成员的关键人员配合指挥现场人员撤离，并确保任何伤害者都能得到足够的重视；

④ 与场外应急机构取得联系及对紧急情况的处理作出安排；

⑤ 在场（设施）内实行交通管制，协助场外应急机构开展服务工作；

⑥ 在紧急状态结束后，控制受影响地点的恢复，并组织人员参加事故的分析和处理。

副组长职责：

① 评估事故的规模和发展态势，建立应急步骤，确保员工的安全并减少设施财产损失；

② 如有必要，在救援服务机构到来之前直接参与救护活动；

③ 安排寻找受伤者及安排非重要人员撤离到集中地带；

④ 设立与应急中心的通信联络，为应急服务机构提供建议和信息。

通信联络组职责：

① 确保与最高管理者和外部联系畅通、内外信息反馈迅速；

② 保持通信设施和设备处于良好状态；

③ 负责应急过程的记录与整理及对外联络；

④ 了解掌握事故情况，负责事故发生后在第一时间通知公司，根据情况酌情及时通知当地建设行政主管部门、电力部门、劳动部门、当事人的亲属等。

技术支持组职责：

① 提出抢险抢修及避免事故扩大的临时应急方案和措施；

② 指导抢险抢修组实施应急方案和措施；

③ 修补实施中的应急方案和措施存在的缺陷；

④ 绘制事故现场平面图，标明重点部位，向外部救援机构提供准确的抢险救援信息资料。

抢险抢修组职责：

① 实施抢险抢修的应急方案和措施，并不断加以改进；

② 寻找受害者并转移至安全地带；

③ 在事故有可能扩大进行抢险抢修或救援时，高度注意避免意外伤害；

④ 抢险抢修或救援结束后，直接报告最高管理者并对结果进行复查和评估。

医疗救治组：

① 在外部救援机构未到达前，对受害者进行必要的抢救（如人工呼吸、包扎止血、防止受伤部位受污染等）；

② 使重度受害者优先得到外部救援机构的救护；

③ 协助外部救援机构转送受害者至医疗机构，并指定人员护理受害者。

后勤保障组职责：

① 保障系统内各组人员必需的防护、救护用品及生活物资的供给；

② 提供合格的抢险抢修或救援的物资及设备。

物资保障组职责：

① 保障抢险设备的物资供应和应急物资的及时到位；

② 提供合格的抢险抢修或救援的物资及设备。

（3）应急物资

应急资源的准备是应急救援工作的重要保障，项目部应根据潜在事故的性质和后果分析，配备应急救援中所需的消防手段、救援机械和设备、交通工具、医疗设备和药品、生活保障物资。

应急物资主要有：氧气瓶、乙炔瓶、气割设备一套；备用绝缘杆 5m 一根；备一根 ϕ20 棕绳长 30m，备一根 ϕ12 尼龙绳长 30m（存库房）；急救药箱 2 个；手电 6 个；对讲机 6 部；担架 2 副。详见表 8-2。

主要应急机械设备储备表　　　　　　　表 8-2

序号	设备名称	单位	数量	规格型号	性能指标	现在何处
1	汽车吊	辆	1	QY～25	25t	现场
2	电焊机	台	2	BX500		现场
3	卷扬机	台	2	JJ2～0.5	拉力 5t	现场
4	发电机	台	1		50kW	
5	小汽车	台	1			现场
6	担架	副	2			

（4）应急响应

施工过程中施工现场或驻地发生无法预料的需要紧急抢救处理的危险时，应迅速逐级上报，次序为现场、抢险领导小组、各组组长及成员。由通信联络组收集、记录、整理紧急情况信息并向小组及时传递，由小组组长或副组长主持紧急情况处理会议，协调、派遣和统一指挥所有车辆、设备、人员、物资等实施紧急抢救。事故处理根据事故大小情况来确定，如果事故极小，可由项目部自行直接进行处理。如果事故较大或项目部无法处理则由施工单位向建设单位主管部门进行请示，请求启动建设单位的救援预案，建设单位的救援预案仍不能进行处理，则由建设单位的安全管理部门向建管局安监站或政府部门请示启动上一级救援预案。

值班电话：项目部实行昼夜值班制度，值班电话如下：×××

紧急情况发生后，安全保卫组要做好警戒和疏散工作，保护现场，及时抢救伤员和财产，并由在现场的项目部最高级别负责人指挥，在 3 分钟内电话通报到值班人员，主要说明紧急情况性质、地点、发生时间、有无伤亡、是否需要派救护车、消防车或警力支援到现场实施抢救，如需可直接拨打×××、110等求救电话。

值班人员在接到紧急情况报告后必须在2分钟内将情况报告到紧急情况领导小组组长和副组长。小组组长组织讨论后在最短的时间内发出如何进行现场处置的指令。分派人员车辆等到现场进行抢救、警戒、疏散和保护现场等。

遇到紧急情况，全体职工应主动积极地投身到紧急情况的处理中去。各种设备、车辆、器材、物资等应统一调遣，各类人员必须坚决无条件服从组长或副组长的命令和安排。如图8-2所示。

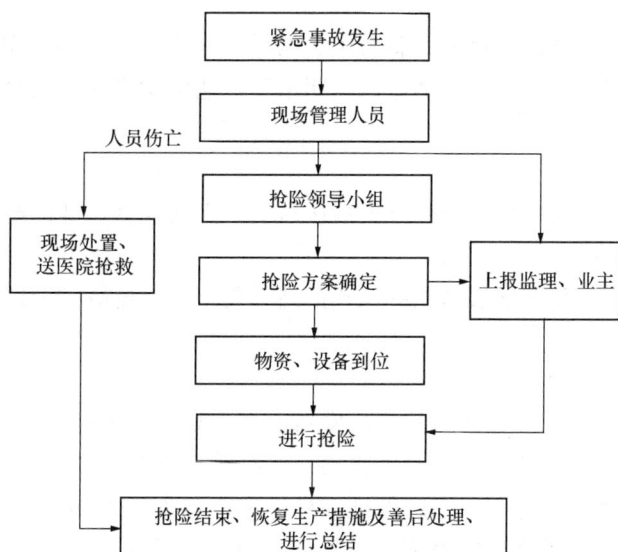

图 8-2　应急响应流程图

（5）机械设备突发事件应急预案实施步骤

1）接警与通知

如调机械设备意外事件时，在现场的项目管理人员要立即向项目副经理×××汇报险情，并保护好事故的现场，防止事态扩大，同时拨打急救电话×××。项目副经理×××立即召集项目应急领导小组各组组长及成员携带各自的抢险工具，赶赴出事现场。

2）指挥与控制：

抢险抢修组到达出事地点，在项目副经理×××指挥下分头进行工作。

首先和抢险抢修组一起查明险情，确定是否还有危险源。如碰断的高、低压电线是否带电；其他构件是否有继续倒塌的危险；人员伤亡情况。商定抢救方案后，向项目经理请示汇报批准，然后组织实施。

安全保卫组负责把出事地点附近的作业人员疏散到安全地带，并进行警戒，不准闲人靠近，对外注意礼貌用语。

工地值班电工负责切断有危险的低压电气线路的电源。如果在夜间，接通必要的照明灯光；

在排除继续倒塌或触电危险可能性的情况下，医疗救护组立即救护伤员，如有轻伤或休克人员，由现场管理人员组织临时抢救、包扎止血或做人工呼吸、胸外心脏按压，尽最大努力抢救伤员，将伤亡事故控制在最小范围内。伤情得到初步控制，假如急救中心车辆尚未赶到，则用担架将伤员抬到项目部工程指挥车上，第一时间内将伤员送往医院，并联系好医院打开"绿色通道"做好接诊准备。

对倾翻变形机械设备的拆卸、修复工作，在技术支持组的指导下进行。

机械事故应急抢险完毕后，经理×××立即召集应急领导小组的全体成员进行事故调查，找出事故原因、责任人以及制订防止再次发生类似事故的整改措施。

对应急预案的有效性进行评审、修订。

3）通信

项目部必须将报警电话（110）、急救中心电话（×××）、项目部应急领导小组成员的手机号码、当地安全监督部门电话号码，明示于工地显要位置。工地抢险指挥成员及安全员应熟知这些号码。

4）警戒与治安

安全保卫小组在事故现场周围建立警戒区域实施交通管制，维护现场治安秩序。

5）人群疏散与安置

疏散人员工作要有秩序地服从指挥人员的疏导要求进行疏散，做到不惊慌失措，勿混乱、拥挤，减少人员伤亡。

6）公共关系

项目部安全监察室为事故信息收集和发布的组织机构，安全监察室届时将起到公司的媒体的作用，对事故的处理、控制、进展、升级等情况进行信息收集，并对事故轻重情况进行删减，有针对性定期和不定期地向外界和内部如实地报道，向内部报道主要是向公司内部各科室、集团公司的报道等，外部报道主要是向施工总承包方、监理等单位的报道。

（6）应急救援的培训与演练

1）培训

应急预案和应急计划确立后，有计划地组织项目部有关人员进行有效的培训，从而具备完成其应急任务所需的知识和技能。项目开工前或半年进行一次培训，新加入的人员及时培训，培训内容包括：

① 灭火器的使用以及灭火步骤的训练；

② 施工安全防护、作业区内安全警示设置、个人的防护措施、施工用电常识、在建工程的交通安全、大型机械的安全使用；

③ 对危险源的突显特性辨识；

④ 事故报警；

⑤ 紧急情况下人员的安全疏散；

⑥ 现场抢救的基本知识。

2）演练

应急预案和应急计划确立后，经过有效的培训，项目部成员定期演练。施工项目部在项目开工后演练一次，根据工程工期长短不定期举行演练，施工作业人员变动较大的应增加演练次数。每次演练结束，及时做出总结，对存有一定差距的在日后的工作中加以提高。

（7）预案管理与评审改进

机械事故后要分析原因，按"四不放过"的原则查处事故，编写调查报告，采取纠正和预防措施，负责对预案进行评审并改进预案。项目对应急预案每年至少进行一次评审，针对暴露出的缺陷，不断地更新、完善和改进机械设备应急预案体系，加强机械设备应急预案的管理。

二、应急响应与救援

（一）事故报告

生产安全事故发生后，事故现场有关人员应当立即向本单位负责人报告；单位负责人接到报告后，应当于1小时内向事故发生地县级以上人民政府安全生产监督管理部门和负有安全生产监督管理职责的有关部门报告。

情况紧急时，事故现场有关人员可以直接向事故发生地县级以上人民政府安全生产监督管理部门和负有安全生产监督管理职责的有关部门报告。如果事故现场条件特别复杂，难以准确判定事故等级，情况十分危急，上一级部门没有足够能力开展应急救援工作，或者事故性质特殊、社会影响特别重大时，就应当允许越级上报事故。

安全生产监督管理部门和负有安全生产监督管理职责的有关部门接到事故报告后，应当依照下列规定上报事故情况，并通知公安机关、劳动保障行政部门、工会和人民检察院：

（1）特别重大事故、重大事故逐级上报至国务院安全生产监督管理部门和负有安全生产监督管理职责的有关部门。

（2）较大事故逐级上报至省、自治区、直辖市人民政府安全生产监督管理部门和负有安全生产监督管理职责的有关部门。

（3）一般事故上报至所设区的市级人民政府安全生产监督管理部门和负有安全生产监督管理职责的有关部门。

（4）安全生产监督管理部门和负有安全生产监督管理职责的有关部门逐级上报事故情况，每级上报的时间不得超过2小时。

上报事故的首要原则是及时。所谓"2小时"起点是指接到下级部门报告的时间，以特别重大事故的报告为例，按照报告时限要求的最大值计算，从单位负责人报告县级管理部门，再由县级管理部门报告市级管理部门、市级管理部门报告省级管理部门、省级管理部门报告国务院管理部门，直至最后报至国务院，总共所需时间为9小时。之所以对上报事故作出这样限制性的时间规定，主要是基于以下原因：

快速上报事故，有利于上级部门及时掌握情况，迅速开展应急救援工作。上级安全管理部门可以及时调集应急救援力量，发挥更多的人力、物力等资源优势，协调各方面的关系，尽快组织实施有效救援。

报告事故应当包括以下主要内容：

（1）事故发生单位概况。

（2）事故发生的时间、地点以及事故现场情况。

（3）事故的简要经过。

（4）人员伤亡和经济损失情况。

（5）已经采取的措施及初步原因。

（6）事故报告单位和报告人员。

事故报告后出现新情况的，应当及时补报。自事故发生之日起 30 日内，事故造成的伤亡人数发生变化的，应当及时补报。道路交通事故、火灾事故自发生之日起 7 日内，事故造成的伤亡人数发生变化的，应当及时补报。

（二）应急救援

1. 应急救援的基本任务

应急救援的总目标是通过有效的应急救援行动，尽可能地降低事故的后果，包括人员伤亡、财产损失和环境破坏等。事故应急救援的基本任务包括下述几个方面：

（1）立即组织营救受害人员，组织撤离或者采取其他措施保护危害区域内的其他人员。抢救受害人员是应急救援的首要任务。在应急救援行动中，快速、有序、有效地实施现场急救与安全转送伤员，是降低伤亡率、减少事故损失的关键。由于重大事故发生突然、扩散迅速、涉及范围广、危害大，应及时指导和组织群众采取各种措施进行自身防护，必要时迅速撤离出危险区或可能受到危害的区域。在撤离过程中，应积极组织群众开展自救和互救工作。

（2）迅速控制事态，并对事故造成的危害进行检测、监测，测定事故的危害区域、危害性质及危害程度。及时控制住造成事故的危险源是应急救援工作的重要任务。只有及时地控制住危险源，防止事故的继续扩展，才能及时有效地进行救援。特别对发生在城市或人口稠密地区的化学事故，应尽快组织工程抢险队与事故单位技术人员一起及时控制事故继续扩展。

（3）消除危害后果，做好现场恢复。针对事故对人体、动植物、土壤、空气等造成的现实危害和可能的危害，迅速采取封闭、隔离、洗消、监测等措施，防止对人的继续危害和对环境的污染。及时清理废墟和恢复基本设施，将事故现场恢复至相对稳定的状态。

（4）查清事故原因，评估危害程度。事故发生后应及时调查事故的发生原因和事故性质，评估出事故的危害范围和危险程度，查明人员伤亡情况，做好事故原因调查，并总结救援工作中的经验和教训。

2. 应急救援的特点

应急救援具有不确定性、突发性、复杂性和后果影响易猝变、激化、放大等特点。

（1）不确定性和突发性

不确定性和突发性是各类公共安全事故、灾害与事件的共同特征，大部分事故都是突然爆发，爆发前基本没有明显征兆，而且一旦发生，发展蔓延迅速，甚至失控。因此，要求应急行动必须在极短的时间内在事故的第一现场做出有效反应，在事故产生重大灾难后果之前采取各种有效的防护、救助、疏散和控制事态等措施。

为保证迅速对事故作出有效的初始响应，并及时控制住事态，应急救援工作应坚持属地化为主的原则，强调地方的应急准备工作，包括建立全天候的昼夜值班制度，确保报警、指挥通信系统始终保持完好状态，明确各部门的职责，确保各种应急救援的装备、技术器材、有关物资随时处于完好可用状态，制定科学有效的突发事件应急预案等措施。

（2）应急活动的复杂性

应急活动的复杂性主要表现在：事故、灾害或事件影响因素与演变规律的不确定性和不可预见的多变性；众多来自不同部门参与应急救援活动的单位，在信息沟通、行动协调与指挥、授权与职责、通信等方面的有效组织和管理；应急响应过程中公众的反应和恐慌心理、公众反应过激等突发行为的复杂性等。这些复杂因素的影响，给现场应急救援工作带来了严峻的挑战，应对应急救援工作中各种复杂的情况作出足够的估计，制定随时应对各种复杂变化的相应方案。

应急活动的复杂性另一个重要特点是现场处置措施的复杂性。重大事故的处置措施往往涉及较强的专业技术支持，包括易燃、有毒危险物质、复杂危险工艺以及矿山井下事故处置等，对每一行动方案、监测以及应急人员防护等都需要在专业人员的支持下进行决策。因此，针对生产安全事故应急救援的专业化要求，必须高度重视建立和完善重大事故的专业应急救援力量、专业检测力量和专业应急技术与信息支持等的建设。

（3）后果影响易猝变、激化和放大

公共安全事故、灾害与事件虽然是小概率事件，但后果一般比较严重，能造成广泛的公众影响，应急处理稍有不慎，就可能改变事故、灾害与事件的性质，使平稳、有序、和平状态向动态、混乱和冲突方面发展，引起事故、灾害与事件波及范围扩展，卷入人群数量增加和人员伤亡与财产损失后果加大，猝变、激化与放大造成的失控状态，不但迫使应急呼应升级，甚至可导致社会性危机出现，使公众立即陷入巨大的动荡与恐慌之中。因此，重大事故（件）的处置必须坚决果断，而且越早越好，防止事态扩大。

因此，为尽可能降低重大事故的后果及影响，减少重大事故所导致的损失，要求应急救援行动必须做到迅速、准确和有效。所谓迅速，就是要求建立快速的应急响应机制，能迅速准确地传递事故信息，迅速地调集所需的大规模应急力量和设备、物资等资源，迅速地建立起统一指挥与协调系统，开展救援活动。所谓准确，要求有相应的应急决策机制，能基于事故的规模、性质、特点、现场环境等信息，正确地预测事故的发展趋势，准确地对应急救援行动和战术进行决策。所谓有效，主要指应急救援行动的有效性，很大程度它取决于应急准备的充分性与否，包括应急队伍的建设与训练、应急设备（施）、物资的配备与维护、预案的制定与落实以及有效的外部增援机制等。

三、事故调查处理

国务院 2007 年 4 月 9 日颁布的《生产安全事故报告和调查处理条例》（以下简称《条例》），自 2007 年 6 月 1 日起施行。《条例》出台的目的是规范生产安全事故的报告和调查处理、落实生产安全事故责任追究制度、防止和减少生产安全事故。《条例》适用于生产经营活动中发生的造成人身伤亡或者直接经济损失的生产安全事故的报告和调查处理，不属于生产安全事故的社会事件、自然灾害事故、医疗事故等的报告和调查处理，不适用该条例的规定。对环境污染事故、核设施事故、国防科研生产事故的报告和调查处理另有相关法规规定，这三类事故的报告和调查也不适用于该条例。

《条例》第四条规定，事故报告应当及时、准确、完整，任何单位和个人对事故不得迟报、漏报、谎报或者瞒报。事故调查处理应当坚持实事求是、尊重科学的原则，及时、准确地查清事故经过、事故原因和事故损失，查明事故性质，认定事故责任，总结事故教训，提出整改措施，并对事故责任者依法追究责任。

事故调查处理的遵循"四不放过"原则，即"事故原因不查清不放过"、"防范措施不落实不放过"、"职工群众未受到教育不放过"、"事故责任者未受到处理不放过"。

（一）事故的等级

《条例》第三条规定，根据生产安全事故（以下简称事故）造成的人员伤亡或者直接经济损失，事故一般分为以下等级：

1. 特别重大事故，是指造成 30 人以上死亡，或者 100 人以上重伤（包括急性工业中毒，下同），或者 1 亿元以上直接经济损失的事故；

2. 重大事故，是指造成 10 人以上 30 人以下死亡，或者 50 人以上 100 人以下重伤，或者 5000 万元以上 1 亿元以下直接经济损失的事故；

3. 较大事故，是指造成 3 人以上 10 人以下死亡，或者 10 人以上 50 人以下重伤，或者 1000 万元以上 5000 万元以下直接经济损失的事故；

4. 一般事故，是指造成 3 人以下死亡，或者 10 人以下重伤，或者 1000 万元以下直接经济损失的事故。

上述条款所称的"以上"包括本数，所称的"以下"不包括本数。

（二）事故的分类

伤亡事故的分类，分别从不同方面描述了事故的不同特点。根据 1986 年 5 月 31 日发布的《企业职工伤亡事故分类标准》GB 6441—1986，伤亡事故是指企业职工在生产劳动过程中，发生的人身伤害和急性中毒。事故的类别包括：物体打击、车辆伤害、机械伤害、起重伤害、触电、淹溺、灼烫、火灾、高处坠落、坍塌、冒顶片帮、透水、放炮、火药爆炸、瓦斯爆炸、锅炉爆炸、容器爆炸、其他爆炸、中毒和窒息、其他伤害。对事故造成的伤害分析要考虑的因素有受伤部位、受伤性质（人体受伤的类型）、起因物、致害物、伤害方式、不安全状态、不安全行为。按照事故造成的伤害程度又可把伤害事故分为轻伤事故、重伤事故和死亡事故。

（三）事故的调查

事故调查处理应当坚持实事求是、尊重科学的原则，及时、准确地查清事故经过、事故原因和事故损失，查明事故性质，认定事故责任，总结事故教训，提出整改措施，并对事故责任者依法追究责任。

1. 事故调查的组织

特别重大事故由国务院或者国务院授权有关部门组织事故调查组进行调查。重大事故、较大事故、一般事故分别由事故发生地省级人民政府、所设区的市级人民政府、县级人民政府负责调查。省级人民政府、所设区的市级人民政府、县级人民政府可以直接组织事故调查组进行调查，也可以授权或者委托有关部门组织事故调查组进行调查。未造成人员伤亡的一般事故，县级人民政府也可以委托事故发生单位组织事故调查组进行调查。

对于事故性质恶劣、社会影响较大的；同一地区连续频繁发生同类事故的；事故发生地不重视安全生产工作、不能真正吸取事故教训的；社会和群众对下级政府调查的事故反响十分强烈的；事故调查难以做到客观、公正等事故调查工作，上级人民政府可以调查由下级人民政府负责调查的事故。

事故调查工作实行"政府领导、分级负责"的原则，不管哪级事故，其事故调查工作都是由政府负责的；不管是政府直接组织事故调查还是授权或者委托有关部门组织事故调查，都是在政府的领导下，都是以政府的名义进行的，都是政府的调查行为，不是部门的调查行为。

自事故发生之日起 30 日内（道路交通事故、火灾事故自发生之日起 7 日内），因事故伤亡人数变化导致事故等级发生变化，应当由上级人民政府负责调查的，上级人民政府可以另行组织事故调查组进行调查。

特别重大事故以下等级事故，事故发生地与事故发生单位不在同一个县级以上行政区域的，由事故发生地人民政府负责调查，事故发生单位所在地人民政府应当派人参加。

2. 事故调查组的组成和职责

事故调查组的组成应当遵循精简、效能的原则。根据事故的具体情况，事故调查组由有关人民政府、安全生产监督管理部门、负有安全生产监督管理职责的有关部门、监察机关、公安机关以及工会派人组成，并应当邀请人民检察院派人参加。事故调查组可以聘请有关专家参与调查。事故调查组组长由负责事故调查的人民政府指定。

事故调查组履行的职责包括：

（1）查明事故发生的经过。

（2）查明事故发生的原因。

（3）人员伤亡情况。

（4）事故的直接经济损失。

（5）认定事故性质和事故责任分析。

（6）对事故责任者的处理建议。

（7）总结事故教训。

（8）提出防范和整改措施。

（9）提交事故调查报告。

3. 事故调查的纪律和期限

事故调查组成员在事故调查工作中应当诚信公正、恪尽职守，遵守事故调查组的纪律，保守事故调查的秘密。未经事故调查组组长允许，事故调查组成员不得擅自发布有关事故的信息。

事故调查组应当自事故发生之日起 60 日内提交事故调查报告；特殊情况下，经负责事故调查的人民政府批准，提交事故调查报告的期限可以适当延长，但延长的期限最长不超过 60 日。需要技术鉴定的，技术鉴定所需时间不计入该时限，其提交事故调查报告的时限可以顺延。

（四）事故调查报告

事故调查组向负责组织事故调查的有关人民政府提出事故调查报告后，事故调查工作即告结束。有关人民政府按照《生产安全事故报告和调查处理条例》规定的期限，及时做出批复，并督促有关机关、单位落实批复，包括对生产经营单位的行政处罚，对事故责任人行政责任的追究以及整改措施的落实等。

1. 事故调查报告的内容

（1）事故发生的经过。

（2）事故发生的原因。

（3）人员伤亡情况。

（4）事故直接经济损失。

（5）认定事故性质和事故责任分析。

（6）对事故责任者处理建议。

（7）总结事故教训。

（8）提出防范和整改措施。

2. 事故调查报告的批复

事故调查组是为了调查某一特定事故而临时组成的，不管是有关人民政府直接组织的事故调查组，还是授权或者委托有关部门组织的事故调查组，其形成的事故调查报告只有经过有关人民政府批复后，才具有效力，才能被执行和落实。事故调查报告批复的主体是负责事故调查的人民政府。特别重大事故的调查报告由国务院批复；重大事故、较大事故、一般事故的事故调查报告分别由负责事故调查的有关省级人民政府、所设区的市级人民政府、县级人民政府批复。

重大事故、较大事故、一般事故，负责事故调查的人民政府应当自收到事故调查报告之日起 15 日内做出批复；特别重大事故，30 日内作出批复，特殊情况下，批复时间可以适当延长，但延长的时间最长不超过 30 日。

有关机关应当按照人民政府的批复，依照法律、行政法规规定的权限和程序，对事故发生单位和有关人员进行行政处罚，对负有事故责任的国家工作人员进行处分。事故发生单位应当按照负责事故调查的人民政府的批复，对本单位负有事故责任时人员进行处理。负有事故责任的人员涉嫌犯罪的，依法追究刑事责任。

3. 事故调查报告中防范和整改措施的落实及其监督

事故调查处理的最终目的是预防和减少事故。事故调查组在调查事故中要查清事故经过、查明事故原因和事故性质，总结事故教训，并在事故调查报告中提出防范和整改措施。事故发生单位应当认真吸取事故教训，落实防范和整改措施，防止事故再次发生。防范和整改措施的落实情况应当接受工会和职工的监督。

安全生产监督管理部门和负有安全生产监督管理职责的有关部门，应当对事故发生单位负责落实防范和整改措施的情况进行监督检查。事故处理的情况由负责事故调查的人民政府或者其授权的有关部门、机构向社会公布，依法应当保密的除外。

四、典型事故案例分析

案例一：固定式塔式起重机事故案例

一、事故概况

4名施工人员对塔式起重机实施顶升作业，发现该塔式起重机没有液压泵站，于是2名施工人员一起到旁边塔式起重机借用液压泵站，然后其中1人站在塔式起重机爬升架二步平台上指挥吊车将液压泵站吊到爬升架二步平台上，将液压泵站安装好并调试后，将爬升架向上顶升此时站在爬升架一步平台上的3人发现爬升架耳板与回转支座连接板对不上，销轴无法插入，需借助撬杠对孔，以便使销轴插入销孔，在等撬杠期间，其中3人开始拆卸回转支座与标准节之间的连接螺栓，至事故发生前，起重臂一侧两个角的4个螺栓已经卸掉，平衡臂一侧2个角的每个角都有一个螺栓帽已经卸掉，另一个螺栓的螺帽已经松动。

13时45分左右，施工单位一名工人送来了3个撬杠，并将撬杠放到塔式起重机吊钩吊的顶升塔式起重机保持平衡用的标准节上，同时指挥司机起吊，以便将放在标准节上的撬杠吊上来使用，在吊钩向上运行时，吊件碰到在地面上放置的标准节，塔式起重机司机慌忙之中快速向内变幅回收小车，此时塔式起重机失稳，起重臂突然向上翘起，由于在塔式起重机回转支座与标准节螺栓没有可靠紧固的情况下同时进行塔式起重机起吊和变幅操作，使已配平的塔式起重机失去平衡，因配重臂较重，塔式起重机起重臂瞬间上翘并后仰，造成失稳倾覆，导致事故发生。

二、事故原因

（一）直接原因

塔式起重机顶升作业过程中，在爬升架未安装就位的情况下，施工人员违反操作规程，将回转支座与标准节的连接螺栓卸掉和旋松（其中起重臂一侧两个角的4个螺栓已经卸掉，平衡臂一侧2个角的每个角都有1个螺栓的螺帽已经卸掉，另1个螺栓的螺帽已经旋松），由于在塔式起重机回转支座与标准节螺栓没有可靠连接并紧固的情况下，顶升作业人员违章指挥，塔式起重机司机违反操作规程，进行起吊和变幅操作，使原已配平的塔式起重机失去平衡，造成塔式起重机瞬间倾覆。

（二）间接原因

1. 塔式起重机顶升单位，违法经营，出借起重设备安装资质；不重视安全生产工作，没有认真落实企业安全生产主体责任，公司安全生产管理制度不健全。未制定安全生产教育培训、安全生产检查和安全生产情况报告、岗位标准化操作、生产安全事故隐患排查治理等制度。对下属庄河片安全管理、监督检查不到位，片区负责人对塔式起重机安拆组织、管理、监督检查不到位。

2. 施工单位，对安全生产工作不重视，安全管理混乱，没有认真落实企业安全生产主体责任，公司安全生产管理制度不健全，未制定安全生产教育培训，安全生产检查和安全生产情况报告，安全生产考核和奖惩等制度；对施工现场安全管理、监督检查不到位，项目部对施工现场安全管理、职工安全教育培训不到位，塔式起重机操作人员违章作业，塔式起重机顶升作业时没有指定专职安全生产管理人员到现场进行监督，没有按规定审查顶升人员操作资质，致使无操作资质人员进行塔式起重机顶升作业。

3. 监理单位，不重视安全生产工作，项目部监理人员未履行监理职责，没有认真落实企业安全生产主体责任，安全生产管理制度不健全，未制定安全生产检查、安全生产情况报告、危险作业管理等制度；对巴黎春天二期项目安全管理、监督检查不到位，项目监理人员未履行监理职责，未到施工现场进行监督检查，对塔式起重机顶升作业未办理审查备案手续、未取得建筑施工起重机械拆装资格证的人员从事塔式起重机顶升作业、顶升作业人员违章指挥、违章操作的行为未及时发现和制止。

4. 当地安监站，组织辖区开展事故隐患排查整治工作不力，落实事故隐患大排查大治理行动"回头看"工作不到位，没有严格按照"全覆盖、零容忍、严执法、重实效"的原则，开展事故隐患排查整治工作；对下属科室履行职责情况和开展事故隐患排查整治工作指导、监督检查不到位；负责外业监管的科室将工作重点放在对春节后复工项目的检查，而忽视了对新开工项目的监管，在长达 1 个多月的时间里没有对施工项目实施监督检查。

三、事故性质

经调查认定，此次事故是一起较大生产安全责任事故。

四、直接经济损失：人民币 365 万元

五、处理结果

1. 对塔式起重机顶升单位总经理，罚款人民币 5 万元处理。

2. 对塔式起重机顶升单位董事长，罚款人民币 10 万元的处理。

3. 对项目执行经理，罚款人民币 3 万元处理。

4. 对项目 29 号、32 号、35 号楼负责人，罚款人民币 5 万元处理。

5. 对项目部安全员，罚款人民币 3 万元的处理。

6. 对项目安全科副科长（主持工作），罚款人民币 3 万元的处理。

7. 对施工总承包单位副总经理（兼项目部经理），罚款人民币 5 万元的处理。

8. 对施工总承包单位总经理，罚款人民币 10 万元的处理。

9. 对监理单位项目总监，罚款人民币 5 万元、吊销《注册监理工程师注册执业证书》的处理。

10. 对监理单位副总经理兼安全部长，罚款人民币 3 万元的处理。

11. 对监理单位总经理，罚款人民币 2 万元的处理。

12. 对当地安监站副站长，给予行政记过处分

13. 对当地安监站站长，给予行政警告处分

14. 追究塔式起重机司机的刑事责任

六、事故防范和整改措施

（一）认真落实企业安全生产主体责任，切实把事故防范工作做实处

各相关企业要认真吸取本次较大事故的沉痛教训，认真履行好企业安全生产的主体责任。一要尽快修订完善企业安全生产的各项管理制度，并采取有效措施，确保执行到位；二要抓好安全培训和安全管理工作，加大宣传教育和监督检查的力度，提高施工人员的安全常识的技能，防患未然；加大监督监察力度，杜绝违章指挥、违章作业行为的发生；三要严格按照《建筑施工塔式起重机的安装、顶升、拆卸安全技术规程》的规定对施工全过程的监督检查，严厉打击违章指挥，违章作业行为；四要切实加强对分包（挂靠）单位的管理，明确发包单位、承包单位的责任，真正做到谁发包谁主管、谁承包谁负责，杜绝以包代管的现象发生。

（二）认真开展对建筑施工塔式起重机使用、安装、顶升、拆卸的专项整治

市建设行政主管部门要立即组织开展对建筑施工塔式起重机使用、安装、顶升、拆卸的专项整治工作，采取逐个企业过关的办法，查找塔式起重机使用单位，安装、顶升、拆卸施工单位存在的突出问题。一要重点整治塔式起重机安拆单位安全生产规章制度不健全、从业人员安全生产教育培训不落实、管理人员和特种作业人员未取得相应资格证、安拆施工现场管理混乱等问题，对不具备安全生产条件或者出租、出卖资质的企业，一律吊销其资质。二是重点整治塔式起重机未经检测检验合格投入使用的问题，对未经检测检验合格投入使用的，要立即查封。同时要加大对塔式起重机安拆过程监管力度，消除安全隐患。专项整治结束后，建设行业主管部门要将专项整治情况报市委会办公室，市委会将对专项整顿情况进行督查。

案例二：行走式塔式起重机案例

一、事故概况

2003年3月4日，位于黄山市正在建设的徽行高速公路16标段发生一起轨道式塔式起重机倾翻事故，造成8人死亡，4人重伤。

3月4日，该塔式起重机正在吊装位于施工现场大车轨道东端北侧轨道外的槽钢，吊装的钢材为8号槽钢，合计68根，共370m长，总重量为3t，当起吊离地0.5m时（与坠落点高差约13m），运行至臂架朝正北与大车轨道相垂直方向时突然发生倒塌，事故发生时塔式起重机吊臂与轨道处于垂直状态，倒塌的塔式起重机正好砸在公路边的三间工棚，当天正值雨雪天气，气温很低，现场的民工正在棚内烤火，当场死亡7人，5人重伤，其中1人经抢救无效死亡。死亡的8人有1女7男。

事故发生后，县市政府和有关部门的领导立即赶赴现场，抢救伤员。省、市安监、质监部门在接到事故报告后，先后到达现场。按照省政府领导的指示，授权黄山市政府成事故调查组，负责事故调查处理工作。

二、事故原因

（一）直接原因

塔式起重机处于最危险工作位置，由于基础不牢固且存在高低差，在吊运货物时，引起受力不均，塔式起重机轨道基础下陷，重心进一步偏移，导致车轮咬轨，并形成冲击，使塔式起重机整体稳定性进一步破坏，同时操作工没有经验和采取必要的应急手段状况下，塔式起重机整体抗倾覆性彻底破坏，造成倾翻事故发生。

（二）间接原因

1. 该塔式起重机为哈尔滨建筑工程机械制造厂1969年10月制造，承载重量2—6吨，属淘汰产品

2. 施工单位在安装前没有办理安装告知手续，没有经过监督检验，使用前没有办理使用登记手续。

3. 塔式起重机的基础建立在软基的浮土层上，其上仅有简单的工程废渣铺垫，没按要求用碎石铺设，基础没有夯实以保证坚实可靠。轨道下的枕木采用分开铺设，轨道之间无保证跨距不变及轨道移动的限位拉杆，无边缘保护措施，轨道直线度严重超标，部分枕木与基础接触悬空。轨道与枕木采取用螺纹钢制的土制道钉钉入枕木，压固极不可靠。塔式起重机与轨道连接的倾翻侧车轮上有新鲜的坑状伤痕，且车轮有明显变形，间隙大于

1mm，运行时严重肯轨引起冲击，运行不稳定。

4. 基础截面存在高低差，两个轨道存在严重的高低差，尽管事故现场已被破坏，但现场测量结果，大车轨道同截面高低差仍达到100mm，严重超标。

5. 轨行式塔式起重机当臂架方向与大车轨道方向相垂直时是吊车工作最不利位置，事故发生时塔式起重机正处于此最不利位置。

三、事故性质

通过现场勘测、证据收集、人员调查等情况表明，这是一起典型的违法、违章事故。

四、事故防范和整改措施

1. 深刻吸取事故教训，进一步强化安全生产红线意识。各部门要深刻吸取黄山市"3.4"较大建筑施工起重伤害事故教训，举一反三，认真贯彻执行《安全生产法》，充分认识安全生产工作的极端重要性，牢固树立起安全生产红线意识，进一步加强安全生产工作。要严格按照"党政通责、一岗双责、失职追责"要求，进一步健全安全责任体系，完善安全管理制度，落实安全生产责任。要把安全生产工作摆在更加突出的位置，做到"管行务必管安全，管生产经营必须管安全"要结合当前开展的安全生产大检查，进一步突出建设工程塔式起重机、施工电梯等起重设备的安全检查，对发现的问题，坚决督促整改到位，防范类似事故再次发生。

2. 加强塔式起重机运行安全管理，落实各项安全防范措施。要认真编制塔式起重机各项施工方案，要明确相关作业规范、质量要求和安全技术措施，必须经单位技术负责人审核后方可实施。要前面审核施工作业人员的培训的持证上岗情况，严禁无证上岗作业。要认真做好作业前的安全技术交底和施工方案交底，督促作业人员严格按照安全操作规程进行作业。

3. 进一步加大监管力度，严厉打击非法违法建设行为。要深入开展建设施工领域打非治违专项治理行动，加大日常巡查频次，及时发现的劝阻违法建设行为。要加强对非法违法建设行为的惩处力度，做到"四个一律"，即对非法生产经营建设和经停产整顿仍未达到要求的，一律关闭取缔；对非法违法生产经营建设的有关单位和责任人，一律按规定上限予以处罚；对存在违法生产经营建设的单位一律责令停产整顿，并严格落实监管措施；对触犯法律的有关单位和人员，一律依法严格追究法律责任。

4. 进一步加强企业安全生产管理，强化建筑施工机械设备日常维护和保养管理。要落实企业安全生产主体责任，加强挂靠特种作业人员的管理，进一步监理健全安全责任制。要加强机械设备设施进场前的审核验收，现场使用的机械设备必须有安全警示标志和挂牌。机械使用必须按照"管用结合，人机固定"的原则，实行定人、定机、定岗位的责任制。要定期组织对机械设备进行检查、维护和保养，发现问题及时整改，建立相应的管理台账，及时反馈机械设备使用情况和性能状况，保证设备的使用安全。严格按照厂家说明书规定的要求和操作规程进行作业，正确合理使用机械设备，坚决防范因操作不当引发安全事故。

案例三：动臂式塔式起重机事故案例

一、事故概况：

2017年2月19日15时30分左右，*工程4号塔式起重机L8层支撑钢梁安装到位后，使用手拉葫芦（型号：金燕牌 HSZ3）对斜撑梁进行固定和调节作业时，手拉葫芦下钩架吊耳突然断裂脱落，斜撑梁下端随即脱落并顺势向东侧摆动，撞击到东侧外框钢结构 L6 层 3 号钢梁位置，导致正在 3 号钢梁上作业的焊工从钢梁上跌落，经抢救无效后死亡。

二、事故造成的人员伤亡和直接经济损失

事故造成 1 人死亡，直接经济损失 139 万元。

三、事故发生的直接原因、间接原因及事故性质

（一）直接原因：

4 号塔式起重机附着系统安装作业时，用来固定和调节斜撑梁的手拉葫芦在吊装过程中无法自由转动受卡，出现受力不均衡，左侧吊耳受力过大断裂，吊钩与下钩架脱离，导致下斜撑梁脱落下摆撞击到东侧外框钢结构钢梁上，使正在钢梁上作业的工人跌落悬空挂在空中，最终导致事故发生。

（二）间接原因：

塔式起重机安装单位未对使用的手拉葫芦进行维护保养，未对手拉葫芦安全状况进行安全检查，未及时发现并消除手拉葫芦存在的事故隐患，未严格按照安全专项施工方案进行作业，未安排专门人员现场组织进行施工，安全监管缺失。该单位主要负责人未督促、检查安全工作，未及时消除生产安全事故隐患。

四、事故性质：生产安全责任事故

五、事故责任认定及事故处理

1. 塔式起重机安装单位未对使用的手拉葫芦进行维护保养，正常的葫芦吊钩梁润滑良好，吊钩可正反 360°自由转动，而出事的葫芦由于疏于维护保养，吊钩梁受卡，吊钩不能 360°自由转动，吊钩吊起重物时钩架两端受力不均匀，产生扭力，使下钩架吊耳断裂，吊钩脱离，最终导致事故发生；在《4 号塔式起重机安装专项施工方案》中，明确要求塔式起重机附着系统安装时"手拉葫芦吊重应不小于 3t，并在每次使用前做好安全检查及交底"、"安排不少于一名安全专职人员旁站监督"，但塔式起重机安装单位作业前未对手拉葫芦进行安全检查，未发现手拉葫芦存在安全隐患，同时，在事故现场无安全专职人员旁站监督，安全监管缺失，对事故发生负有责任。该单位以上行为违反了《中华人民共和国安全生产法》第三十三条第二款"生产经营单位必须对安全设备进行经常性维护、保养，并定期检测，保证正常运转。维护、保养、检测应当做好记录，并由有关人员签字。"、第三十八条第一款"生产经营单位应当建立健全生产安全事故隐患排查治理制度，采取技术、管理措施，及时发现并消除事故隐患。事故隐患排查治理情况应当如实记录，并向从业人员通报。"、第四十条"生产经营单位进行爆破、吊装以及国务院安全生产监督管理部门会同国务院有关部门规定的其他危险作业，应当安排专门人员进行现场安全管理，确保操作规程的遵守和安全措施的落实。"和第四十三条第一款"生产经营单位的安全生产管理人员应当根据本单位的生产经营特点，对安全生产状况进行经常性检查；对检查中发现的安全问题，应当立即处理；不能处理的，应当及时报告本单位有关负责人，有关负责人应当及时处理。检查及处理情况应当如实记录在案。"的规定，根据《中华人民共和国安全生产法》第一百零九条第一项之规定，建议对该单位进行行政处罚，罚款 22 万。

2. 塔式起重机安装单位法定代表人，未督促、检查安全生产工作，未及时消除生产安全事故隐患，对事故发生负有责任。该同志以上行为违反了《中华人民共和国安全生产

法》第十八条第五项"生产经营单位的主要负责人对本单位安全生产工作负有下列职责：督促、检查本单位的安全生产工作，及时消除生产安全事故隐患。"的规定，根据《中华人民共和国安全生产法》第九十二条第一项"生产经营单位的主要负责人未履行本法规定的安全生产管理职责，导致发生生产安全事故的，由安全生产监督管理部门依照下列规定处以罚款：发生一般事故的，处上一年年收入百分之三十的罚款；"之规定，建议对该负责人进行行政处罚，罚款 2.88 万元。

六、事故防范和整改措施

1. 项目各单位应深刻吸取此次事故的教训，认真组织一次深入的安全生产事故隐患大排查，并立即落实整改。

2. 塔式起重机安装单位要严格按照施工方案进行施工，要加强对安全设备的维护保养和安全检查，保证安全设备安全使用。要加强对施工作业现场的安全检查，发现安全问题，及时采取有效措施整治事故隐患。要严格落实安全专职人员施工作业时旁站监督，加强施工作业现场安全监管。公司主要负责人要督促、检查本单位的安全生产工作，及时消除生产安全事故隐患。该单位要针对此次事故教训，认真开展事故隐患排查治理，采取有效措施坚决防范类似事故再次发生。

3. 总承包单位要严格按照《安全生产事故隐患排查治理暂行规定》（国家安监总局第 16 号令）及市政府关于隐患排查整治工作要求，全面排查施工现场人的不安全行为，物的不安全状态，环境的不安全因素和管理缺陷，落实安全生产主体责任和各项安全措施，切实做好生产安全事故隐患排查治理工作，避免事故再次发生。

4. 按照"谁主管，谁负责"的原则，建议由区建交委督促事故相关单位落实以上整改措施，督促事故相关单位认真落实企业主体责任，扎实开展生产安全事故隐患排查治理，避免事故再次发生。

案例四：施工升降机事故案例

一、事故概况：

2012 年 9 月 13 日 13 时 10 分左右，19 名工人乘坐该施工升降机左侧梯笼上班，当运行至 33 层顶部接近平台位置时，吊笼失去控制，瞬间朝左倾翻，连同第 67～70 节标准节坠落地面。

二、事故造成的人员伤亡和直接经济损失

事故造成 19 人死亡，直接经济损失多达 1800 万元。

三、事故发生的直接原因、间接原因及事故性质

（一）直接原因

导轨架第 66 和第 67 节标准节连接处的 4 个连接螺栓只有左侧 2 个螺栓有效连接，而右侧（受力侧）2 个螺栓的螺母脱落，无法受力，承载 19 人（备案额定承载人数为 12 人）和约 245kg 物件，梯笼上升至第 66 节标准节上部时，产生的倾翻力矩大于固有的平衡力矩，造成吊笼倾覆坠落。

（二）间接原因

总承包单位：管理混乱，将施工总承包一级资质出借给其他单位和个人承接工程；使用非公司人员的资格证书，并在投标时将其作为东湖景园项目经理，但未安排本人实际参与项目投标和施工管理活动；未落实企业安全生产主体责任，未建立安全隐患排查整治制度，未落实教育培训制度，未认真贯彻落实相关监管部门有关建设工程安全生产专项检查和隐患排查文件精神，对施工升降机安装使用的安全生产检查和隐患排查流于形式，未能及时发现和整改事故施工升降机存在的重大安全隐患，造成严重后果。

设备产权、安装、维护单位：安全生产主体责任不落实，安全生产管理制度不健全、不落实，安全培训教育不到位，企业主要负责人、项目主要负责人、专职安全生产管理人员和特种作业人员等安全意识薄弱；公司内部管理混乱，起重机械安装、维护制度不健全、不落实，施工升降机加节和附着安装不规范，安装、维护记录不全不实；安排不具备岗位执业资格的员工负责施工升降机维修保养；未依照《武汉市建筑起重机械备案登记与监督管理实施办法》，对施工升降机加节进行验收和使用管理；未认真贯彻落实相关监管部门有关建设工程安全生产专项检查和隐患排查文件精神，对施工升降机使用安全生产检查和维护流于形式，未能及时发现和整改事故施工升降机存在的重大安全隐患，造成严重后果。

建设单位：违反有关规定选择无资质的项目建设管理单位；对项目建设管理单位、施工单位、监理单位落实安全生产工作监督不到位；未认真贯彻落实武汉市城乡建设委员会等部门有关建设工程安全生产专项检查和隐患排查文件精神，对施工现场存在的安全生产问题督促整改不力，造成严重后果。

委托建设单位：不具备工程建设管理资质，在东湖景园无《建设工程规划许可证》、《建筑工程施工许可证》和未履行相关招投标程序的情况下，违规组织施工、监理单位进场开工。未经规划部门许可和放、验红线，擅自要求施工方以前期勘测的三个测量控制点作为依据，进行放线施工；在《建筑规划方案》之外违规多建一栋两单元住宅用房；在施工过程中违规组织虚假招投标活动。未落实企业安全生产主体责任，安全生产责任制不落实，未与项目管理部签订安全生产责任书；安全生产管理制度不健全、不落实，未建立安全隐患排查整治制度。只注重工程进度，忽视安全管理，未依照《武汉市建筑起重机械备案登记与监督管理实施办法》，督促相关单位对施工升降机进行加节验收和使用管理；未认真贯彻落实相关监管部门有关建设工程安全生产专项检查和隐患排查文件精神，对项目施工和施工升降机安装使用安全生产检查和隐患排查流于形式，未能及时发现和督促整改事故施工升降机存在的重大安全隐患，造成严重后果。

监理单位：安全生产主体责任不落实，未与分公司、监理部签订安全生产责任书，安全生产管理制度不健全，落实不到位；公司内部管理混乱，对分公司管理、指导不到位，未督促分公司建立健全安全生产管理制度；对《监理规划》和《监理细则》审查不到位；使用非公司人员的资格证书，在投标时将其作为项目总监，但未安排本人实际参与项目投标和监理活动。项目监理部负责人（总监代表）和部分监理人员不具备岗位执业资格；安全管理制度不健全、不落实，在项目无《建设工程规划许可证》、《建筑工程施工许可证》和未取得《中标通知书》的情况下，违规进场监理；未依照《武汉市建筑起重机械备案登记与监督管理实施办法》，督促相关单位对施工升降机进行加节验收和使用管理，自己也未参加验收；未认真贯彻落实相关监管部门有关建设工程安全生产专项检查和隐患排查文件精神，对项目施工和施工升降机安装使用安全生产检查和隐患排查流于形式，未能及时发现和督促整改事故施工升降机存在的重大安全隐患，造成严重后果。

四、事故性质：重大生产安全责任事故

五、事故责任认定及事故处理

1.19名违规进入并非法操作事故施工升降机上升的工人，承载人员超过备案额定承载人数（12人），导致事故施工升降机吊笼倾翻坠落，对事故发生负直接责任。鉴于上述19人在事故中死亡，建议不再追究刑事责任。

2. 给予28名责任人相应的处理和触发。

3. 建议责成相关单位和主要负责人做出深刻检查。

① 责成武汉市东湖生态旅游风景区管委会及主要负责人向武汉市人民政府做出深刻检查，并抄报省监察厅、省安监局。

② 责成武汉市城乡建设委员会及主要负责人向武汉市人民政府做出深刻检查，并抄报省监察厅、省安监局。

③ 责成武汉市城市管理局及主要负责人向武汉市人民政府做出深刻检查，并抄报省监察厅、省安监局。

④ 责成武汉市东湖生态旅游风景区管委会城乡工作办事处向东湖生态旅游风景区管委会做出深刻检查。

4. 建议对相关单位和人员做出行政处罚。

① 责成省住房和城乡建设厅依法依规对祥和公司、博特公司、中汇公司的资质做出

处理，并将结果抄报省监察厅、省安监局。

② 责成省住房和城乡建设厅依法依规对吴秋炎、曾雯、丁炎明、易金堂、易少敏的执业资格作出处理，对吴秋炎、曾雯给予规定上限的行政处罚，并将结果抄报省监察厅、省安监局。

③ 责成省安监局依法依规对祥和公司及该公司刘维宏、刘松，博特公司及该公司田双杰、金巍、夏国胜、尹金霞，万嘉公司、中汇公司、东湖村委会给予规定上限的行政处罚。

④ 责成武汉市政府对东湖景园违规多建的一栋住宅楼予以没收。

六、事故防范和整改措施

（一）深入贯彻落实科学发展观，牢固树立以人为本、安全发展的理念。

武汉市以及全省都要牢固树立和落实科学发展、安全发展理念，坚持"安全第一、预防为主、综合治理"方针，从维护人民生命财产安全的高度，充分认识加强建筑安全生产工作的极端重要性，正确处理安全与发展、安全与速度、安全与效率、安全与效益的关系，始终坚持把安全放在第一的位置、始终把握安全发展前提，以人为本，绝不能重速度而轻安全。

（二）切实落实建筑业企业安全生产主体责任。

武汉市以及全省都要进一步强化建筑业企业安全生产主体责任。要强化企业安全生产责任制的落实，企业要建立健全安全生产管理制度，将安全生产责任落实到岗位，落实到个人，用制度管人、管事；建设单位和建设工程项目管理单位要切实强化安全责任，督促施工单位、监理单位和各分包单位加强施工现场安全管理；施工单位要依法依规配备足够的安全管理人员，严格现场安全作业，尤其要强化对起重机械设备安装、使用和拆除全过程安全管理；施工总承包单位和分包单位要强化协作，明确安全责任和义务，确保生产安全有人管、有人负责；监理单位要严格履行现场安全监理职责，按需配备足够的、具有相应从业资格的监理人员，强化对起重机械设备安装、使用和拆除等危险性较大项目的监理。各参建单位、特别是建筑机械设备经营单位要严格落实有关建筑施工起重机械设备安装、使用和拆除规定，做到规范操作、严格验收，加强使用过程中的经常性和定期检查、紧固并记录。严格落实特种作业持证上岗规定，严禁无证操作。

（三）切实落实工程建设安全生产监管责任。

武汉市人民政府及有关行业管理部门要严格落实安全生产监管责任。要深入开展建筑行业"打非治违"工作，对违规出借资质、转包、分包工程，违规招投标，违规进行施工建设的行为要严厉打击和处理。要加强对企业和施工现场的安全监管，根据监管工程面积，合理确定监管人员数量。进一步明确监管职责，尽快建立健全安全管理规章、制度体系，制定更加有针对性的防范事故的制度和措施，提出更加严格的要求，坚决遏制重特大事故发生。

（四）切实加强安全教育培训工作。

武汉市以及全省都要认真贯彻执行党和国家安全生产方针、政策和法律、法规，落实《国务院关于进一步加强企业安全生产工作的通知》（国发〔2010〕23号）、《国务院关于坚持科学发展安全发展促进安全生产形势持续稳定好转的意见》（国发〔2011〕40号）和《湖北省人民政府关于加强全省安全生产基层基础工作的意见》（鄂政发〔2011〕81号）等要求，加强对建筑从业人员和安全监管人员的安全教育与培训，扎实提高建筑从业人员和安全监管人员安全意识；要针对建筑施工人员流动性大的特点，强化从业人员安全技术和操作技能教育培训，落实"三级安全教育"，注重岗前安全培训，做好施工过程安全交底，开展经常性安全教育培训；要强化对关键岗位人员履职方面的教育管理和监督检查，重点加强对起重机械、脚手架、高空作业以及现场监理、安全员等关键设备、岗位和人员的监督检查，严格实行特种作业人员必须经培训考核合格，持证上岗制度。

（五）切实加强建设工程管理工作。

武汉市要切实加强建设工程行政审批工作的管理。要进一步规范行政审批行为，对建设工程用地、规划、报建等行政许可事项，严格按照国家有关规定和要求办理，杜绝未批先建，违建不管的非法违法建设行为。国土资源部门要进一步加强土地使用管理和执法监察工作，严肃查处土地违法行为；规划部门要加强建设用地和工程规划管理，严格依法审批，进一步加强对规划技术服务和放、验红线工作的管理；建设部门要加强工程建设审批，严格报建程序，坚决杜绝未批先建现象发生；城管部门要加大巡查力度，严格依法查处违法建设行为。要严格工程招投标管理，杜绝虚假招投标等违法行为。要进一步建立健全建设工程行政审批管理制度和责任追究制度，主动接受社会监督，实行全过程阳光操作，确保程序和结果公开、公平、公正。

案例五：物料提升机事故案例

一、事故简介

2007年××月××日，××××市××大街综合楼工程施工现场，发生一起物料提升机吊笼坠落事故，造成3人死亡、3人重伤，直接经济损失270万元。该工程为框架结构，合同造价×××万元。×××月×××日9时左右，施工人员使用物料提升机从首层地面向10～12层作业面用手推车运送水泥砂浆，同时吊笼内乘坐6名施工人员。当吊笼运行至距地面约40m时，牵引钢丝绳突然从压紧装置中脱落，吊笼坠落至地面。

二、责任认定

对有关责任方作出以下处理：项目经理、工长2人移交刑法机关依法追究刑事责任；

施工单位经理、监理单位项目总监、建设单位现场代表等11名责任人分别受到吊销执业资格、罚款等行政处罚和记过、警告、辞退等行政处分；建设、监理、施工、劳务等单位分别受到责令停业整顿、罚款等行政处罚。

三、原因分析

1. 直接原因

物料提升机安装至现高度后，牵引钢丝绳末端的压紧固定不符合规定要求。压紧固定装置未按规定加装防松弹簧垫圈，同时未按要求安装钢丝绳夹，吊笼在运行中正常的振动使未加防松弹簧垫圈的压紧螺栓松动，压紧力不足，牵引钢丝绳脱落，导致吊笼坠落。

2. 间接原因

（1）总包单位在组织安装物料提升机作业中，违反国家有关规定，由工长组织不具备相应操作证、不懂专业技能的作业人员自行安装物料提升机，导致牵引钢丝绳末端压紧固定不符合要求；同时施工人员违章乘坐吊笼，为事故的发生埋下了隐患。

（2）安装单位未按照相关规定编制专项安装（拆除）方案。监理、总包单位未对安装人员的资格进行审查，致使不具备专业技能的人员随意作业。对现场作业人员违章乘坐吊笼未进行有效的管理。

四、事故教训

1. 资格预审和过程管理是机械安全的基本保证；

2. 加强安全培训教育是提高遵章守纪意识的有效途径；

3. 强化监理职能是提升质量安全管理的有力措施。

案例六：履带式起重机事故案例

一、事故过程简述

1992年某月某日，某开发区厂房工地基础工程由某工程公司一分公司承包施工。该分公司向某安装公司租赁了两台15t履带起重机，且履带起重机司机随车配合作业。履带起重机吊装任务是吊钻架将其移位。当履带起重机约向北行走7.2m后，停在新孔位前约8m处，又使起重臂几乎与地面平行时，开始吊高钻架继续对孔，就在起吊的瞬间，该分公司工长P某发现履带起重机随着吊钩提升一起向外倾斜，急呼司机L某赶快放起升钢丝绳，但是无效。只见L某从倾斜中的起重机驾驶室中急忙跳出来，当着地后又恰巧被倾倒的起重机压在下面。经现场人员及时送往医院抢救无效死亡。

二、事故原因分析

通过分析，发生事故的原因主要有以下几点：

1. 从履带起重机倾覆现场勘察测得，起重机回转中心线与钻架原吊装状态重心铅垂线之间的距离为 8m，而该履带起重机当幅度为 8m 时，其允许的起重量为 6t，而该钻架理论重为 6.3t，且不包括钻头与电机重量。因严重超载，致使对起重机倾覆边的倾覆力矩大于稳定力矩，导致起重机倾覆。因此超载吊装是导致此次事故的直接原因。

2. 该起重机未安装起重力矩限制器安全保护装置，操作人员无法准确掌握重物实际重量，致使超载运行导致倾覆，是事故的主要原因。

3. 起重指挥人员未经安全技术培训，不熟悉起重吊装作业安全基本知识，特别是在作业前未向起重机司机进行安全技术交底，钻架机械仅有理论重量，无实际重量说明，即在重量不清的情况下，违章指挥，违章操作。

4. 司机 L 某在不清楚被吊物重量的情况下，草率作业，严重违规，并在出现险情时不能保持冷静，缺乏必要的安全避险知识，这些也是造成此次死亡事故的重要原因。

三、事故应汲取的教训

这是一起在未安装超载限制器情况下超载起吊引发的起重伤害事故。从事故中应汲取以下教训：

1. 起重指挥人员必须是专业人员，必须经过安全技术培训合格后才能持证上岗；熟悉起重吊装作业安全基本知识和起重机械技术性能，对所吊载荷要进行实地调查，清楚其实际尺寸、重量、形状、迎风面等数据，做到心中有数。严禁进行超载吊装及任何违规吊装作业。

2. 起重机安全保护装置必须按规定配置，最大额定起重量不大于 32t 的起重机，必须装设起重量显示器。

3. 在吊装作业前必须制定科学、详细的作业指导书，并对起重机司机及相关人员进行安全技术交底。操作司机必须了解所操作起重机的技术性能和操作规程，严格执行起重吊装"十不吊"原则，操作过程中要认真负责，注意力集中。

4. 起重机械作业相关人员需了解和学习处理紧急情况的常识，如出现险情时，需保持冷静，采取理智的安全保护措施。

四、反事故措施与预防

1. 起重机安全保护装置必须按规定配置，最大额定起重量不大于 32t 的起重机，必须装设起重量显示器，其误差不大于 5%。

2. 严格按起重机的额定起重量表和起升高度曲线作业。起吊物品不能超过规定的工作幅度和相应的额定起重量，严禁超载作业。

3. 在进行起重吊装作业前必须制定作业指导书，并对起重机司机及相关人员进行安全技术交底。起重机械指挥、操作人员应经培训合格后持证上岗，并应熟悉所操作机械的操作规程，以及相关的安全规定。起重机械作业时，指挥、操作人员必须认真负责，注意力集中。

4. 定期加强，对起重机械操作人员的安全意识和责任感的培训，通过事故案例讲解和学习，增强其安全意识，提高其操作和防事故能力。制定起重机械事故应急预案，并进行培训和演习，提高起重相关人员紧急情况下的避险能力。

案例七：汽车式起重机事故案例

一、事故概况

2017 年 6 月 19 日上午 13 时 40 分左右，中天未来方舟 D4 组团 1、2 号楼钢连廊组装项目租用的长江牌 50 吨吊车安放在 1、2 号楼间 1 层东北面出来 1 米的位置进行装吊，将一根自重约为 1.3 吨的钢廊从吊车的东北面旋转至吊车的西南面时，吊物（勾机）随吊臂的变幅继续延伸往吊车西南方向的时候，吊车车头突然翘起，操作人员失控，导致吊车发生倾斜，吊车大臂横搭在西南方向防护围墙上。

二、事故原因

（一）人员伤亡和直接经济损失

由于吊装周边设置了禁区，加之吊车倾斜是在同一水平面，所以，此次没有出现任何伤亡事故。事故造成经济损失约 20 万元。

（二）事故原因分析及事故性质

1. 吊车司机违规作业，没有严格使用力矩限制器，重量限制器等安全装置，所以导致吊车发生侧翻；

2. 吊车司机违反了操作规程，在起吊时，没有平地进行试吊，造成在吊车失稳时无法控制和挽救。

3. 事故性质

此事故为未遂事故。

三、事故处理

吊车司机违反了操作规程，吊装公司对此次事故负全责。

四、事故防范和整改措施

1. 租用吊车，首先要求车主提供有效证件，如：吊车营业执照和资质，特殊操作人员资格证书，安全吊装许可证、起重设备产权书，起重设备出厂证书和合格证等，否则拒绝租用；

2. 吊车 4 个支撑点，必须安置在坚固的地面上，并垫上不少于一平方米面积的钢板和枕木；

3. 要求司机在起吊前，严格检查力矩限制器和重量限制器装置是否生效；

4. 现场安全员对吊物使用的钢丝绳必须严格检查是否有破损的现象；

5. 项目部对租用的吊车司机，必须作口头和书面安全技术交底；

6. 吊装作业，必须编制吊装方案并经相关部门审批合格后，方能进行操作。

案例八：门式起重机事故案例

一、事故概况

2001 年 7 月 17 日上午 8 时许，在沪东中华造船（集团）有限公司船坞工地，由上海电力建筑工程公司等单位承担安装的 600t×170m 龙门起重机在吊装主梁过程中发生倒塌事故。

二、人员伤亡和经济损失情况

事故造成 36 人死亡，2 人重伤，1 人轻伤。死亡人员中，电建公司 4 人，机器人中心 9 人（其中有副教授 1 人，博士后 2 人，在职博士 1 人），沪东厂 23 人。

事故造成经济损失约 1 亿元，其中直接经济损失 8000 多万元。

三、事故原因分析及事故性质

（一）直接原因

造成这起事故的直接原因是：在吊装主梁过程中，由于违规指挥、操作，在未采取任何安全保障措施情况下，放松了内侧缆风绳，致使刚性腿向外侧倾倒，并依次拉动主梁、塔架向同一侧倾坠、垮塌。

（二）间接原因

电建公司第三分公司施工现场指挥张海平在发生主梁上小车碰到缆风绳需要更改施工方案时，违反吊装工程方案中关于"在施工过程中，任何人不得随意改变施工方案的作业要求。如有特殊情况进行调整必须通过一定的程序以保证整个施工过程安全"的规定。未按程序编制修改书面作业指令和逐级报批，在未采取任何安全保障措施的情况下，下令放松刚性腿内侧的两根缆风绳，导致事故发生。

（三）事故性质

沪东"7·17"特大事故是一起由于吊装施工方案不完善，吊装过程中违规指挥、操作，并缺乏统一严格的现场管理而导致的重大责任事故。

四、事故责任人员处理

1. 张海平，上海电力建筑工程公司第三分公司职工，沪东厂 600t 龙门起重机吊装工程 7 月 17 日施工现场指挥。作为 17 日施工现场指挥，对于主梁受阻问题，未按施工规定进行作业，安排人员放松刚性腿内侧缆风绳，导致事故发生。对事故负有直接责任，涉嫌重大工程安全事故罪，建议给予开除公职处分，移交司法机关处理。

2. 王正怡，中共党员，上海电力建筑工程公司第三分公司副经理。作为沪东厂 600t 龙门起重机吊装工程项目经理，忽视现场管理，未制定明确、具体的现场安全措施；明知 7 月 17 日要放刚性腿内侧缆风绳，未采取有效保护措施，且事发时不在现场。对事故负有主要领导责任，涉嫌重大工程安全事故罪，建议给予开除公职、开除党籍处分，移交司法机关处理。

3. 陈优芳，上海大力神建筑工程有限公司经理。作为法人代表，为赚取工程提留款，在对陈春平承包项目及招聘人员未进行审查的情况下，允许陈使用大力神公司名义进行承包，只管收取管理费而不对其进行实质性的管理。涉嫌重大工程安全事故罪，建议移交司法机关处理。

4. 陈春平，中共党员，600t 龙门起重机吊装工程劳务工包工头。在不具备施工资质的情况下，借用大力神公司名义与电建公司签订承包协议；招聘没有资质证书人员进入施工队担任关键岗位技术工作。涉嫌重大工程安全事故罪，建议给予开除党籍处分，移交司法机关处理。

5. 史耀辉，中共党员，上海电力建筑工程公司第三分公司副总工程师，沪东厂 600t 龙门起重机吊装工程项目技术负责人。在编制施工方案时，对主梁提升中上小车碰缆风绳这一应该预见的问题没有制定相应的预案；施工现场技术管理不到位。对事故负有重要责任，建议给予行政撤职、留党察看一年处分。

6. 刘涛，中共党员，上海电力建筑工程公司第三分公司副经理兼总工程师，主管生产、技术工作。审批把关不严，没有发现施工方案及作业指导书存在的问题。对事故负有重要领导责任，建议给予行政撤职、留党察看一年处分。

7. 刘伯年，上海电力建筑工程公司第三分公司党支部书记。贯彻党的安全生产方针政策不力，对公司在生产中存在的违规作业问题失察，安全生产教育抓得不力。对事故负有主要领导责任，建议给予撤销党内职务处分。

8. 汤德松，中共党员，上海电力建筑工程公司副总工程师。在对施工方案复审时，技术把关不严，没有发现施工方案中上小车碰缆风绳的问题。对事故负有重要责任，建议给予行政降级、党内严重警告处分。

9. 李家坤，中共党员，上海电力建筑工程公司经理、公司党委委员。作为公司安全生产第一责任人，管理不力，没有及时发现、解决三分公司在施工生产中存在的安全意识淡薄、施工安全管理不严格等问题。对事故负有主要领导责任，建议给予撤销行政职务、党内职务处分。

10. 施申新，上海电力建设有限公司董事长、党委书记。贯彻落实党和国家有关安全生产方针政策和法律法规不力。对事故负有领导责任，建议给予行政记大过、党内警告处分。

11. 瞿添林，中共党员，沪东中华造船（集团）有限公司安全环保处科长。作为沪东厂 600t 龙门起重机吊装工程现场安全负责人，对制定的有关安全制度落实不力。对事故负有一定责任，建议给予行政记过处分。

12. 顾妙炎，沪东中华造船（集团）有限公司 600t 龙门起重机吊装工程项目甲方协调人（原沪东造船集团副总经理）。对现场安全管理工作重视不够，协调不力。对事故负有领导责任，建议给予行政记过处分。

13. 乌建中，同济大学上海建设机器人工程技术研究中心工程部负责人、600t 龙门起重机吊装工程提升项目技术顾问，现场地面联络人。施工安全意识不强，安全管理、协调不力。对事故负有一定责任，建议给予行政记过处分。

14. 徐鸣谦，同济大学上海建设机器人工程技术研究中心主任，安全意识不强，对于机器人中心施工安全管理不力。对事故负有一定领导责任，建议给予行政警告处分。责成国家电力公司、中国船舶工业集团公司、同济大学依据调查结论对与事故有关的其他责任人给予严肃处理。

五、事故防范措施及建议

1. 工程施工必须坚持科学的态度，严格按照规章制度办事，坚决杜绝有章不循、违章指挥、凭经验办事和侥幸心理。此次事故的主要原因是现场施工违规指挥所致，而施工单位在制定、审批吊装方案和实施过程中都未对沪东厂 600t 龙门起重机刚性腿的设计特点给予充分的重视，只凭以往在大吨位门吊施工中曾采用过的放松缆风绳的"经验"处理这次缆风绳的干涉问题。对未采取任何安全保障措施就完全放松刚性腿内侧缆风绳的做法，现场有关人员均未提出异议，致使电建公司现场指挥人员的违规指挥得不到及时纠正。此次事故的教训证明，安全规章制度是长期实践经验的总结，是用鲜血和生命换来的，在实际工作中，必须进一步完善安全生产的规章制度，并坚决贯彻执行，以改变那种纪律松弛、管理不严、有章不循的情况。不按科学态度和规定的程序办事，有法不依、有章不循，想当然、凭经验、靠侥幸是安全生产的大敌。

2. 必须落实建设项目各方的安全责任，强化建设工程中外来施工队伍和劳动力的管理。这次事故的最大教训是"以包代管"。为此，在工程的承包中，要坚决杜绝以包代管、包而不管的现象。首先是严格市场的准入制度，对承包单位必须进行严格的资质审查。在多单位承包的工程中，发包单位应当对安全生产工作进行统一协调管理。在工程合同的有关内容中必须对业主及施工各方的安全责任做出明确的规定，并建立相应的管理和制约机制，以保证其在实际中得到落实。

3. 要重视和规范高等院校参加工程施工时的安全管理，使产、学、研相结合走上健康发展的轨道。在高等院校科技成果向产业化转移过程中，高等院校以多种形式参加工程项目技术咨询、服务或直接承接工程的现象越来越多。但从这次调查发现的问题来看，高等院校教职员工介入工程时一般都存在工程管理及现场施工管理经验不足，不能全面掌握有关安全规定，施工风险意识、自我保护意识差等问题，而一旦发生事故，善后处理难度最大，极易成为引发社会不稳定的因素。有关部门应加强对高等院校所属单位承接工程的资质审核，在安全管理方面加强培训；高等院校要对参加工程的单位加强领导，加强安全方面的培训和管理，要求其按照有关工程管理及安全生产的法规和规章制订完善的安全规章制度，并实行严格管理，以确保施工安全。

案例九：打桩机事故案例

一、事故概况：

2002 年 2 月 27 日，在上海某基础公司总承包、某建设分承包公司分包的轨道交通某车站工程工地上，分承包单位进行桩基旋喷加固施工。上午 5 时 30 分左右，1 号桩机（井架式旋喷桩机）机操工王某，辅助工冯某、孙某三人在 C8 号旋喷桩桩基施工时，辅助工孙某发现桩机框架上部 6 米处油管接头漏油，在未停机的情况下，由地面爬至框架上部去排除油管漏油故障（桩机框架内径 650×350）。由于天雨湿滑，孙某爬上机架后不慎身体滑落框架内挡，被正在提升的内压铁挤压受伤，事故发生后，地面施工人员立即爬上桩架将孙某救下，并送往医院急救，经抢救无效孙某于当日7时死亡。

二、事故原因分析：

辅工孙某在未停机的状态下，擅自爬上机架排除油管漏油故障，因天雨湿滑，身体滑落井架式桩机框架内挡，被正在提升的动力头压铁挤压致死。孙某违章操作，是造成本次事故的直接原因。机操工王某，作为C8号旋喷桩机的机长，未能及时发现异常情况并采取相应措施。总承包单位对分承包单位日常安全监控不力，安全教育深度不够，并且对分承包单位施工超时作业未及时制止，对分承包队伍现场监督管理存在薄弱环节。

分承包项目部对现场安全管理落实不力，对职工安全教育不力，安全交底和安全操作规程未落实到实处；施工人员工作时间长（24小时分两班工作）造成施工人员身心疲劳、反应迟缓，是造成本次事故的主要原因。

三、事故预防及控制措施：

1. 工程施工必须建立各级安全管理责任，施工现场各级管理人员和从业人员都应按照各自职责严格执行规章制度，杜绝违章作业的情况发生。

2. 施工现场的安全教育和安全技术交底不能仅仅放在口头，而应落到实处，要让每个施工从业人员都知道施工现场的安全生产纪律和各自工种的安全操作规程。

3. 现场管理人员必须强化现场的安全检查力度，加强对施工危险源作业的监控，完善有关的安全防护设施。

4. 施工现场应合理组织劳动，根据现场实际工作量的情况配置和安排充足的人力和物力，保证施工的正常进行。

5. 施工作业人员也应进一步提高自我防范意识，明确自己的岗位和职责，不能擅自操作自己不熟悉或与自己工种无关的设备设施。

案例十：吊篮事故案例

一、事故概况

7月21日下午3：30左右，因井架吊篮在6～7层楼之间被卡堵停止下行，而卷扬机仍在工作。在7层楼面工作的瓦工曹某（22岁，男）不听劝阻，自行处理机械故障。7层楼面下到6～7层之间，用力推摇被卡堵的吊篮，由于卷扬机没有及时停止操作，吊篮又被卡堵，已有相当部分钢丝绳松开离开滚筒。当曹某用力撞摆吊篮离开被卡堵物后，吊篮突然下坠，造成钢丝绳被突然加速下坠而拉断，与此同时，曹某也因吊篮的突然下坠和钢丝绳的拉断，而意外地被带入吊篮内，并随其下坠至地面，因头颅骨被钢管脚手板猛烈碰撞6成开裂，经抢救无效死亡。事故的直接经济损失7.38万元，间接经济损失6万元。

二、原因分析

该工程从 1996 年 9 月至 1997 年 6 月底在无任何手续的情况下擅自开工并施工至 8 层。1997 年 6 月底经市建委协调，对该工程进行了议标后补办手续，才基本符合基建程序，但由于该工程违章在先，未申请领取安全认可证，现场管理较乱，隐患较多，电线乱拉乱接，违章作业无证上岗，职工缺乏三级安全知识教育，现场洞口、临边防护不严，特别是机械设备维护保养问题较多，钢丝绳断丝严重，部分打折，断绳装置失灵，井架钢丝绳走一道（应走二道），鉴于上述诸多原因，又未向安全监督站申请认可，隐患没有及时得到整改，加之该单位领导对安全工作不重视，造成了该事故的发生。

三、事故教训和防范措施

该事故是由于一起违章造成的事故，应通过此事故吸取的教训，一是要坚持施工前应按有关规定申办基建手续；二是要加强现场管理，特别要坚持持证上岗，杜绝违章作业；三是要加强职工的培训教育，认真落实安全生产责任制；四是要认真落实安全防护措施，发现隐患及时整改。